다 큰 사람들을 위한 수학책

일러두기
* 본문의 첨자는 모두 편집자주다.
* 국내 번역 출간된 도서명은 한국어판 제목을 따랐고, 미출간 도서명은 한국어로 옮기고 원어를 병기했다.
* 도서는 《 》, 영화·음반·잡지 등은 〈 〉으로 표기했다.

다 큰 사람들을 위한 수학책

26가지 수학 원리로
가볍게 익히는 수 감각

WOO'S WONDERFUL WORLD OF MATH

옮긴이 안혜림
카이스트 산업공학과를 졸업하고 연세대학교 문헌정보학과에서 석사학위를 받았다. 현재 카이스트 문술미래전략대학원 박사과정을 밟고 있다. 글밥아카데미 수료 후 바른번역 소속 번역가로 활동하며 우리 삶과 연결된 다양한 과학기술을 소개하는 책들을 주로 옮기고 있다. 옮긴 책으로 《후쿠시마》와 《체르노빌》이 있다.

다 큰 사람들을 위한
수학책

초판 발행 2025년 1월 7일

지은이 에디 우
옮긴이 안혜림

펴 낸 이 박소현
펴 낸 곳 반반북스
출판신고 제 2021-000106호
대표전화 02-6014-1003
팩 스 050-4191-9754
전자우편 bnbnpub@naver.com
블 로 그 blog.naver.com/bnbnpub
인스타그램 @bnbn.pub
본문 조판 송근정
제 작 제이오

ISBN 979-11-984900-0-1 03410

신은 수학이라는 언어로 우주를 창조했다

– 갈릴레오 갈릴레이

이 책에 보내는 찬사

“훌륭한 수학 입문서다. 일상적으로 접하는 수학 개념들을 흥미로운 이야기로 풀어내 복잡한 수학을 누구나 쉽게 이해할 수 있게 해 준다.” 수학도서상 심사평

“부담 없이 읽을 수 있는 26가지의 흥미진진한 이야기는 패턴으로 이루어진 수학의 세계로 안내하는 완벽한 가이드다.” 〈포워드 리뷰〉

“폭넓은 주제를 누구나 이해할 수 있도록 친근하고 재미있게 설명하는 독보적인 수학 입문서다.” 미국수학협회

“에디 우는 가장 뛰어난 수학 교사 중 한 명이다. 열성을 다해 친절하고 생생하게 설명하는 특유의 성격이 책에서도 빛을 발한다.”

스티븐 스트로가츠, 코넬대학교 수학과 교수, 《x의 즐거움》, 《미적분의 힘》 저자

“수학 유튜브 채널로 자자한 칭송을 받고 있는 에디 우를 이제 책으로도 만날 수 있게 됐다. 우리 삶의 밑바탕에 수학이 자리하고 있다는 사실을 일깨워 주는 탁월한 책이다. 책장을 넘길 때마다 독자를 사로잡는 특유의 전달력이 느껴진다.”

키스 데블린, 스탠퍼드 대학교 수학연구원, 《수학의 언어》, 《수학으로 이루어진 세상》 저자

"수학에 단숨에 빠져들게 하는 방법을 절묘하게 보여주는 역작이다."

매트 파커, 런던 퀸메리 대학교 공공센터 연구원, 《세상에서 수학이 사라진다면》 저자

"에디 우는 수학이라는 또 다른 언어를 쉽고 재미있게 가르칠 줄 안다."

칼 크루스젤니키, 시드니 대학교 줄리어스 섬너 밀러 연구원, 《엉터리 과학 상식 바로잡기 1, 2》 저자

"에디 우는 우리가 원하던 수학 교사이자 모두에게 필요한 수학 교사다."

사이먼 팸페나, 호주 수학문화 홍보대사

"이 책은 그가 훌륭한 수학 교사일 뿐만 아니라 뛰어난 이야기꾼임을 유감없이 보여 준다."

아담 스펜서, 시드니 대학교 수학 홍보대사

"에디 우는 여느 수학자와 다르게 이야기를 기가 막히게 풀어낼 줄 안다. 처음부터 끝까지 단 한 페이지도 놓쳐서는 안 될 중요하고도 훌륭한 책이다."

맥신 매큐, 멜버른 대학교 석좌교수

"수학이 얼마나 인간적인 학문인지, 얼마나 아름다운 학문인지를 열정을 담아 전하는 책이다."

날리니 조시, 시드니 대학교 수학과 교수

들어가며

나는 학창 시절에 수학에 별다른 재미를 느끼지 못했다. 수학을 포기한 건 아니었지만 자주 낙담했다. 오락가락하는 규칙을 힘겹게 외우면서도 이기고 싶은 의욕이 전혀 생기지 않는 게임을 하는 것만 같았다. 적지 않은 수학 개념과 공식을 그럭저럭 이해하는 수준이었지만 성취감은 별반 느끼지 못했다. 수학 선생님 말마따나 '바보 같은 실수'를 연발했기 때문이다. 문제를 풀면서 부주의하게 오류를 범하거나 계산을 잘못해 정답을 맞추지 못하는 일이 다반사였다.

그때는 수학 공부가 그런 거라고 생각했다. 문제를 받아들고 그 안에 갇혀 있는 아리송한 숫자, 그러니까 '정답'을 찾아내는 법을 배우는 일이라고 말이다. 그 일이 늘 힘들게 느껴졌기에 내게 수학 수업은 그저 견뎌내야 하는 시간이었다. 희열을 느끼거나 재능이 있다고 생각한 적은 단 한 번도 없었다. 그 대신 국어나 역사, 연극처럼 부담 없는 과목에 매진했다. 그러다 19세가 되던 해, 모든 게 송두리째 바뀐 큰 변화가 찾아왔다.

이 책을 펼쳐든 독자들도 나와 비슷한 사연을 갖고 있으리라 생각한다. 나처럼 여러분도 수학이 기피 과목이었을 것이다. 하지만 19세의 내가 그랬듯 이 책을 아직 읽지 않은 여러분의 미래도 어떻게 바뀔지 모르는 일이다. 나는 19세에 '수학 교사'라는 진로를 택했다. 수학을 어려워한 학창 시절을 생각하면 뜻밖의 선택이었다. 내가 어쩌다 그런 엉뚱한 진로를 택하게 됐는지는 차차 설명할 테지만, 중요한 건 고등학교 수학 교사가 되고 얼마 지나지 않아 한 가지 비밀을 알게 됐다는 점이다. 나는 수학이 실제로는 내 생각과 매우 다르다는 것을 깨달은 순간부터 수학을 잘하는 비결을 하나둘씩 저절로 깨우치게 됐다. "수학은 인간의 정신이 창조해 낸 가장 아름답고 강력한 작품이다"라고 했던 폴란드 수학자 스테판 바나흐 Stefan Banach의 말을 비로소 이해하게 된 것이다.

이 책에는 바로 그 비결들이 담겨 있다. 나는 우리가 수학에 둘러싸여 있다는 사실을 일깨워 준 그 여정에 여러분을 초대하려 한다. 이 여정 속에서 우리가 어떤 보이지 않는 진실에 둘러싸여 있는지, 이 진실들은 어떻게 연결되어 있는지, 나아가 우리가 소중히 여기는 것에는 어떤 깊은 뜻이 담겨 있는지를 수학을 통해 알게 될 것이다. 이 원대한 목표를 향해 즐겁게 나아가는 독서가 되길 바란다.

Eddie

차례

수학은 인간 정신이 창조해 낸

가장 아름답고 강력한 작품이다

- 스테판 바나흐

1장

우리 모두는
타고난 수학자다

인간은 원래 타고난 수학자일까?

언젠가 라디오 인터뷰 도중 위와 같은 질문을 받은 적이 있다. 인간이 타고난 과학자라는 주장과 같은 맥락에서 나온 질문이었다. 우리는 아이들에게 주변의 온갖 현상을 실험하고 결과를 관찰하고 이 과정을 반복하며 가설을 검증하거나 수정해야 한다고 가르치지 않는다. 아이들은 정식 훈련 없이도 본능적으로 그런 행동을 보이기 때문이다. 조리 있게 설명하지는 못하지만 갓난아기 때부터 이처럼 과학적인 사고와 행동을 하며 주변 세계를 탐구하기 시작한다.

그렇다면 인간은 타고난 수학자이기도 한 걸까? 아이들은 저절로 수학적 사고를 하고 행동하는 걸까, 아니면 학습을 통해 나타난 결과인 걸까?

이는 줄곧 내 머릿속에 맴돌고 있는 질문이다. 수학적 재능을 타고난 사람이 있고 그렇지 않은 사람이 있다는 일반적인 통념과 밀접하게 관련돼 있기 때문이다. '나는 수포자니까' 하고 스스로 단정하는 경우만 봐도 쉽게 알 수 있다.

사람들은 극소수만 수학적 재능을 타고난다고 생각한다. 수학은 그런 선천적 능력이 없으면 결코 이해할 수 없다고 말한다. 스스로의 수학적 능력을 평가절하할 뿐만 아니라 자녀에게 그런 인식을 심어 주기도 한다. 이는 정말 근거가 있는 말일까?

그 답을 찾으려면 먼저 수학자란 어떤 사람인지부터 알아야 한다. 언뜻 간단해 보이지만 막상 정의를 내리려고 하면 생각만큼 쉽지 않다. 생물학자는 생명체를 연구한다. 물리학자는 물질의 운동을 연구한다. 화학자는 화학물질을 연구한다. 천문학자는 천체를 연구한다. 지질학자는 암석을 연구한다. 이 분야들은 경계가 분명해 명쾌하게 나뉜다. 수학자는 어떨까? 수학자들은 무엇을 연구할까? 대개는 '수number를 연구한다'는 답이 자동으로 튀어나올 것이다. 하지만 기하학이나 위상수학처럼 수를 다루지 않는 수학 분야도 있다. 그렇다면 모든 수학자가 공통적으로 연구하는 것은 과연 무엇일까?

답은 바로 패턴patttern, 즉 규칙성이다. 두 개의 홀수를 더하면 항상 짝수가 된다든가 어떤 모양의 다각형이든 외각의 크기의 합을 더하면 항상 360도가 된다든가 파스칼의 삼각형Pascal's triangle에서 각 줄의 수를 더하면 항상 2의 거듭제곱이 된다는 규칙성 말이다.

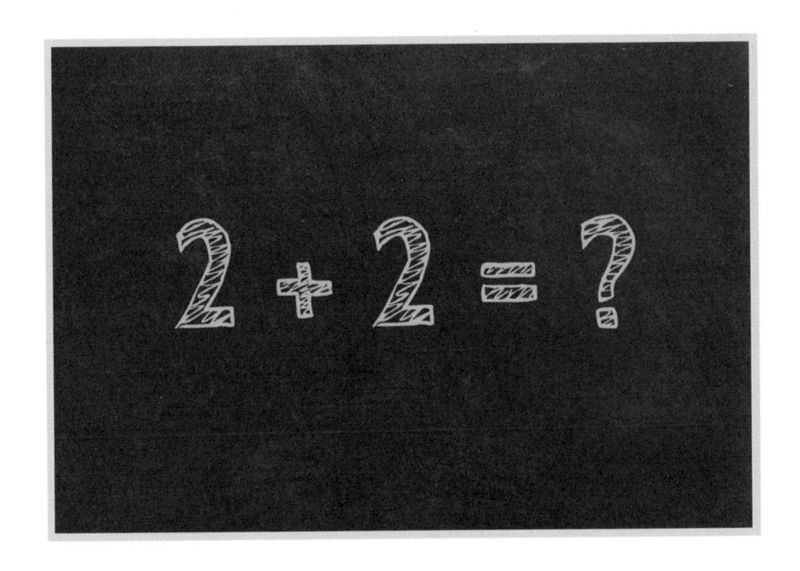

Q

세상의
모든 수학자는
무엇을
연구할까?

A

패턴을 연구한다

중력의 영향을 받는 물체는 항상 원뿔곡선(원, 타원, 포물선, 쌍곡선 등)이라 불리는 곡선 형태를 따른다. 가령 수많은 꽃이 꽃대 끝에 뭉치듯 모여 있어 한 송이 꽃처럼 보이는 두상화頭狀花는 항상 바깥으로 향하는 나선 모양의 기하학적 패턴을 보인다.

수학자들의 관심사를 명쾌하게 딱 잘라 말하기가 어려운 것도 이 때문이다. 이들은 패턴이라면 무엇이든 관심을 보인다. 그리고 세상은 온통 패턴으로 이루어져 있다.

우리는 코스모스, 즉 패턴으로 이루어진 우주에 살고 있다.

코스모스cosmos가 규칙적이고 질서 정연한 상태를 뜻한다면, 카오스chaos는 무질서하고 불규칙한 상태를 뜻한다.

이쯤에서 맨 처음에 던진 질문을 바로잡아 보자. '인간은 원래 타고난 수학자일까?'라는 물음은 사실상 '인간은 주변 세계의 패턴을 발견하고 이해하려는 본성을 타고나는 걸까?'라는 물음과 같다.

질문을 이렇게 바꿔보면 답은 단연 '그렇다'이다. 인간의 뇌는 원래 주변 세계의 규칙성을 알아차리도록 설계된 패턴 탐지 기계다. 뇌의 기능과 패턴은 떼려야 뗄 수 없는 관계를 맺고 있다. 예를 들어 보자. 냄새란 무엇일까? 뇌는 특정한 후각적 패턴을 인식해 달콤한 냄새를 맡으면 좋은 기억을, 톡 쏘는 냄새를 맡으면 불쾌한 기억을 떠올리게 한다. 기억은 무엇일까? 뇌는 우리가 처음 본 사람의 얼굴이나 목소리 같은 특정 단서들, 즉 패턴을 탐지하고 나중에 그 사람을 다시 만났을 때 이를 연관시켜 알아보게 한다.

이해력이나 실력이 뛰어나다고 평가받는 사람들은 대개 남들보다 더 효과적으로 패턴을 탐지하는 능력을 갖고 있다. 노련한 의사는 환자의 증상에서 패턴을 찾아내 병을 진단한다. 숙련된 택시 운전사는 곳곳에 있는 모퉁이와 도로의 패턴을 훤히 꿰고 있어 현 위치와 교통 상황을 고려해 목적지에 가장 빨리 도달하는 길을 택한다. 오랫동안 특정 규칙을 꾸준히 반복하면 그 규칙이 몸에 배게 된다. 이를 다른 말로 습관이라고 한다.

인간이 패턴을 탐지하는 데만 뛰어난 재능을 보이는 것은 아니다. 자기만의 패턴을 만들어 내는 것도 즐긴다. 우리는 여기에 일가견이 있는 사람들을 예술가라고 부른다. 음악가·조각가·화가·카메라 감독 등은 모두 패턴을 만들어 내는 창조자들이며, 그런 의미에서 나름대로 수학자들이다. 음악을 들을 때 느끼는 감정이 마치 "자기도 모르게 숫자를 셀 때 느끼는 희열"과 같다고 표현하는 사람도 있다. 사람과 동물의 형상을 만들어 내는 것을 허용하지 않는 이슬람 문화권에서는 기하학적 패턴으로 정교하게 배열한 타일 디자인이 흔하다.

인간은 패턴을 찾아내는 데 너무도 익숙한 나머지 눈에 보이지 않는 패턴까지도 찾아낸다. 논리적인 상관관계가 없는 위약 효과placebo effect, 가짜 약을 진짜 약으로 알고 복용했을 때 환자의 믿음으로 실제로 효과가 나타나는 현상나 도박사의 오류gambler's fallacy, 과거의 사건을 근거로 사건 발생 확률의 패턴을 예측할 수 있다는 잘못된 믿음는 원인과 결과의 패턴을 찾아내려는 인간의 끊임없는 욕망을 보여주는 단적인 예다.

그렇다.

인간은 타고난 수학자다.

하지만 선천적인 수학적 본능을 갖고 있다고 해서 모두가 뛰어난 수학자가 되는 것은 아니다. 사람들이 자신의 내면에 숨어 있는 수학적 능력을 발휘할 수 있도록 돕는 일을 하는 수학 교사가 되기로 결심한 것도 이 때문이다. 이 수학적 능력을 갈고닦을 때 세상을 움직이는 패턴들에 숨겨진 아름다움을 발견하고 그 논리를 이해하려는 우리의 근원적 욕망이 비로소 충족된다.

2장

패턴은 어디에나 있다

"아빠, 창밖을 봐!"

비가 그친 뒤 딸아이를 차에 태우고 젖은 도로를 조심스레 서행하던 때였다. 해는 지평선에 낮게 걸려 있고 도로는 물기로 번들거리는 탓에 나는 눈을 가늘게 뜨고 선글라스 너머를 노려보며 전방을 주시해야 했다. 아이를 태워 집으로 향하는 하굣길은 상황이 가장 좋을 때라도 긴장을 놓을 수 없다. 나는 뒷좌석에서 들리는 딸아이의 목소리에 눈을 들어 백미러로 뒤를 살폈다. 딸은 팔걸이에 한 팔을 올리고 손으로 턱을 괸 채 빗방울로 얼룩덜룩해진 창밖을 바라보고 있었다. 무언가에 완전히 사로잡힌 표정이었다. 고개를 돌려 보니 무지개가 떠 있었다. 그토록 찬란한 무지개를 본 게 얼마만인지. 자동차 행렬을 따라가는 와중에 무지개를 쳐다보고 있을 여유가 없었지만 나 역시 딸아이처럼 눈을 떼기가 어려웠다. 오색영롱한 초록빛, 이글거리는 붉은빛, 초자연적인 보랏빛……. 지금껏 수많은 무지개를 봤지만 그날처럼 내 시선을 확 낚아챈 무지개를 본 적은 처음이었다.

"아빠, 무지개는 왜 동그래?"

"응?"

나는 주의가 흐트러진 여느 부모들이 그러듯 건성으로 들어 넘겼고 제대로 된 답을 하지 못했다. 내 시선은 전방 도로와 꼼짝 않고 있는 앞뒤 차량들로 돌아와 있었다. 내 머릿속 뇌가 그 질문을 뒤늦게 알아들었고 나는 대답할 시간을 버느라고 반사적으로 되물었다.

"동그랗다고?"

곁눈질로 흘끔 살피자 딸은 여전히 창밖에서 눈을 떼지 못한 채 고개를 끄덕였다.

"응, 왜 동그란 모양이야?"

내가 우리 아이들을 사랑하는 이유는 무수히 많지만 그중에서 한 가지를 꼽자면 바로 꺼질 줄 모르는 호기심이다. 아직 어려 세상의 때가 덜 묻은 아이들은 어른들이 지루하게 여기고 뇌가 쉽게 외면하는 자연의 삼라만상을 진정으로 아름답고 경이롭게 바라보는 눈을 가졌다. 이를 여실히 보여 주는 사례가 다음과 같은 질문이다.

무지개는 왜 둥근 곡선을 이루는 걸까?

무지개가 완만한 곡선을 이루는 데는 놀라운 이유가 숨어 있다. 무지개를 이루는 빗방울들이 하나같이 둥그런 모양의 곡선 형태이기 때문이다.

이를 '놀라운' 이유라고 말한 건 역설적으로 대다수 사람들은 빗방울이 동그랗다고 생각하지 않기 때문이다. 그래서인지 인터넷에서 '빗방울'을 검색하면 위쪽이 두드러지게 뾰족한 그림 이미지가 무수히 뜬다. 하지만

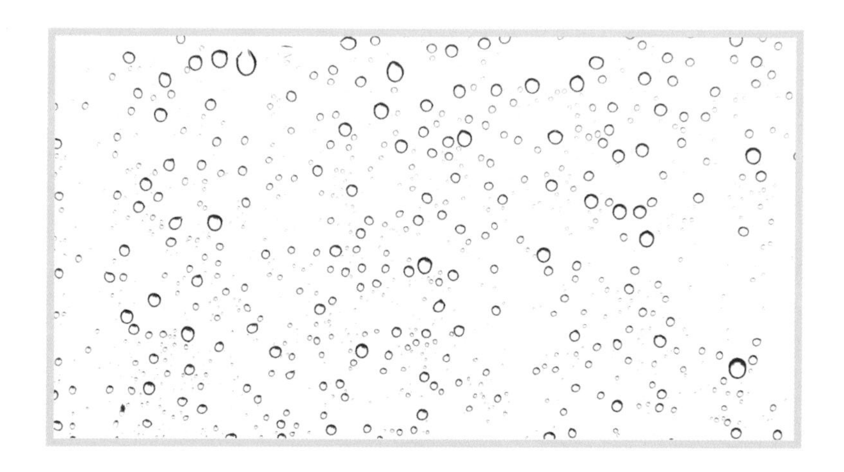

빗방울 '사진'으로 검색하면 좀 더 사실적인 이미지들이 뜰 것이다. 개중에는 약간 늘어진 모양이나 눌린 모양도 있지만 빗방울은 우리가 흔히 떠올리는 형태가 아닌 동그란 구球 모양에 훨씬 가깝다.

하지만 결론을 내리기에는 아직 이르다. 다시 앞으로 돌아가 무지개가 왜 생기는지부터 따져 보자. 경험으로 알고 있듯 비가 내린 뒤에 항상 무지개가 뜨는 것은 아니다. 비가 그친 직후에 햇빛이 강하게 비쳐야 선명한 무지개가 나타난다. 볕이 들 때 잠깐 내리다 마는 여우비 뒤에 무지개가 흔히 나타나는 것도 이 때문이다. 하늘이 두꺼운 구름으로 완전히 뒤덮여 있다면 무지개를 보기 어렵다. 무지개가 뜨려면 비가 필요하지만 비만으로는 충분하지 않다. 반드시 빛이 필요하다.

핑크 플로이드와 아이작 뉴턴의 팬이라면 빛이 프리즘 같은 물체를 통과할 때 신기한 현상이 나타난다는 것을 잘 알고 있을 것이다핑크 플로이드의 〈더 다크 사이드 오브 더 문The dark side of the moon〉 앨범 커버는 빛이 프리즘을 통과하면서 만들어 낸 무지개 이미지로 유명하며, 뉴턴은

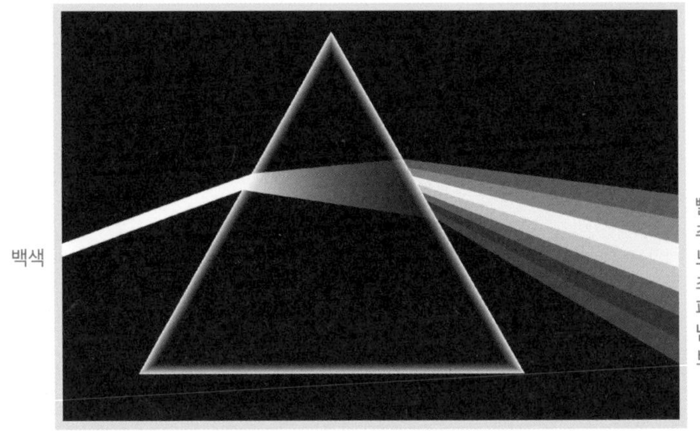

프리즘 실험으로 무지개와 같은 연속적인 색의 띠가 나타난다는 사실을 밝혀냈다.

(햇빛처럼) 여러 색의 빛이 합쳐진 백색광이 물체를 통과하면 꺾이거나 휘어지는 굴절refraction이 일어나 여러 빛으로 나뉘면서 무지개가 생긴다.

빗방울들이 삼각형의 프리즘과 비슷한 역할을 하면 햇빛이 굴절되고 빛이 다양한 색깔의 띠spectrum로 분산된다. 그렇다면 소나기가 그친 뒤에는 항상 무지개가 나타나야 하는데, 꼭 그런 것도 아니다. 게다가 왜 무지개는 반구 형태의 띠 모양으로 나타나는 것일까? 그리고 왜 태양 주변이 아니라 태양과 멀리 떨어진 반대쪽에서 나타나는 것일까?

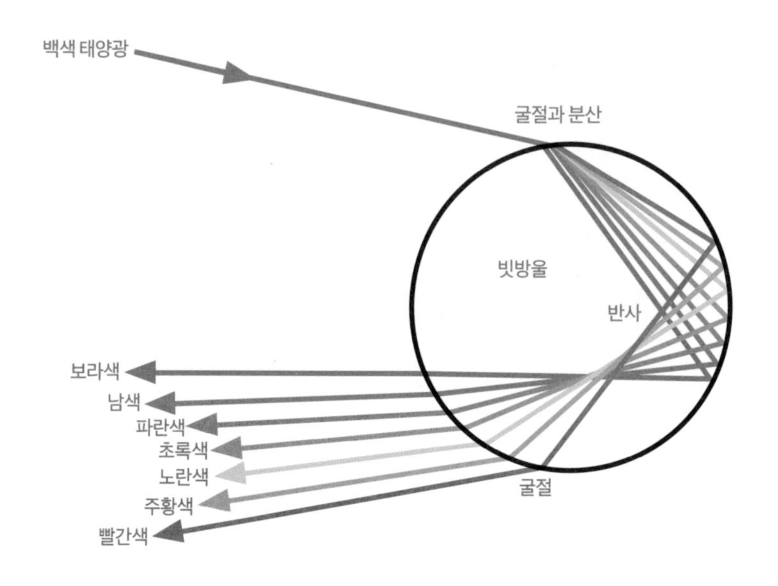

이는 물방울의 기하학적 구조 때문이다. 백색광이 구 형태의 빗방울 속으로 들어가면 빛이 서로 다른 각도로 굴절하면서 여러 색으로 분산된다. 이렇게 여러 색으로 나뉜 빛이 다시 빗방울 안에서 저마다 다른 각도로 반사되고 모두 한 방향으로 굴절되면서 여러 색의 띠가 만들어지는 것이다.

무수한 빗방울에서 반사돼 나오는 빛은 관찰자의 눈을 꼭짓점으로 해 거대한 원뿔 모양을 이룬다. 이 꼭짓점에서 바라보면 원뿔의 전체 모양이 보이는 게 아니라 원뿔의 밑면인 원의 둘레만 보인다. 그렇다면 왜 무지개는 둥근 원형이 아닌 반원으로 보이는 걸까? 이는 보는 위치와 관련이 있다. 땅 위에서 보면 무지개의 절반이 지표면에 가려지기 때문이다. 비행기를 타고 공중에서 바라본다면 완전한 원형 무지개를 볼 수 있다.

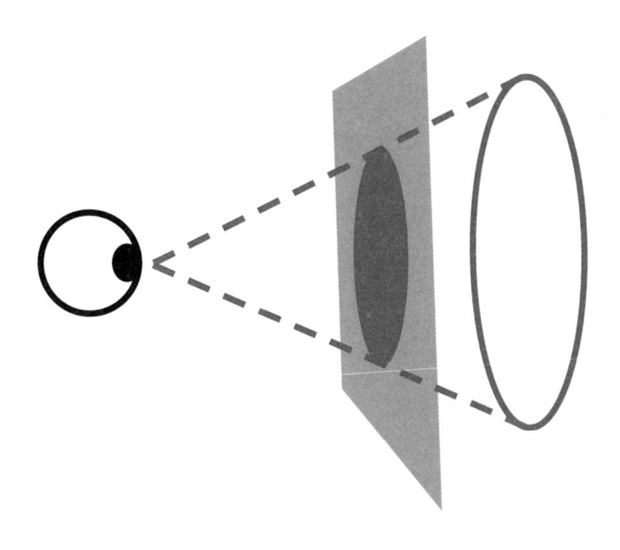

이것이 바로 수학이다. 우리를 둘러싼 세계는 패턴과 구조, 형태와 관계로 이루어져 있다. 그렇기에 우리의 경탄을 자아내는 한편으로 궁금증을 불러일으킨다.

인간은 이 세계를 해석하기 위해 수학이라는 언어를 고안해 냈지만, 무지개 같은 실제 현상들은 수학이 그저 인간의 발명품에 불과한 것이 아님을 깨닫게 해 준다. 깊이 관찰해 보면 우리가 사는 세상의 밑바탕에는 이미 수학이 자리하고 있기 때문이다.

교통 체증 속에서 감탄사를 연발하며 하늘을 쳐다보던 그날 오후, 내가 딸에게 뭐라고 답했는지는 잘 기억나지 않는다. 하지만 이제는 딸아이에게, 그리고 여러분에게 그 답을 제대로 해 줄 수 있을 것 같다. 한 무리의 빗방울들이 우리 머리 위에 홀연히 나타나 숨막히게 영묘한 빛의 향연을 펼치지 않았더라면 무지개의 존재를 쉽게 믿지 않았을 테니 그렇게 둥근 모양을 하고 보란 듯이 떠 있는 것이라고 말이다.

3장

수학자가 만들어 낸 음악

내 책상 옆에는 기타 한 대가 놓여 있다. 이 경이로운 발명품은 현을 퉁길 때마다 인간의 상상력을 넘어서는 가장 아름다운 수학의 소리를 만들어 낸다.

인간이 음악을 만들기 시작한 시기를 따져 보면 인류의 탄생으로 거슬러 올라가지만, 오늘날 우리가 알고 있는 음音은 수학에서 유래했으며 이를 최초로 체계화한 사람은 피타고라스Pythagoras라고 알려져 있다. 그렇다. '피타고라스 정리'로 전 세계 학생들을 고통 속에 몰아넣은 그 피타고라스 말이다.

전해지는 이야기는 이렇다. 어느 날 피타고라스가 대장간을 지나가다 두 명의 대장장이가 망치로 모루를 내려치는 모습을 보게 됐다. 크기가 다른 두 모루를 망치로 내려칠 때마다 저마다 다른 소리가 났다. 그 순간 피타고라스는 물체의 크기와 그 물체가 만들어 내는 소리에 수학적 관계가 있다는 것을 알게 됐다. 자유로운 영혼의 소유자인 철학자가 별다른 이유 없이 타인의 소유물을 내리쳐도 그냥 내버려 두는 고대 그리스 사회였던 만큼 그는 대장간 근처에 널브러져 있던 금속 막대들로 곧바로 실험에 나섰고 하나의 막대기를 그 절반 길이의 다른 막대와 맞부딪히면 영롱한 소리를 낸다는 사실을 알아냈다. 하지만 그 이유를 이해하려면 소리가 나는 원리부터 알아야 한다.

공기가 진동하면 우리는 이 진동을 소리로 인식한다. 즉, 공기를 움직이게(진동하게) 하면 무엇이든 소리를 낸다. 걸을 때 땅바닥과 발이 마찰하면서 나는 발소리, 수많은 장치와 피스톤이 장착된 자동차 엔진이 작동하는 소리, 폭풍우가 칠 때 바람이 윙윙대는 소리 등이 그 예다. 발소리와 자동차 엔진 소리, 바람 소리를 그래프로 나타내면 시간의 흐름에 따라 특정 지점에서 공기가 얼마나 진동하는지 알 수 있다.

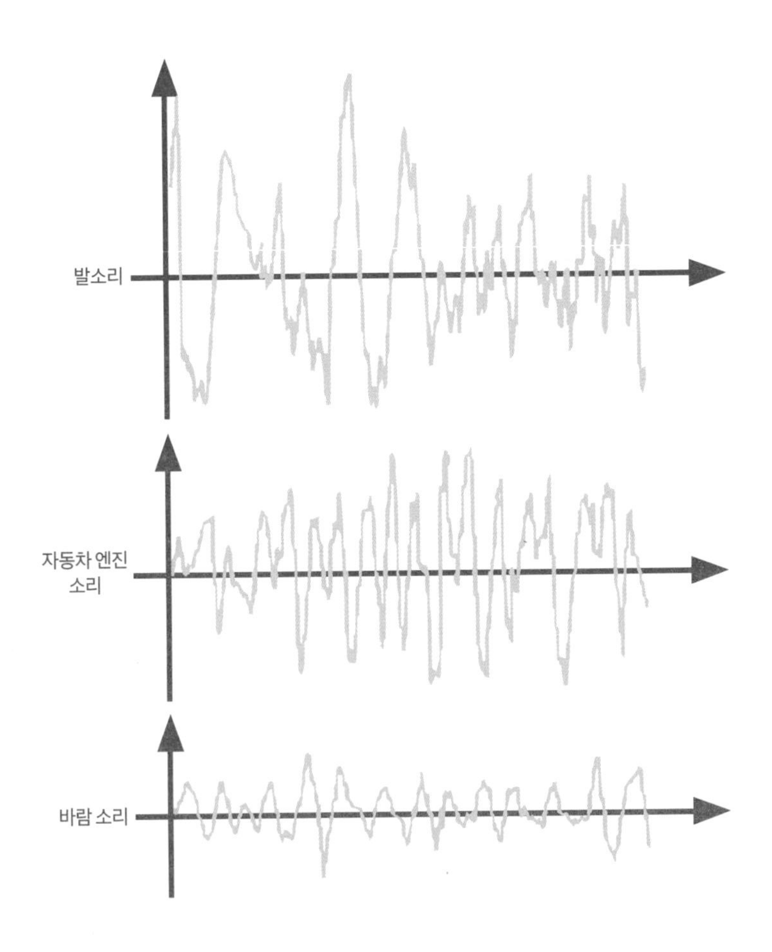

위 세 그래프는 큰 차이가 있지만 한 가지 공통점도 있다. 음이 아닌 진동을 나타낸 그래프라 셋 다 파동이 위아래로 정신없이 요동친다는 것이다. 각 소리를 음으로 나타낸 다음 그래프와 위 그래프를 비교해 보자.

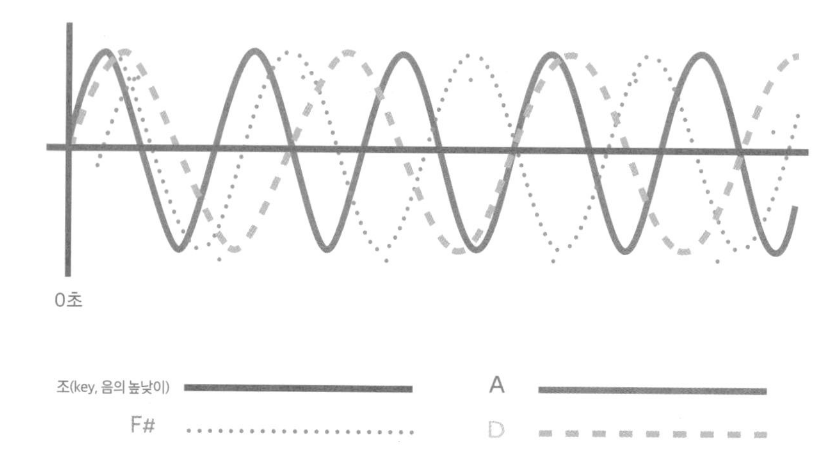

이 그래프를 보면 차이가 한눈에 드러난다. 수학자들은 이처럼 일정한 시간 간격(주기)을 두고 파형이 반복되는 그래프를 '주기성periodic 그래프'라고 부른다. 위와 같은 형태로 파형이 반복되는 그래프는 '곡선'을 뜻하는 라틴어 sinus에서 따온 sinusoidal wave라는 근사한 명칭으로 불린다. 타고난 게으름 때문에 웬만하면 모든 것을 짧게 표현하려는 수학자들은 이를 '사인파sine波'라고 줄여 부른다. 사인 그래프의 파형은 위아래로 변화하는 폭이 크고 빠른 고주파이므로 높은 음조의 소리로 들린다. 파형이 천천히 반복되는 그래프는 낮은 음조의 소리를 내는 저주파를 나타낸다.

악기 소리는 이처럼 매우 단순한 그래프로 나타낼 수 있다. 악기 자체가 매우 단순한 물체이기 때문이다. 가령 가장 친숙한 악기인 통기타는 여러 개의 기타 줄을 위아래로 퉁길 때 주변 공기를 진동시켜 소리를 낸다. 이 진동이 기타 상판의 울림통 안에서 공명하고 증폭되면서 소리는 더 커진다. 그래도 기타의 소리를 만들어 내는 가장 본질적인 요소는 현(줄)이다.

기타 줄이나 팽팽하게 조여진 줄을 퉁기면 줄이 위아래로 움직이며 주변 공기를 진동시키고 아름다운 음을 만들어 낸다. 하지만 기타의 묘미는 뭐니 뭐니 해도 다양한 음을 만들어 낼 수 있다는 점이며, 이것이 피타고라스의 발견을 이해하는 출발점이다. 기타의 바디와 헤드를 연결하는 넥neck에는 쇠로 된 얇은 막대가 직선으로 박혀 있는데, 이 프렛fret과 기타 줄이 접촉할 때 다양한 음정을 낸다.

기타 줄을 누르면 프렛에 닿으면서 실제 길이보다 더 짧은 줄이 튕기는 것과 같은 효과가 나타난다. 줄을 눌렀을 때 길이가 더 짧아지고, 줄이 짧아지면 상하 진동이 더 빨라진다. 반대로 길어지면 더 느리게 상하 진동한다. 쉽게 말해 동시에 네다섯 명 정도가 줄넘기할 수 있을 만큼 기다란 줄을 돌리며 줄넘기를 하는 것과 같은 이치다. 이 경우 그보다 짧은 1인용 줄을 돌리며 줄넘기를 할 때보다 줄이 훨씬 느리게 움직일 것이다. 기타 줄도 마찬가지다.

줄이 움직이는 속도를 제어하는 방법은 또 있다. 두껍고 무거운 줄은 더 천천히 움직이기 때문에 낮은 음조의 소리를 낸다. 여섯 개로 이루어진 기타 줄은 1번 줄에서 6번 줄로 갈수록 두께가 점차 두꺼워져 더 깊은 저음을 낸다. 악기 상점에서 일반 기타와 베이스 기타를 비교해 보면 저음을 내는 베이스 줄의 굵기가 훨씬 더 두껍다는 것을 알 수 있다.

이제 다시 피타고라스로 돌아가 그가 우연히 발견한 금속 막대들이 다음과 같이 저마다 다른 길이로 놓여 있다고 가정해 보자.

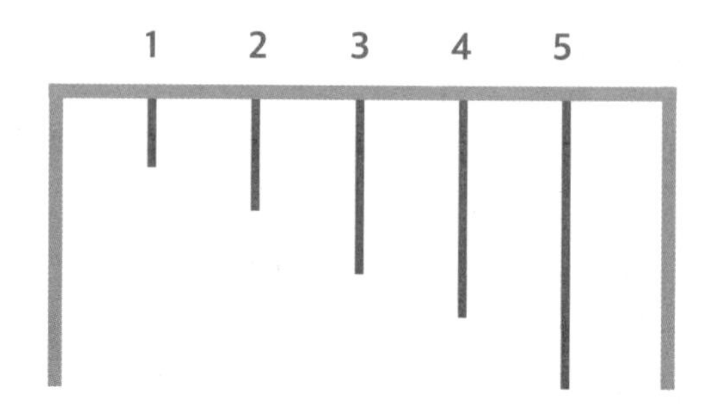

4번 막대 길이의 정확히 절반인 2번 막대가 더 빠르게, 즉 2배 더 빨리 진동한다. 따라서 2번 막대와 4번 막대의 소리를 그래프로 나타내면 다음과 같은 모양이 된다.

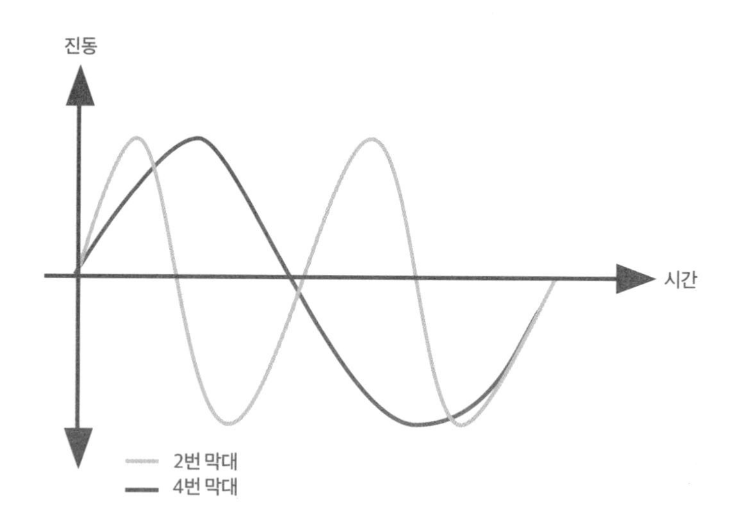

이 그래프를 보면 두 막대의 진동이 동시에 시작하고 동시에 멈추는 패턴이 반복적으로 나타난다는 것을 알 수 있다. 이렇게 진동이 일치하는 순간, 즉 높이가 다른 두 개 이상의 음이 동시에 울리는 것을 화음이라고 하며, 이 화음들이 특정 규칙에 따라 서로 연결돼 연속적으로 배열되는 것을 화성harmony이라고 한다. 서로 다른 음이 어울려 조화롭게 울리는 화음은 듣기 좋은 아름다운 소리다. 음악가들은 같은 두 음 사이(가령 '도'에서 다음 '도'까지)의 음 간격을 옥타브octave라고 부른다.

음악은 이 화음들을 결합해 감정의 흐름을 창조해 내는 예술이다. 위대한 작곡가였던 베토벤은 협화음과 불협화음을 조화시키는 데 뛰어난 재능을 보였다. 무질서하게 들리는 불협화음은 듣는 이로 하여금 해결 화음을 기대하게 한다. 불협화음을 소리 그래프로 나타내면 협화음일 때와 매우 다르다는 것을 알 수 있다.

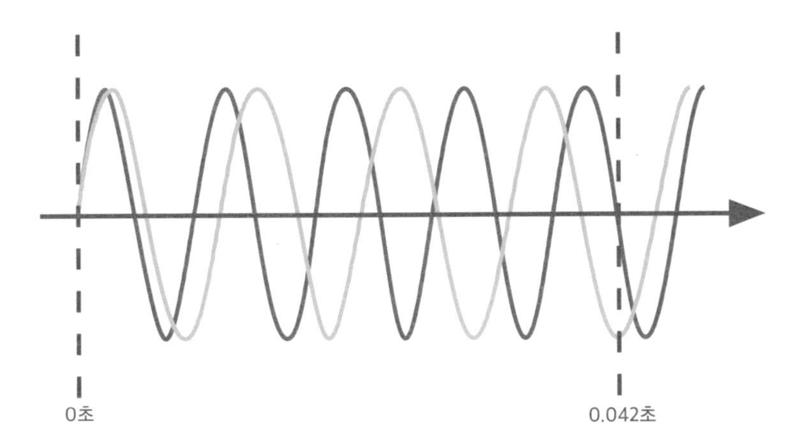

이 그래프에서 볼 수 있듯 불협화음은 음정의 간격이 좁고 소리의 시작점이나 끝점이 일치하지 않는다. 인간의 귀는 이런 불일치를 거슬려 한다. 이처럼 조화로운 음을 추구하는 인간의 욕구에는 음악에서도 수학적 조화를 기대하는 무의식이 깔려 있다.

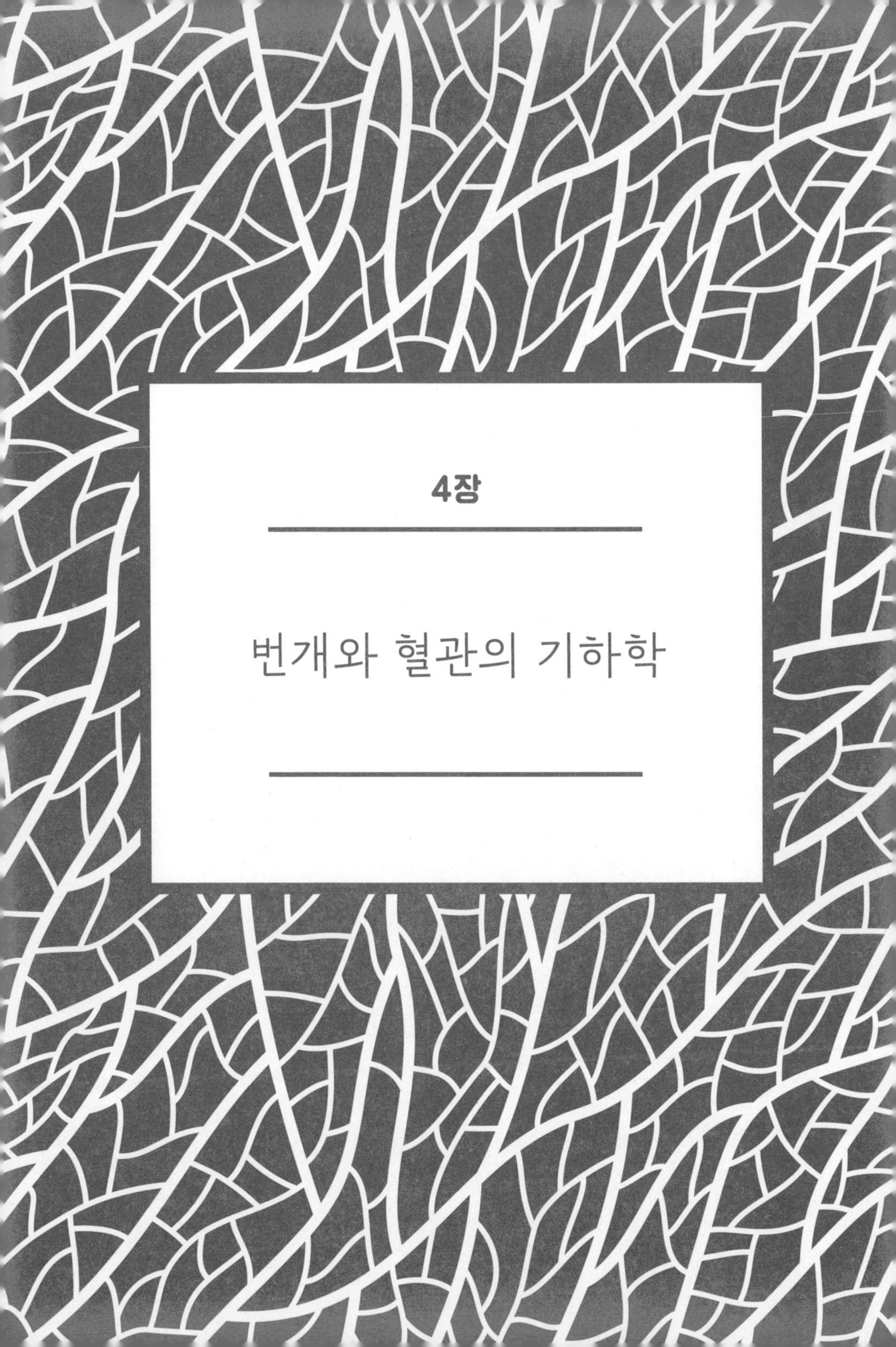

4장

번개와 혈관의 기하학

시는
같은 것을 다른 이름들로
부르는 기술이다.
수학은
다른 것들을 같은 이름으로
부르는 기술이다.

- 앙리 푸앵카레

우리는 일상 속에서 사랑, 자성磁性 같은 추상적인 개념이나 물리적인 힘을 늘 마주치며, 때로는 예기치 않은 곳에서 맞닥뜨리기도 한다. 그리고 인간은 관련성을 찾아내는 데 타고난 재능이 있다. 다시 말해 인간은 연결고리를 찾아내는 것을 좋아한다. 우리는 겉으로는 동떨어져 보이는 개념들의 연관성을 밝혀내고 서로 다른 현상들이 어떻게 얽혀 있는지를 이해하고 싶어 한다. 겉으로 드러나는 것만 중요시하는 시대에 저마다 다른 것들의 이면을 파고들면 서로 연결돼 있는 경우가 많다는 사실이 어쩐지 위로가 되기도 한다.

내가 수학이 아름답다고 생각하는 이유 중 하나도 바로 이것이다. 버트런드 러셀Bertrand Russell의 말처럼 수학은 "냉철하고도 준엄한" 아름다움을 갖고 있다. 즉, 그 아름다움을 온전히 음미하려면 시간이 걸린다. 하지만 그만큼 노력할 의지가 있으면 우리가 살고 있는 이 놀라운 세계를 더 분명히 이해하게 되는 보상을 얻을 것이다. 수학은 겉으로는 완전히 달라 보이는 현상들이 실제로 얼마나 밀접하게 연관돼 있는지를 깨닫게 해 주는 특유의 힘을 갖고 있다. 서로 다른 것들이 알고 보면 똑같은 원리를 바탕으로 한다는 것을 보여 주는 사례는 흔하다. 그중에서도 내가 자주 드는 예시 하나가 혈관과 번개다.

언뜻 보기에 이 둘만큼 다른 것도 없다. 혈관은 살아 있는 조직이지만 번개는 무생물이다(생명을 앗아갈 힘이 있긴 하지만 말이다). 혈관은 인간의 물리적인 몸을 구성하는 요소이지만 번개는 신의 영역처럼 보인다. 혈관은 육안으로 잘 보이지 않을 만큼 미세하지만 번개는 가장 높은 건물마저 작아 보이게 한다. 혈관은 물컹한 살과 펄펄 흐르는 액

체로 이루어져 있지만 번개는 가장 순수한 형태를 띤, 실체 없는 에너지다. 그럼에도 둘의 형태는 뚜렷한 유사성을 보인다.

물론 둘의 형태를 제대로 관찰하기는 어렵다. 번개는 순식간에 내리치고 시야도 방해받기 쉬워 그 장관을 제대로 감상하기 어렵다. 반면 우리 몸은 혈관으로 뒤덮여 있지만 대부분 근육 속 깊이 파묻혀 있다. 그래서 다음 두 사진을 준비했다.

너무도 다른 두 대상이 이토록 유사하다는 게 놀랍지 않은가? 그 이유가

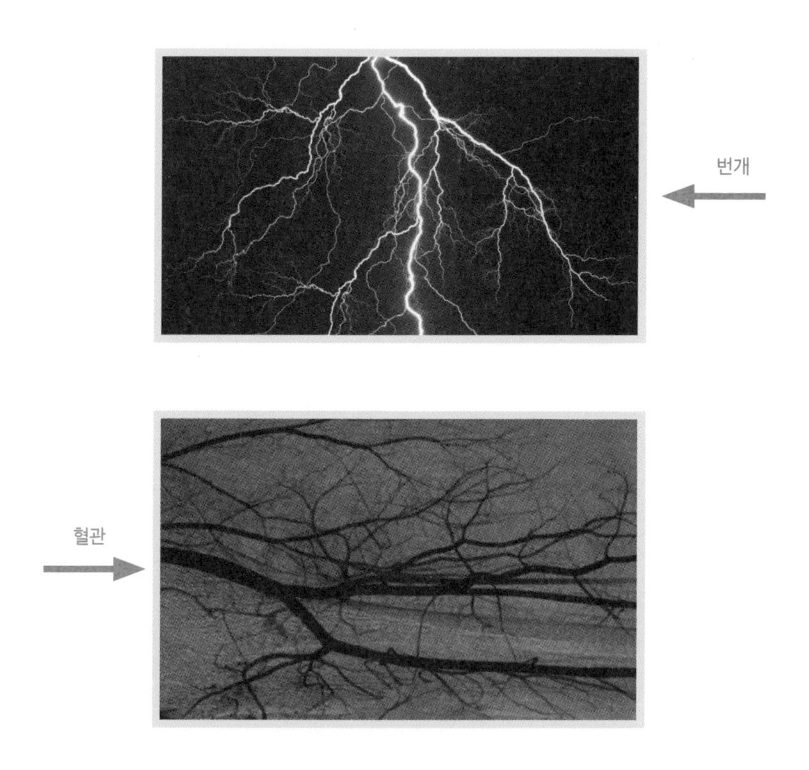

뭘까? 왜 완전히 다른 두 대상이 이처럼 비슷한 형태를 띠는 걸까? 이 질문에 답하려면 도형 전문가인 기하학의 아버지, 유클리드Euclid로 거슬러 올라가야 한다.

유클리드는 고대 그리스 황금기에 육체 노동을 멀리하고 여가를 즐기는 꿈같은 상류층의 삶을 살았지만 유희에 빠지기보다 철학적 사유에 골몰하며 당대 그리스인들의 핵심적인 믿음 중 하나를 이론으로 체계화하는 업적을 남겼다. 그 믿음은 바로 이 세상의 모든 것이 신들의 세계에 존재하는 완벽하고 이상적인 것들을 베낀 것에 불과하다는 믿음이었다. 고대 그리스인들의 눈에 실제 세계의 나무는 이상적인 나무를 변형시킨 복제품이었고, 인간이 만든 건축물은 신들이 사는 성스러운 올림포스 산의 신전들을 어설프게 따라한 것에 지나지 않았다.

유클리드는 이런 발상을 도형으로 확장시켰다. 예컨대 인류는 수 세기 동안 바퀴를 만들어 왔지만 고대 그리스 시대에는 물론이고 오늘날에도 완벽하게 둥근 바퀴를 만드는 기술은 없다. 축을 중심으로 회전하면서 무언가를 굴러가게 할 정도로 적당히 둥근 형태에 가까울 뿐이다. 확대경으로 자세히 들여다보면 온통 찌그러지고 여기저기 돌출된 불완전한 곡선임을 알 수 있다. 유클리드는 완벽한 원이 어딘가에 존재하리라고 생각했다. 비록 눈으로 확인하거나 만질 수 있는 실체가 없더라도 직선의 날과 컴퍼스 같은 기초적인 그림 도구 몇 개만 있으면 완벽한 원을 연구하고 이해할 수 있다고 판단했다. 뾰족한 끝으로 장난 삼아 친구들을 쿡쿡 찔러 대는 시늉을 할 때 말고는 별다른 쓸모가 없어 보이는 컴퍼스가 그로부터 수 세기가 지난 오늘날까지 수학 시간에 빼놓을 수 없는 준비물로 여겨지는 이유도 바로 도형에 관한 그의 집착 (그리고 도형을 그릴 때 정해진 도구만 써야 한다는 완고한 고집) 때문이다.

모난 곳 하나 없이 완벽하게 매끄러운 원, 세 변이 모두 완벽한 직선인 삼각형, 네 각이 모두 완벽한 직각인 사각형……. 유클리드는 이러한 도형들에 감탄했다. 아주 단순한 규칙을 따랐을 뿐인데도 그토록 손쉽게 간결하면서도 우아한 패턴을 만들어 낸다는 것이 그 이유였다. 이런 패턴들은 도처에 널려 있어 언제나 볼 수 있다. 이런 패턴을 가장 흔히 마주치는 장소 가운데 하나가 우리 발밑에 펼쳐진 길바닥이다. 혹시 바깥을 돌아다닐 일이 있다면 눈을 크게 뜨고 타일로 포장된 인도나 도로의 흥미로운 패턴을 한번 눈여겨보라. 그중에서도 유독 정교하게 배치된 타일을 마주친다면 그 아름다움에 새삼 놀라게 될 것이다.

하지만 유클리드의 관점에서 보면 이 사진 속 타일의 아름다운 패턴처럼 빈틈없는 규칙성이나 구조가 뚜렷하게 보이지 않는다 하더라도 마법같이 놀라운 특징을 발견할 수 있다. 종이 한 장을 펼쳐 아무 데나 점 네 개를 찍어 보자. 그런 다음 자를 대고 네 개의 점을 반듯하게 연결하면 네 개의 변을 가진 다각형, 즉 사변형이 된다.

별것 아닌 것처럼 보이는 이 사변형에 한 가지 패턴이 숨어 있다. 다시 자를 들고 각 변의 한가운데에 자리한 중점을 찾아 보자. 변이 모두 네 개이므로 중점도 네 개다. 이제 자를 대고 반듯하게 선을 그어 네 개의 중점을 연결해 보자. 어떤 모양이 눈에 들어오는가? 그렇다. 불규칙한 사변형 안에 완벽한 사변형이 나타난다. 서로 마주보는 두 변의 길이가 똑같은 평행사변형 말이다(어서 자를 들고 확인해 보라). 마주보는 두 변들은 정확히 평행을 이루며 같은 방향을 향한다(마주보는 변들을 끝없이 연장하더라도 두 변은 서로 만나지 않는다는 말이다).

좋다, 한 번 더 해 보자. 새 종이에 다시 사변형을 그려 본다. 이번에는 최대한 기괴하고 특이한 모양으로 그려 보라. 그래도 각 변의 중점을 찾아 연결하면 완벽한 평행사변형이 만들어질 것이다. 유클리드가 이 도형들에 그토록 매료됐던 것도 놀랄 일이 아니다. 눈에 띄는 뚜렷한 구조나 특징이 없는 불규칙한 형태에서 완벽한 도형을 만들어 내는 일이 가능하다면, 특징이나 구조가 뚜렷하고 더 복잡한 도형은 어디까지 만들어 낼 수 있을지 한번 상상해 보라.

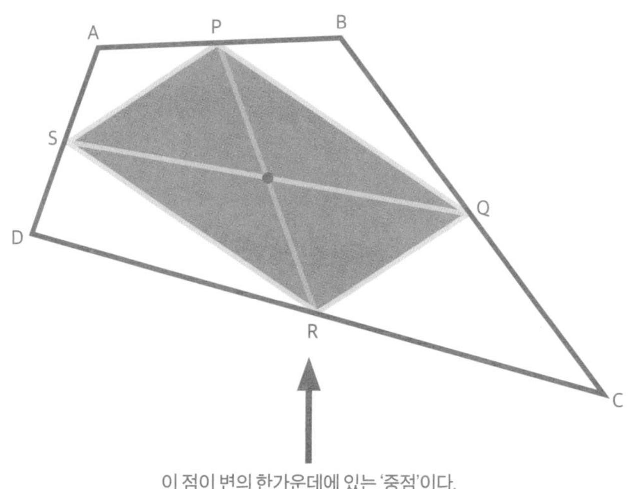

이 점이 변의 한가운데에 있는 '중점'이다.

각 꼭짓점과 중점들에 초점을 맞춰 설명하긴 했지만 유클리드 기하학의 진정한 핵심은 매끄러움smoothness에 있다. 유클리드 기하학에서는 다각형의 어느 면을 확대해 보더라도 흠 없이 똑바르고 가지런한 선을 확인할 수 있다. 확대경으로 유클리드 입체의 겉면을 자세히 보면 다림질을 수천 번 한 것처럼 매끄러워 보인다. 곡면체 역시 확대해 보면 평평하고 매끄러워 보인다. 가령 원의 가장자리를 조금씩 확대해 들여다보면 곡선을 이루는 호가 마치 직선처럼 보일 것이다.

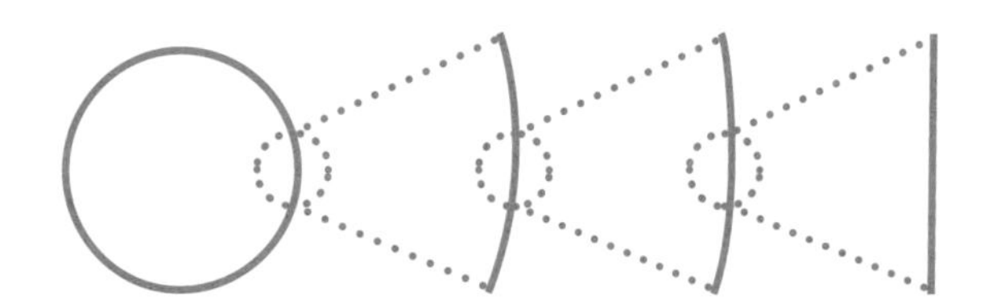

알고 보면
그리 놀랄 일은 아니다.
우리도 거대한 구 형태의
지구에 살고 있지만,
지구 위 세상은
평평하기 때문이다.

엔지니어들은 이 발상을 뒤집어 직선의 튼튼한 강철 빔을 이용해 멀리서 보면 휘어 있는 것처럼 착시를 일으키는 구조물을 만들기도 한다.

시드니 하버 브리지

하지만 1950~60년대에 왕성한 연구 활동을 펼친 폴란드의 수학자이자 기하학자인 브누아 망델브로Benoit Mandelbrot는 세상을 바라보는 유클리드 기하학의 관점에 의구심을 품었다. 현실 세계는 끊김 없이 매끄러운 연속적인 선들로 이루어지지 않았다. 가장자리는 들쭉날쭉하고 표면은 울퉁불퉁하며 연속은커녕 여기저기 끊겨 있어 유클리드의 신성한 도형들과는 오히려 거리가 멀다. 단적인 예가 '해안선 역설coastline paradox'이라고 불리는 수학 난제다. 이 난제는 '호주 해안선의 길이는 얼마인가?'라는 간단한 질문에서 출발한다.

이 질문이 역설을 낳는 이유를 알아내려면 먼저 위의 지도를 살펴봐야 한다. 육지와 바다의 경계선을 보면 유클리드 기하학의 법칙을 보기 좋게 벗어난다는 것을 곧바로 알아챌 것이다. 직선은커녕 부드러운 곡선조차 눈을 씻고 찾아봐도 없다. 아무리 시간을 들여도 직선자나 컴퍼스로는 이 불규칙한 경계선을 구석구석까지 똑같이 그려낼 수 없을 것이다. 어찌나 들쭉날쭉한지 그 길이를 제대로 측량하기가 어렵기 때문이다.

호주의 면적을 잴 수 있을 만큼 거대한 자로 해안선을 측량한다고 가정해 보자. 자는 직선이니 움푹 패이거나 튀어나온 부분까지 세세하게 측량하진 못하더라도 가장자리의 길이를 대략 짐작해 보기에 충분한 근사치는 얻을 수 있다. 1,000킬로미터 길이의 자로 측량한다면 아마 다음 그림과 같이 해안선의 길이를 가늠할 수 있을 것이다.

좀 더 정확한 값을 얻고 싶다면 더 짧은 자를 쓰면 된다. 500킬로미터 길이의 자를 이용하면 다음 그림과 같은 대략적인 측량값이 나온다.

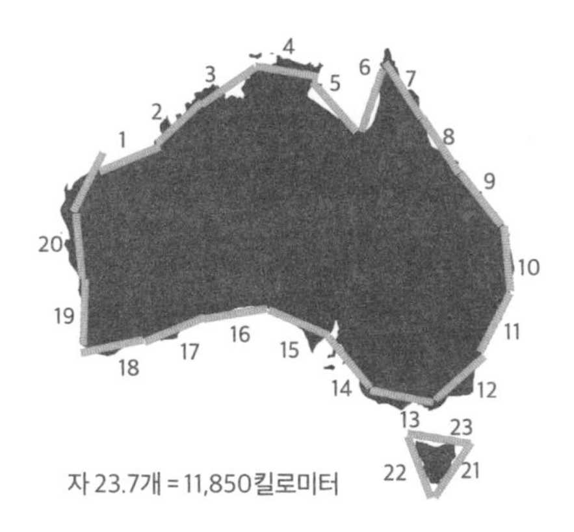

근사치에 조금 더 가까워졌다. 자가 너무 길었던 탓에 무시할 수밖에 없었던 작은 부분들의 거리도 이제 측정할 수 있게 됐다. 더 짧은 자를 사용한 덕에 이를테면 태즈메이니아 섬까지 포함시킬 수 있게 된 것이다. 그런데 여기서 한 가지 의문이 생긴다. 이런 식으로 계속 하다 보면 어떻게 될까? 가령, 그보다 더 짧은 100킬로미터 길이의 자를 쓰면 어떻게 될까?

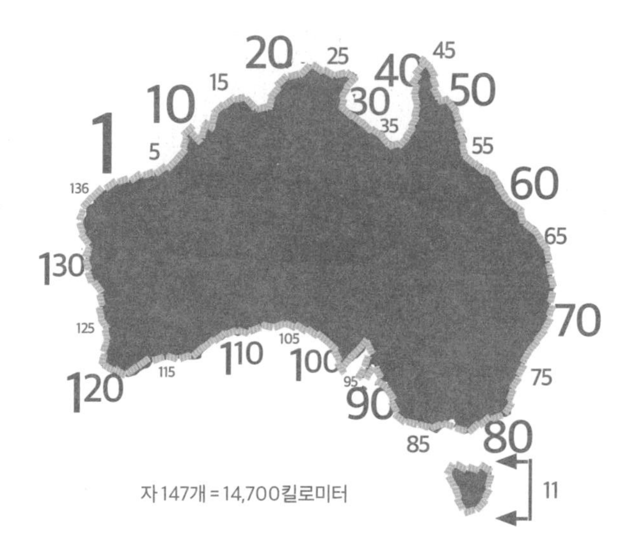

슬슬 걱정이 되기 시작한다. 이러다가 앞선 근사치보다 한없이 늘어나는 건 아닐까? 한편으로는 언젠가 얼추 근삿값에 가까워지는 한계점에 도달하게 되리라는 생각도 든다. 이는 지수적 증가exponential growth, 어떤 현상이나 수치가 갑자기 커지는 현상으로 상한에 가까워지면 성장이 멈춘다, 즉 극한값 e와 관련된 개념으로 다음 장에서 자세히 다뤄볼 예정이다. 그런데 해안선 길이의 경우 근삿값은 한계없이 계속 늘어난다. 오히려 자가 짧아질수록 해안선의 길이는 한없이 늘어난다. 극도로 짧은 자가 있다면 해안선의 길이는 무한히 늘어날 것이다. 이것이 바로 '해안선 역설'이다.

그 이유를 밝히려면 다시 망델브로로 돌아가야 한다. 그는 해안선이 엉망진창으로 들쭉날쭉해 보이긴 하지만 단번에 눈에 띄지 않는 패턴이나 근거가 분명 숨어 있으리라고 확신했다. 마법처럼 평행사변형을 만들어낸 불규칙한 사변형처럼 말이다. 미얀마 남부 메르귀 제도Mergui Archipelago의 아름다운 해안선도 이와 유사한 예다.

이런 지형은 우리의 시선을 사로잡는다. 망델브로도 여기서 흥미로운 질문을 떠올렸다. 이것도 기하학적 구조일까? 유클리드 기하학에는 분명 들어맞지 않는다. 직선도 없고 분명한 각도나 다각형도 보이지 않는다. 하지만 무작위성randomness도 없다. 유클리드 기하학으로는 엄밀하게 설명할 순 없지만 뚜렷한 구조와 기하학적 패턴이 존재한다는 것만은 분명하다. 망델브로는 자신의 두 눈에 똑똑히 보이는 이 형태들을 이해하고 표현할 수 있는 방법이 없을지를 궁리했다. 일종의 기하학적 구조임은 확실했지만 이전에는 본 적 없는 새로운 형태였다. 수많은 파편으로 부서진fractured 것처럼 보이는 이 형태를 망델브로는 '프랙털fractal'이라고 불렀다.

해안선 역설은 해안선이 일종의 프랙털 형태라는 사실에서 비롯된다. 다시 호주 지도로 돌아가 보자. 이번에는 뉴사우스웨일스New South Wales주를 확대해 해안선의 형태를 한번 살펴보자.

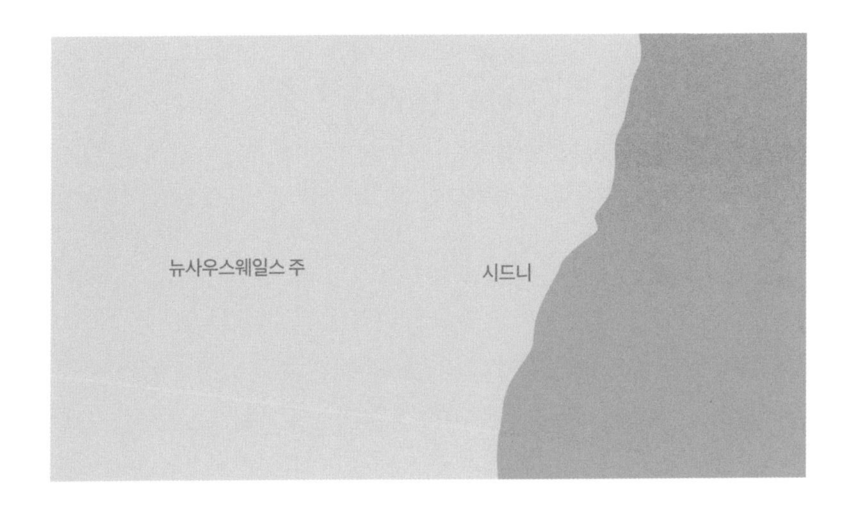

호주 전역의 해안선이 그렇듯 뉴사우스웨일스 주의 해안선도 울퉁불퉁하고 들쭉날쭉하다. 더 크게 확대해 보면 시드니뉴사우스웨일스의 주도의 해안선에서도 같은 패턴이 관찰된다.

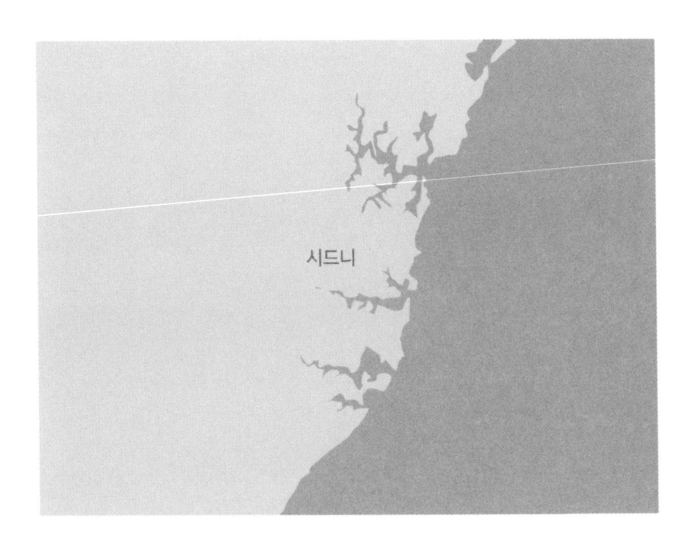

더 크게 확대할수록 마치 부서진 것처럼 여기저기 갈라지고 들쭉날쭉한 형태들이 새롭게 나타난다. 시드니에 있는 해변 가까이에서 지표면 사진을 찍으면 첫 번째 지도에서 본 울퉁불퉁한 부분들, 즉 움푹 파이거나 돌출된 바위들을 볼 수 있다. 망델브로는 자연이 만들어 낸 형태에 독특한 특징이 있다는 것을 밝혀냈다. 확대하든 축소하든 멀리서 보든 가까이서 보든 하나의 부분과 이 부분들로 이루어진 전체의 형태는 유사한 패턴을 보였다. 유클리드 기하학의 특징이 매끄러움이라면 프랙털 기하학의 특징은 이렇듯 부분들이 되풀이되면서 이 부분과 유사한 형태의 전체를 만들어 낸다는 것이다. 수학자들은 이를 '자기유사성self-similarity'이라고 부른다. 이 개념을 알면 주변 세계에서 자기유사성을 쉽게 알아볼 수 있다.

프랙털은 자연 세계의 기하학적 구조다.

자연의 기하학적 구조

혈관이 번개와 비슷해 보이는 이유도 둘 다 프랙털 구조이기 때문이다. 이런 구조가 나타나는 배경도 메커니즘도 완전히 다르지만, 사실 혈관과 번개는 둘 다 '분배distribution'라는 수학 개념과 관련이 있다.

혈관은 분배라는 목적에 딱 맞는 형태를 띠고 있다. 혈관이 하는 일은 신체의 모든 조직에 산소와 영양분을 전달하는 것이다(노폐물도 운반한다). 따라서 각 근육과 장기에 빠짐없이 도달할 수 있도록 가장 효율적으로 휘어지는 패턴으로 진화했다. 이러한 패턴은 자기유사성을 띨 수밖에 없다. 신체의 형태나 구조의 연속성을 유지한 채 신체가 성장하는 속도에 따라 혈관도 점차 확장해야 계속 생존할 수 있기 때문이다. 자기유사성은 혈관계에 매우 중요하다. 이 자기유사성 덕분에 동맥과 정맥이 우리 몸 안에서 상당히 먼 거리를 가로지르며(평균적인 성인의 몸에 골고루 퍼져 있는 구불구불한 혈관의 길이는 15킬로미터에 달한다) 육안으로는 식별 불가능할 만큼 작은 세포들 하나하나에까지 산소와 영양분을 전달하는 것이다. 혈관에서 수없이 많은 모세혈관이 뻗어 나와 체내 모든 세포에 혈액을 공급하는 모습은 특수 촬영 기술을 통해 자세히 관찰할 수 있다.

그러고 보면 혈관이 프랙털 구조인 것도 당연해 보인다. 그렇다면 번개는 어떨까? 번개가 일부러 특정 모양을 만들어 내는 것은 아니다. 프랙털 구조는 일종의 자연의 섭리다. 번개의 원리를 생각해 보면 프랙털 형태를 띠는 이유를 자연스럽게 이해할 수 있다. 발로 양탄자를 앞뒤로 문지르듯 물방울들이 먹구름 속에서 소용돌이치며 서로 지속적으로 마찰하면 아래쪽에는 음전하가 쌓이고 위쪽에는 양전하가 모인다. 구름 아래쪽에 쌓인 전하의 양이 구름이 붙들어 둘 수 있는 한도를 넘어서면 화산에서 용암이 분출되듯 순간적으로 전기가 방출되면서 밝은 불빛이 발생하는데, 이것이 바로 번개다.

이때 전류가 가장 빠르게 퍼져 나갈 수 있도록 최단거리로 이동하기 위해 습기가 많은 곳을 찾아 지그재그로 뻗어나가며 땅으로 돌진한다. 최단거리를 찾으려다 보니 휘어지기도 하고 구부러지기도 하면서 에너지를 잃

어버리고 폭도 좁아진다. 때로는 여러 개로 갈라지면서 더 얇아지기도 한다. 최초의 번개에서 갈려져 나온 번개들은 크든 작든 최초의 번개와 똑같은 기하학적 패턴을 되풀이하며 나타난다.

혈관은 생명을 유지시켜 주는 혈액을 분배하고 번개는 엄청난 전기 에너지를 분배한다. 우리 몸이 계속 살아 움직이기 위해 프랙털 구조를 띠듯 번개도 전기를 방출하기 위해 구불구불하게 갈라지는 모양을 되풀이하는 것이다.

5장

복리 이자는
한없이 커질까?

밖은 여전히 어둡고 집 안은 황홀할 만큼 고요했다. 아이들도 잠에 취해 있었다. 나는 살금살금 계단을 내려가 전기 주전자에 천천히 물을 채우고 스위치를 켰다. 물 온도가 올라가면서 주전자에서 거품이 끓어올랐다 터지는 소리가 들렸다.

스위치가 자동으로 꺼지자 나는 지체없이 주전자를 들어 티백과 설탕이 든 컵에 뜨거운 물을 따랐다. 왜 서두르느냐고?

주전자 속에서 끓은 물은 주변 기온에 비례해 식는다. 뜨거울수록 온도도 더 빨리 떨어진다. 나는 온도계를 들어 가열이 멈춘 순간부터 물 온도를 측정했다. 첫 60초 동안 무려 섭씨 35도가 떨어졌다. 그다음 10분이 경과하는 동안 물이 식는 속도도 점차 느려졌고, 1분 뒤 다시 재 보니 수온이 3도밖에 떨어지지 않았다. 어떻게 된 걸까?

여기서 핵심은 물체의 온도가 아니라 해당 물체와 주변 환경의 온도 차다. 둘의 차이가 클수록 격차도 빨리 좁아진다. 냉각시키거나 해동할 때도 마찬가지다. 온도만 보면 세상의 모든 물체는 무자비한 또래 압박에 굴복하는 모양새다. 즉, 모든 물체는 주변 물체의 온도와 같아지기를 원한다.

물도 뜨거울수록 더 빨리 식는다. 내가 끓인 차만 그런 게 아니다. 외부 제약이 없는 환경에서 증식하는 것들은 모두 마찬가지다. 가령 아무것도 모르는 가여운 생명체를 이제 막 숙주로 삼은 바이러스가 있다고 치자. 면역 체계가 이상을 감지하고 반격을 시작하기 전까지 바이러스는 초반 수시간 이내에 숙주 세포에 침입해 스스로를 복제한다. 이 세포들이 폭발적으로 증가하면 삽시간에 아수라장이 돼 수백 만 개의 불청객이 혈류로 흘러들고 첫 공격 때보다 훨씬 더 많은 세포를 공격한다. 새로 붙잡힌 세포들은 각기 또 다른 복제 엔진이 되고 바이러스의 수는 훨씬 더 빠르게 증가한다. 이런 식으로 바이러스의 수가 많아질수록 감염도 훨씬 더 빨리 진행된다(물론 바이러스가 무제한 증식하는 일을 바라진 않겠지만 말이다). 이 같은 증가 방식을 지수적 증가수학에서는 일정한 비율만큼 거듭제곱으로 증가하는 것을 말하며, '폭발적 증가'를 뜻하기도 함 라고 부른다(내가 끓인 차의 경우 그 반대인 '지수적 감소exponential decay'라고 불러야겠지만).

이번에는 은행 계좌에 들어 있는 잔고를 예로 들어 보자. 어린 시절 내가 살던 지역의 은행에서는 공짜 스티커와 값싼 장신구를 미끼로 내걸고 어린 고객을 꾀어 계좌를 개설시키곤 했다. 단 몇 달러만 예치했을 뿐인데 통장이 금세 만들어졌다. 설레는 마음으로 첫 번째 입출금 내역서를 받아 들었던 순간이 기억난다. 첫 한 달간 붙은 이자는 겨우 3센트였다. 초기 보상은 실망스러웠지만 지수적 성장 법칙에 따르면 잔고가 늘수록 이자도 늘어날 것이다. 더 많이 저금할수록 더 많은 이자를 받게 된다는 말이다.

이런 사실에 놀라는 사람은 많지 않다. 우리 경제 전반을 떠받치고 있는 토대이기 때문이다. 하지만 지수적 성장에는 어두운 비밀이 숨어 있다. 은행은 한없이 늘어나는 잔고를 약속하는 것처럼 보이지만 실제로는 늘어나는 데 한계가 있다. 다음 예를 통해 그 이유를 알아보자.

수중에 1달러가 있고 이 돈을 저금하면 매년 100퍼센트의 이자를 주는 복리원금과 이자를 합친 금액에 이자를 매기는 것 예금 상품을 은행에서 권했다고 치자. 머릿속으로는 '애처로운 잔고를 보고 불쌍해서 저러는 게 분명해'라고 생각하면서도 은행 창구에 앉아 직원 앞에서 소리 내 이자를 계산하기 시작한다. "연 100퍼센트 이자라면 연간 이자가 1달러 붙을 테니 연말에는 원금과 이자를 합한 원리합계가 2달러가 되겠군요."

복리 적용 기간	연간 이자 지급 횟수
1년	1회
이자율	**연말 원리합계**
100%	2달러

직원은 미소를 머금고 이렇게 답한다. "그보다 더 많을 수도 있죠. 연간 1회만 복리를 적용하면 2달러가 되겠지만, 복리를 적용하는 횟수는 원하시는 만큼 선택할 수 있습니다."

순간 이런 깨달음이 뇌리를 스친다. 원금은 똑같더라도 더 짧은 이자 계산 주기를 택하면 잔액은 더 빨리 늘어날 것이다. 이게 어떻게 가능한 걸까? 복리 적용 기간이 짧아지면(즉, 복리 적용 횟수가 많아지면) 이자가 더 자주 붙을 것이다. 계속 늘어나는 잔액을 기준으로 이자가 붙으니 잔액도 번번이 늘어나게 된다. 복리 적용 기간이 1년이 아닌 6개월이고 이자율이 그 절반이라면 어떤 결과가 나타날까?

복리 적용 기간	연간 이자 지급 횟수
6개월	2회
이자율	**연말 원리합계**
50%	2.25달러

나쁘지 않다. 연간 2회 복리가 적용될 때 이만한 수익을 올릴 수 있다면 횟수를 더 늘리면 어떨까? 가령 매달 이자를 받는다면?

복리 적용 기간	연간 이자 지급 횟수
1개월	12회
이자율	**연말 원리합계**
8.33% (100% ÷ 12)	2.613035…달러 (반올림하면 2.61달러)

역시나 잔액이 늘었다. 일단 재미를 보니 멈출 수 없다. 이제 매일 이자를 받는다면 어떻게 될까?

복리 적용 기간	연간 이자 지급 횟수
1일	365회
이자율	**연말 원리합계**
0.27% (100% ÷ 365)	2.714567…달러 (반올림하면 2.71달러)

그런데 언뜻 납득되지 않는 점이 있다. 우선 이자율이 터무니없이 낮다. 0.27퍼센트라니, 무의미할 만큼 보잘것없어 보인다. 예를 들어 보자. 내 키는 178센티미터이고 키의 0.27퍼센트는 0.5가 채 되지 않는 0.48센티미터다. 두 사람이 나란히 서 있는데 키 차이가 0.48 센티미터에 불과하다면 키가 똑같아 보인다고 해도 무방할 정도다. 그러니 0.27퍼센트라면 무시할 만하지 않은가? 하지만 이토록 낮은 이자율도 여러 번, 예컨대 1년

365회 적용되면 큰 차이를 낳는다. 이는 복리의 핵심적인 수학 원리 중 하나이자 사람들의 귀를 솔깃하게 하는 유인이다.

우리의 직관을 거스르는 또 다른 점은 복리 적용 기간이 줄어드는 동시에 이자액은 늘어난다는 것이다. 복리 적용 기간을 12개월에서 6개월로 줄이면 이자 지급 횟수가 2배로 늘고 이자액은 25센트 증가한다. 하지만 횟수를 월 1회에서 하루 1회로 바꾸면 이자 지급 횟수가 30배 이상으로 늘지만 이자액은 겨우 10센트 늘어난다.

이자가 마음에 들지 않는다고? 그럼 이런 경우는 어떨까? 복리 적용 기간이 이보다 더 짧아진다면 결과는 과연 어떻게 달라질까?

복리 적용 기간	연간 이자 지급 횟수
1분	525,600회
이자율	**연말 원리합계**
0.00019%	2.718279…달러 (반올림하면 2.72달러)

낯 두껍게도 복리 적용 기간을 매월, 매일도 아닌 1분으로 바꾸면 이자 지급 횟수가 무려 1,440배 늘어난다. 하지만 정작 이자액은 1센트도 늘지 않았다. 그것도 소수점 아래 둘째 자리에서 올림을 해야 1센트가 는다.

이 상황은 이른바 '수확체감의 법칙일정 수준을 넘어서면 증가한 투입량에 비해 생산량의 증가폭은 줄어드는 것'과 유사하다. 이자 지급 횟수를 더 늘리더라도 늘어나는 이자액은 점점 낮아지는 것이다. 이렇게 된 김에 적용 기간을 더 짧게 줄여 보면 그 차이가 확연히 눈에 드러난다.

복리 적용 기간	연간 이자 지급 횟수
1초	31,536,000회
이자율	**연말 원리합계**
0.0000032%	2.71828178…달러 (반올림하면 2.72달러)

우리가 가장 알고 싶은 것은 오른쪽 하단의 숫자, 즉 연말 원리합계다. 지금까지 살펴본 예를 표로 정리하면 아래와 같다.

복리 적용 기간	최종 원리합계
1년	2달러
6개월	2.25달러
1개월	2.613035…달러
1일	2.714567…달러
1분	2.718279…달러
1초	2.71828178…달러

최종 원리합계를 보면 2달러에서 한계 없이 늘어나는 것이 아니라 특정한 값으로 수렴한다. 수학에서는 한계치와 같은 이 값을 '극한$_{\text{limit}}$'이라고 부른다. 마치 잔액이 더 이상 늘지 못하게 제한$_{\text{limit}}$을 가하는 것처럼 이자 지급 횟수를 무한대로 증가시켜도 특정한 값에 한없이 가까워질(수렴될) 뿐 그 값이 되지는 않는다는 의미다.

이 극한값(여기서는 2.7182818…)은 잔고 같은 지수적 증가나 식어 가는 차 같은 지수적 감소가 나타나는 상황에서 등장한다. 너무도 중요한 나머지 특별히 *e* '무리수' 또는 '자연상수'라고도 부른다라는 문자로 나타낸다. 이는 '지수'를 뜻하는 exponential의 머리글자이기도 하고, (스위스 수학자 레온하르트 오일러 Leonhard Euler의 이름을 딴) Euler's number 오일러의 수의 앞 글자를 뜻하기도 한다.

이 숫자는 우주의 신비를 담고 있다.

*e*는 그보다 더 유명한 사촌격인 π(원주율)와 마찬가지로 우주의 법칙에 스며들어 있다. 구아닌guanine, 아데닌adenine, 시토신cytosine, 티민thymine이라는 네 가지 염기base로 구성된 유전 물질(DNA)에서 모든 생명체가 탄생하듯 지수적 증가와 감소에도 *e*라는 DNA가 들어 있다.

6장

경이로운 무리수, e

e는 푸대접을 받는 신세다. 반면 π(3.14159265…)는 모르는 사람이 없고 심지어 기념일도 있을 정도다(미국에서는 3월 14일을 '파이의 날'로 제정해 기념한다). π에 헌정한다는 수많은 예술 작품들도 전 세계 곳곳에서 찾아볼 수 있다.

전 세계에서 넘치는 사랑을 받고 있는 파이Pi

하지만 진정 경이로운 수는 예기치 못한 곳에서 마주친다. e도 그중 하나다. 여기서는 일상생활에서 생각지도 않게 e와 마주치는 사례를 하나 소개하려 한다. 그러려면 세상에서 가장 인기 있는 기호 식품 중 하나인 초콜릿의 도움이 필요하다.

다양한 초콜릿 중에서도 사진처럼 여러 모양의 초콜릿이 들어 있는 초콜릿 상자를 예로 들어 보자. 여러분이 이 상자를 열어 어떤 초콜릿을 먼저 먹을까 행복한 고민을 하는 상황이라고 치자.

첫 번째 초콜릿에 손을 뻗으려던 찰나 이 설탕 덩어리들을 혼자 먹어 치우기보다는 사랑하는 이들에게 나눠 주고 싶다는 생각이 든다. 뚜껑을 연 채 상자를 들고 일어나는 순간 대참사가 일어난다. 제 발에 걸려 넘어지면서 상자에 있던 초콜릿이 몽땅 바닥에 쏟아지고 만 것이다.

목격자라도 있을까 싶어 재빨리 주위를 둘러보지만 아무도 없다. 살았다. 이제 초콜릿을 상자에 다시 넣기만 하면 된다. 그런데 어떤 초콜릿이 어느 자리에 놓여 있었는지 정확히 기억나지 않는다. 하는 수 없이 손대지 않은 것처럼 보일 정도로만 되는대로 넣어 본다.

여기서 문제 하나! 운이 따른다면 모를까 모든 초콜릿을 원래 있던 자리에 다시 넣는 것은 사실상 불가능하다. 오히려 제각기 엉뚱한 자리에 놓을 가능성이 크다. 그렇다면 모든 초콜릿이 원래 있던 자리가 아닌 엉뚱한 자리에 놓일 가능성은 얼마일까? 다시 말해 제자리를 찾은 초콜릿이 하나도 없을 확률은 얼마일까?

이 질문에 대한 답을 도대체 어디서부터 찾아야 할지 몰라 그저 어리둥절할 것이다. 이럴 때 수학자가 좋아하는 해결책 중 하나를 활용해 보자. 문제를 단순하게 만든 다음, 더 복잡한 원래 문제를 해결하는 데 도움이 될 패턴이나 구조가 없는지 살피는 것이다.

문제를 단순화하는 가장 손쉬운 방법은 상황을 축소시키는 것이다. 이 상황도 다음과 같이 최대한 축소시켜 보자. 우선 상자에 초콜릿이 딱 하나만 들어 있었다면 어떨까?

원래 배치 가능한 재배치

먼저 원래 있었던 자리와 나중에 놓인 자리를 추적할 수 있도록 초콜릿마다 A, B, C, … 등으로 이름을 붙이자. 왼쪽이 원래 자리, 오른쪽이 초콜릿을 쏟은 뒤 다시 놓아 둔 자리다.

상자에 초콜릿이 딱 하나만 있으니 너무 단순화시킨 게 아닌가 싶다. 초콜릿이 단 하나라면 애초에 한 자리밖에 없었을 테니 무조건 제자리로 돌아갈 것이다. 상자 속에 초콜릿이 딱 하나만 있을 경우 엉뚱한 자리에 놓일 가능성은 0퍼센트라는 얘기다.

재미를 더하기 위해 이번에는 상자에 초콜릿 두 개 있다고 치자.

원래 배치 가능한 재배치

오른쪽을 보니 이제 선택지가 하나 더 생겼다. 한 가지 방법은 당연히 초콜릿을 원래 자리로 놓는 것이고 다른 하나는 둘의 자리가 바뀌는 것이다. 그러면 우리가 원하던 흥미로운 상황이 펼쳐진다. 초콜릿이 (두 개 모두) 제자리가 아닌 '엉뚱한' 자리에 놓인 것이다. 가능한 두 가지 배치 방법 중 하나는 우리가 바라던 조건에 들어맞는다. 이 경우 초콜릿이 전부 엉뚱한 자리에 놓일 확률은 50퍼센트다.

경우의 수를 더 늘려 보자. 초콜릿이 세 개인 경우 다음과 같은 배치가 가능하다.

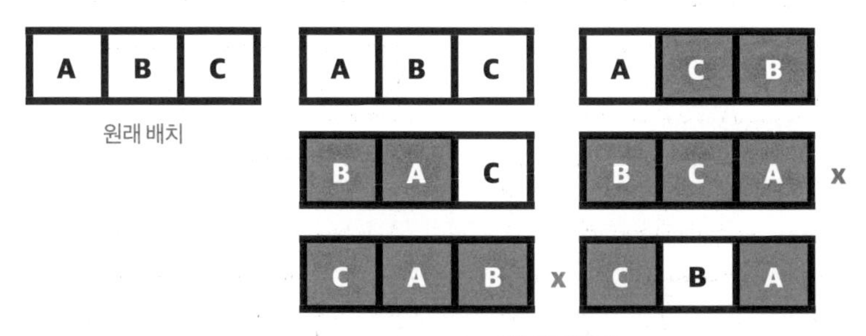

점점 더 흥미로워진다. 엉뚱한 자리에 놓인 초콜릿은 붉은색으로 표시했다. 예컨대 초콜릿이 B-A-C 순으로 배치된 경우 두 개의 초콜릿(B와 A)은 엉뚱한 자리에 놓여 있고 나머지 하나(C)는 제자리에 놓여 있다. 자세히 보면 여섯 가지 경우의 수 중 초콜릿이 전부 엉뚱한 자리에 놓이는 경우의 수는 두 가지다. 여섯 가지 중 두 가지라면 대략 33퍼센트의 확률이다.

판을 좀 더 키워 보자. 초콜릿이 네 개라면 어떻게 될까?

원래 배치

여기서부터 복잡해진다. 다음과 같이 초콜릿을 재배치하는 방법이 무려 24가지이기 때문이다. 세어 보니 이중 초콜릿 네 개가 전부 엉뚱한 자리에 놓일 경우의 수는 딱 9가지다. 24가지 중 9가지라면 확률은 37.5퍼센트다.

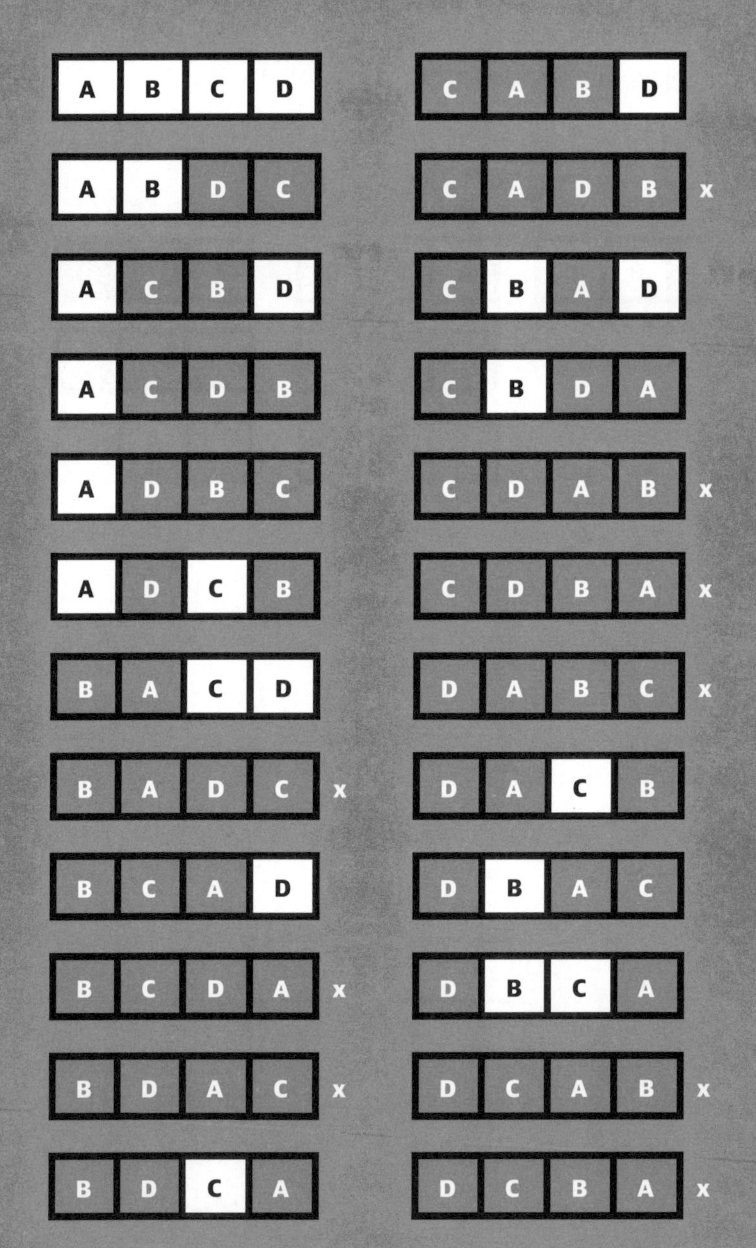
A B C D
A B D C
A C B D
A C D B
A D B C
A D C B
B A C D
B A D C x
B C A D
B C D A x
B D A C x
B D C A
C A B D
C A D B x
C B A D
C B D A
C D A B x
C D B A x
D A B C x
D A C B
D B A C
D B C A
D C A B x
D C B A x

가능한 재배치

초콜릿 개수를 하나씩 늘려 이런 식으로 반복하다 보면 어떻게 될까? 초콜릿을 하나 더 추가한 다섯 개일 경우 재배치하는 방법은 120가지다. 이렇게 하나씩 추가했을 때 가능한 재배치 방법을 전부 그림으로 나타내기에는 지면이 부족하니 개수가 늘어날 때 각 경우의 수를 표로 대신 나타내면 다음과 같다.

초콜릿 개수	경우의 수	모든 초콜릿이 엉뚱한 자리에 놓일 경우의 수	모든 초콜릿이 엉뚱한 자리에 놓일 확률
4	24	9	37.5%
5	120	44	36.66666…%
6	720	265	36.80555…%
7	5,040	1,854	36.78571…%
8	40,320	14,833	36.78819…%
9	362,880	133,496	36.78791…%
10	3,628,800	1,334,961	36.78794…%

이쯤에서 여러분은 아마 속으로 이렇게 생각할 것이다.

'그만하면 알았다고, 그래서 그게 뭐 어쨌다는 거지? 무리수 e에 대해 설명하겠다면서 눈을 씻고 찾아 봐도 e는 안 보이잖아.'

그렇다. 아직 한 단계가 더 남았다. 계산기를 가져와 한번 직접 해 보자. 먼저 무리수 e의 값은 다음과 같다.

$$e = 2.718281828459045\cdots$$

이제 계산기에 $100 \div e$를 입력한다. 그러면 다음 값이 뜰 것이다.

$$100 \div e = 36.7879441171\cdots$$

이제 앞선 표를 다시 보자. 저 소수점 뒷자리에 나열된 숫자들이 왠지 낯익지 않은가?

앞서 지수적 증가를 설명할 때 언급한 e가 초콜릿이 제자리를 찾지 못할 확률을 계산하고 있는 지금 또다시 등장한 배경에는 매우 심오한 수학이 자리하고 있다. 다소 긴 설명이 필요해 아쉽게도 이 책에서 다루기는 어렵지만, 한 가지 강조하고 싶은 것은 수학은 이처럼 겉보기에 완전히 다른 것들의 연결고리를 찾아내는 방법이라는 사실이다. 화학을 알면 다이아몬드와 연필심에 탄소로 이루어진 흑연이 똑같이 들어 있다는 사실을 알게 되는 것처럼, 수학을 알면 저마다 다른 현상들의 이면에 놓인 공통점을 알아챌 수 있다.

7장

나선과 대칭의 수학

아티스틱스위밍artistic swimming을 보고 있으면 넋을 놓게 된다. 고등학교 시절 수구 동아리에서 활동한 적이 있는 나는 머리만 물 밖에 내놓은 채 물에 떠 있는 것이 얼마나 어려운 일인지 잘 안다. 아티스틱스위밍 선수들은 그보다 훨씬 더 어려운 일을 소화해 낸다. 숨을 쉬지 않은 채 물속에서 복잡하기 짝이 없는 동작들을 선보여야 하기 때문이다. 이것만으로도 대단한데, 다른 선수들과 하나의 몸짓으로 칼군무를 펼쳐 보이니 도무지 시선을 뗄 수 없다. 때론 열 명의 선수가 하나가 된 듯 동시에 물속 깊이 잠수하고 빙글빙글 도는 연기를 펼치기도 한다.

하나의 팀으로 이런 동작들을 선보일 수 있는 수준에 이르려면 수 개월간 고된 훈련을 거쳐야 한다. 복잡한 안무를 짜고 한 치도 어긋남 없는 연기를 선보이려면 헌신과 훈련만으로는 부족하다. 모든 선수가 소화할 수 있는 아름다운 동작을 펼치려면 치밀한 계산과 예술적 기교가 필요하다.

아티스틱스위밍 선수들의 안무 동작에 견주어도 손색이 없을 뿐만 아니라, 심지어 이를 능가하는 아름다운 패턴을 매일같이 선보이는 수억 개의 개체가 이 지구상에 존재한다는 사실이 놀라운 것도 이 때문이다. 여러분은 자연이 매일 눈 앞에 펼쳐 보이는 눈부신 패턴을 알아채지 못한 채 그 앞을 수없이 지나쳤을 것이다. 가장 뛰어난 올림픽 대표 선수들조차 선망의 눈길을 보낼 만큼 일사불란한 패턴을 매일 펼쳐 보이는 자연 현상은 훈련의 결과가 아니다. 서로 동작을 맞춰 보려고 소통하는 것도 아니다. 이렇게 힘 하나 안 들이고 자연스럽게 똑같은 패턴을 선보이는 자연의 대가가 있다. 바로 해바라기다.

이쯤 되면 머릿속에 이런 생각이 들 것이다. '뭐라고? 해바라기는 팔다

인간이 만들어 낸 대칭

리가 없는데? 수영장에 던져 넣으면 물에 뜨지도 못할 텐데 어떻게 해바라기를 아티스틱스위밍 선수들과 비교할 수 있지?' 하지만 여러분도 이제는 그 답을 충분히 짐작할 수 있지 않을까 싶다. 그렇다. 수학 때문이다.

해바라기 중심부에 있는 둥근 판의 가장자리에 핀 무수한 꽃잎들의 패턴을 자세히 살펴보자. 이 꽃잎들의 모양을 유심히 살펴본 적이 있는가?

자연이 만들어 낸 대칭

해바라기가 놀랍게도 완벽한 대칭을 이룬다는 것을 알고 있는가? 해바라기들이 서로 얘기를 나누는 것도 아닐 텐데 평생 동안 예외없이 다른 해바라기들과 정확히 똑같은 패턴을 만들어 낸다. 어떻게 이런 일이 가능한 걸까? 왜 이런 패턴이 나타나는 걸까?

그 원리를 이해하려면 기초적인 원예 상식 몇 가지를 알아야 한다. 인간은 일직선에 가까운 선형linear 방식으로 무언가를 만들어 낸다. 예컨대 벽돌담을 쌓을 때는 바닥에서 시작해 왼쪽에서 오른쪽으로 움직이고 꼭대기에서 마무리하는 식이다. 그런데 해바라기는 지구상의 다른 모든 생명체들처럼 유기적으로 성장한다. 다시 말해 작은 형태에서 시작해 중심에서 바깥으로 뻗으며 커 나간다.

이 중요한 사실을 아는 것이 해바라기 꽃이 피는 원리를 이해하는 첫 단계다. 이제 해바라기가 성장하는 모습, 즉 둥근 판의 작은 꽃 하나가 피어나는 모습을 매우 느린 동작으로 지켜본다고 생각해 보자해바라기는 원판 가장자리를 둘러싸며 혀 모양으로 피어 나는 '혀꽃'과 무수한 꽃이 나선형으로 박혀 있는 중심부의 '통꽃'으로 이루어진다. 과연 어떤 모습으로 자라날까?

해바라기는 정확히 똑같은 패턴을 반복한다.

먼저 중심부에서 작은 꽃들이 피어나고 점차 바깥으로 밀려난다. 중심부의 언저리에 피어난 꽃들이 가장 큰 이유도 이렇게 중심에서 바깥쪽으로 순차적으로 커 나가기 때문이다. 그보다 먼저 피어난 꽃들이 바깥쪽으로 밀려나는 동안 또 다른 꽃들이 중심부에서 부지런히 자라난다. 나중에 새로 필 꽃들이 그보다 먼저 핀 꽃을 어느 방향으로 밀어내느냐에 따라 꽃의 패턴이 결정된다.

25퍼센트 회전

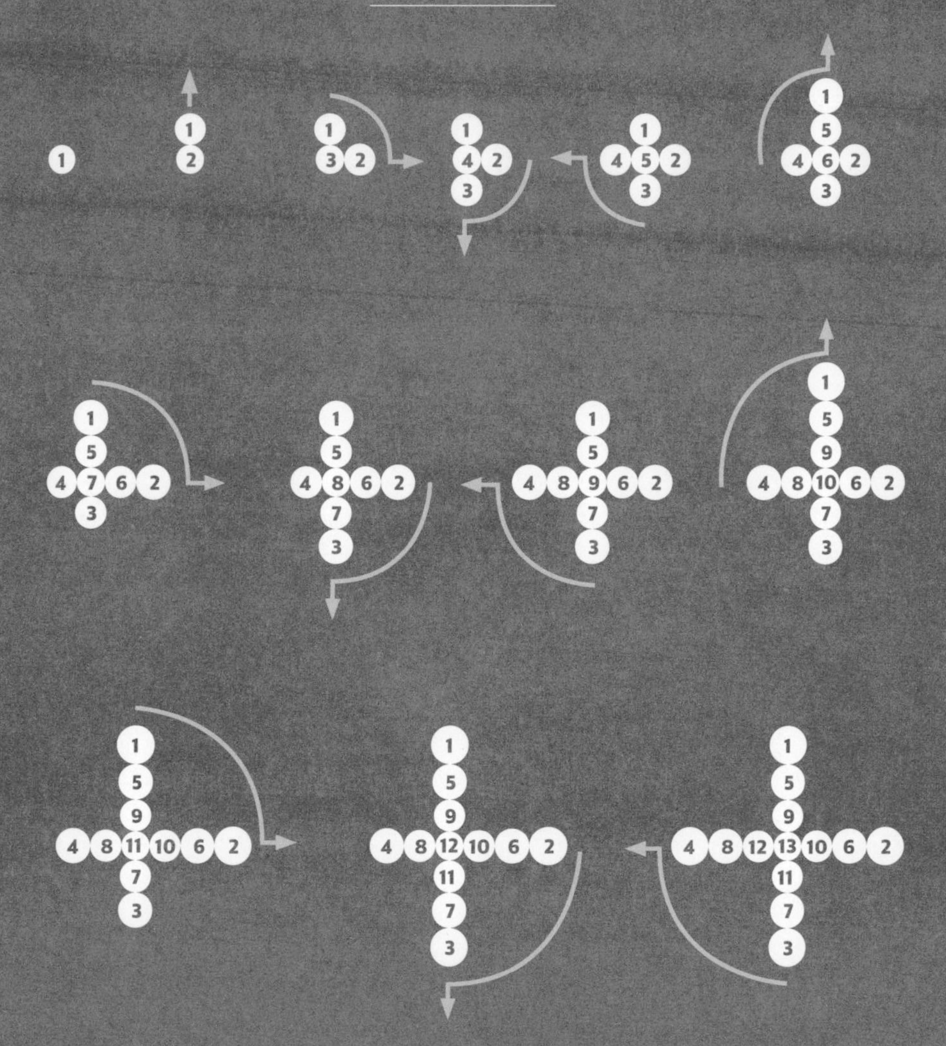

예를 들어 중심부에서 먼저 자라나온 꽃이 밀려나면서 360도의 25퍼센트, 즉 90도씩 회전한다면 위와 같은 패턴이 생긴다.

여기서 작은 꽃이 자라는 패턴을 눈여겨보자. 꽃이 피는 순서를 따라가기 쉽도록 순번으로 표기했다. 먼저 피어난 앞선 순번의 꽃들이 가장 크고 중심부에서 가장 멀리 떨

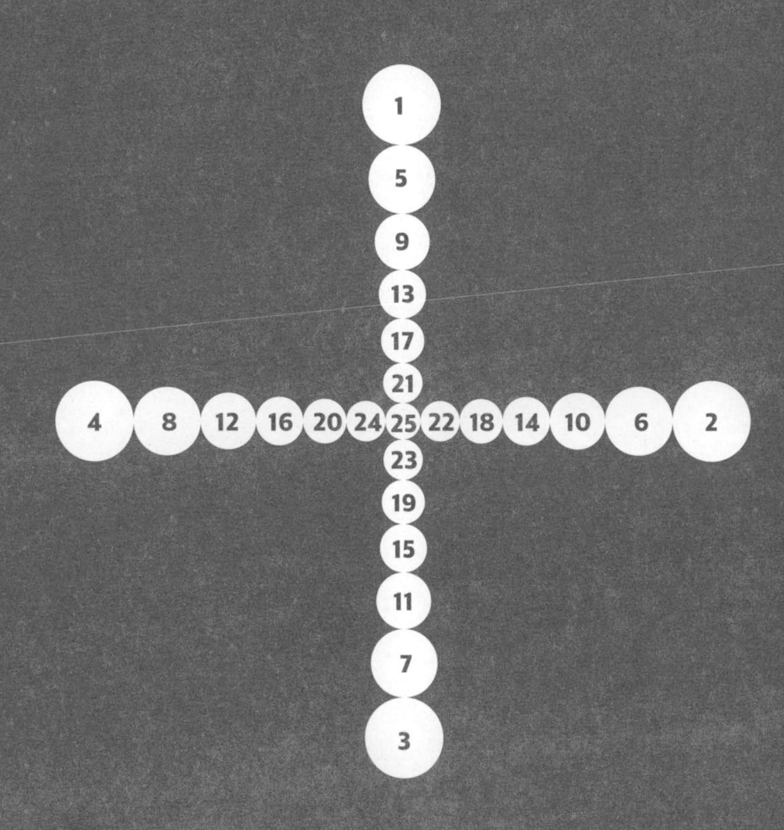

어져 있다. 가장 먼저 피어난 이 꽃들은 뒤이어 다른 꽃들이 피어나는 동안 계속 성장하면서 커지고 바깥으로 가장 빨리 밀려난다.

이 모양도 나쁘진 않지만 사이사이에 빈 공간이 생겨 꽃으로 촘촘히 채우지 못하고 낭비되는 공간이 많다. 그렇다면 360도의 20퍼센트인 72도씩 회전한다면 어떨까?

20퍼센트 회전

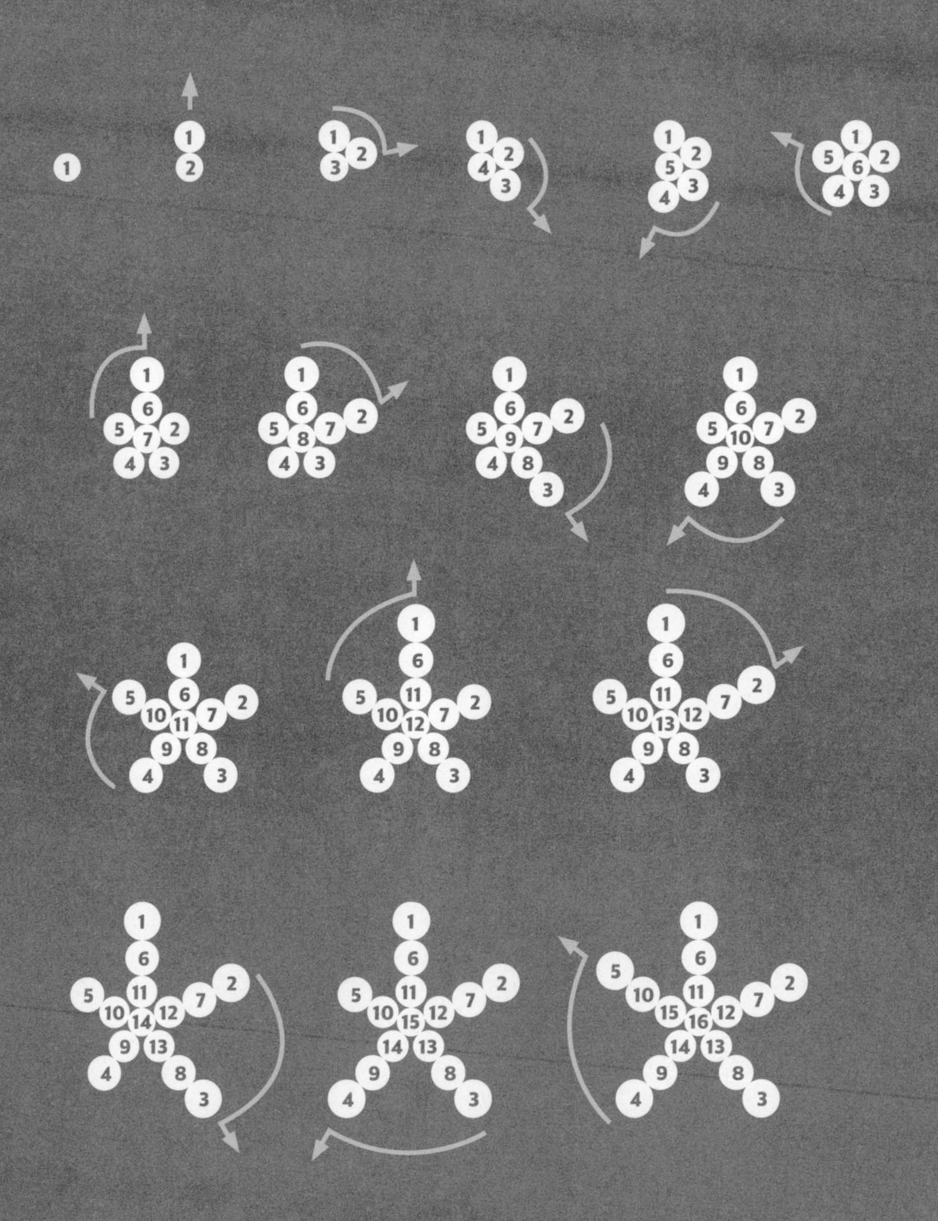

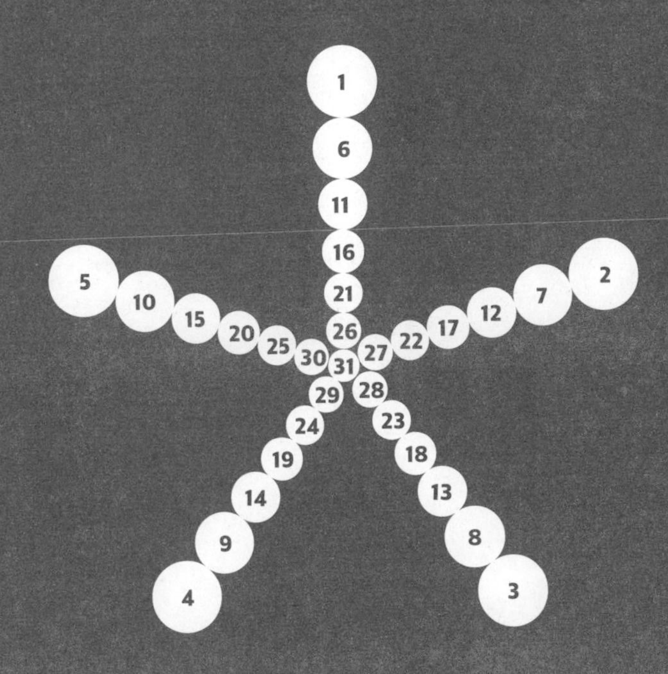

90도씩 회전할 때보다는 낫지만 여전히 사이사이가 비어 있다. 어떻게 해야 공간 낭비 없이 촘촘하게 꽃이 필 수 있을까? 360도의 34퍼센트, 즉 122.4도씩 회전한다면 어떤 모양이 될까?

34퍼센트 회전

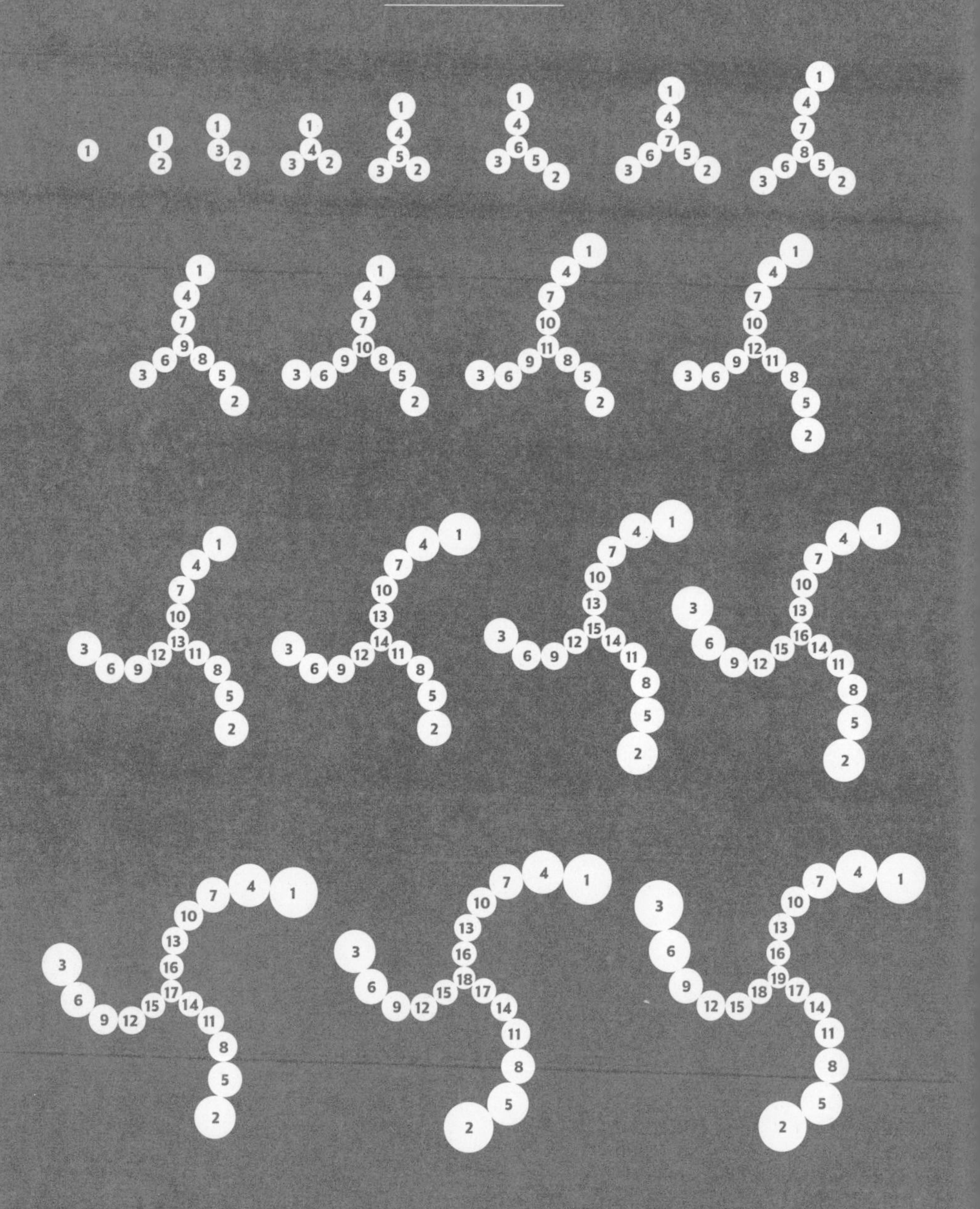

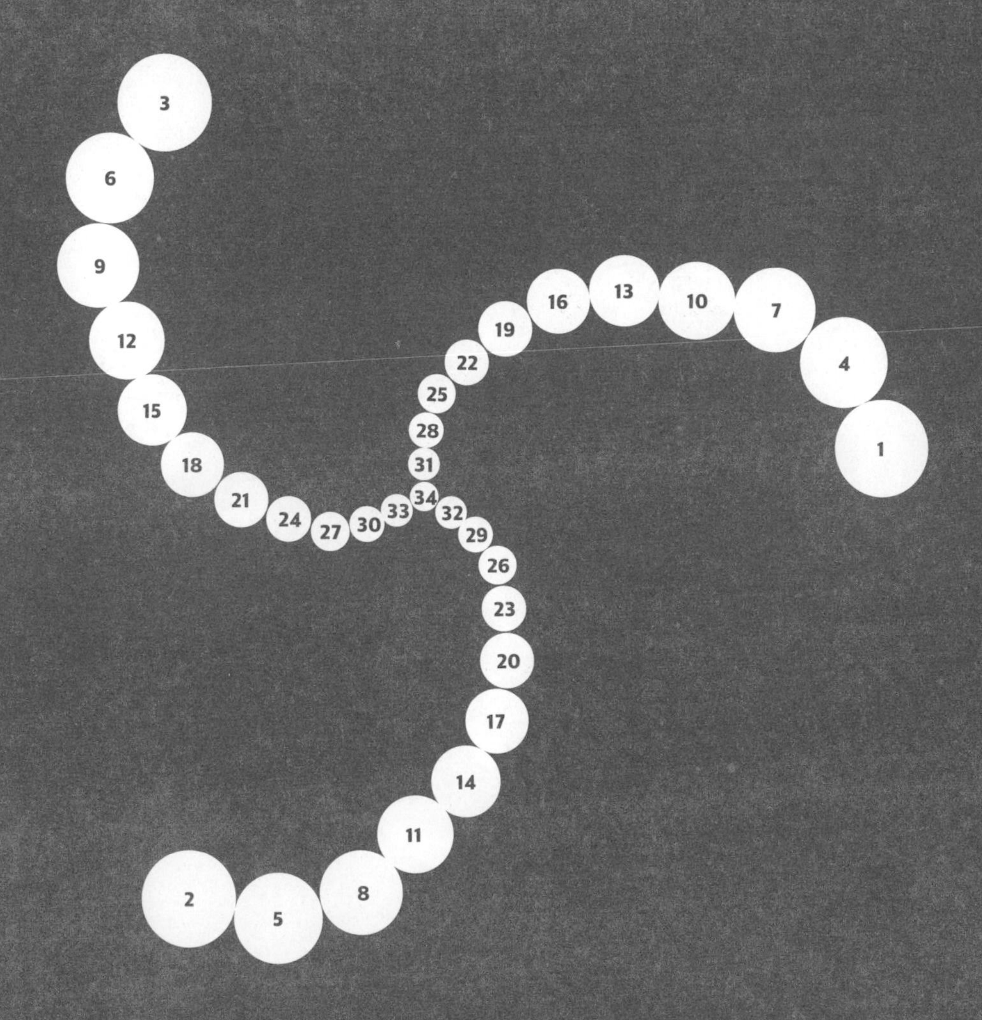

이 모양이 좀 더 그럴듯한 데다 해바라기의 원형을 조금 더 닮은 듯도 하다. 꽃들이 직선을 이루는 앞의 두 배치와 달리 곡선으로 휘어지고 있는 이유는 360도의 3분의 1보다 살짝 더 돌아갔기 때문이다. 쉽게 말해 새로운 꽃이 피어날 때마다 방향이 살짝 틀어지기 때문에 꽃이 이루는 '열row'이 직선으로 뻗어나가지 않고 곡선을 이루게 된다.

17퍼센트 회전

이 나선형의 사이사이가 좀 더 촘촘하게 채워지면 이런 모양이 나타난다.

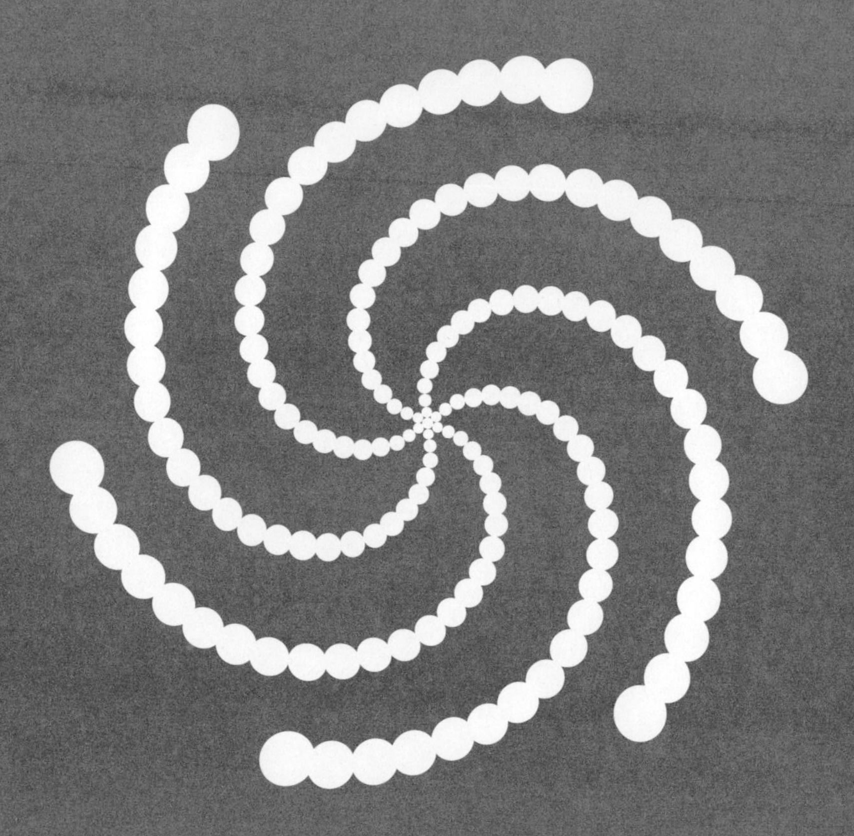

해바라기가 360도의 17퍼센트, 즉 61.2도씩 회전하면 위와 같은 모양이 된다. 34퍼센트씩 회전할 때보다 2배 더 이동해 '갈래arm'도 2배 더 늘어났다. 첫 번째 패턴에 비하면 동일한 면적에 꽃이 훨씬 많이 들어가므로 더 효과적이다. 자원에 허덕이는 식물에게 유리할 뿐만 아니라 수분을 돕는 꿀벌도 꽃을 더 손쉽게 알아볼 수 있다. 그렇다면 해바라기의 중심부를 가장 많은 꽃으로 채울 수 있는 이상적인 회전 각도가 있는 걸까?

당연히 있다. 여기서 수학의 보석 중 하나로 여겨지는 놀라운 수를 소개하려 한다. 이 수는 그리스 문자의 글자 중 하나인 Φphi로 나타낸다. 훨씬 더 유명한 사촌격인 π와 발음은 같지만 전혀 다른 기호로 나타내며 흔히 '황금 비율'이라는 거창한 별칭으로 불린다.

여타 수학 개념들과 더불어 기하학에도 고집스럽게 매달렸던 그리스인들에게 황금 비율은 주요 연구 주제 중 하나였다. 끈 하나를 예로 들어 간단한 문제를 풀어 보면서 황금 비율을 자세히 살펴보자.

그림과 같이 양 끝을 잘라내고 두 개의 핀으로 팽팽하게 고정한 끈이 있다. 그러면 기하학자들이 말하는 구간interval이 생긴다. 여기에 구간을 하나 더 추가해 원래 길이보다 더 긴 구간을 만들어보자.

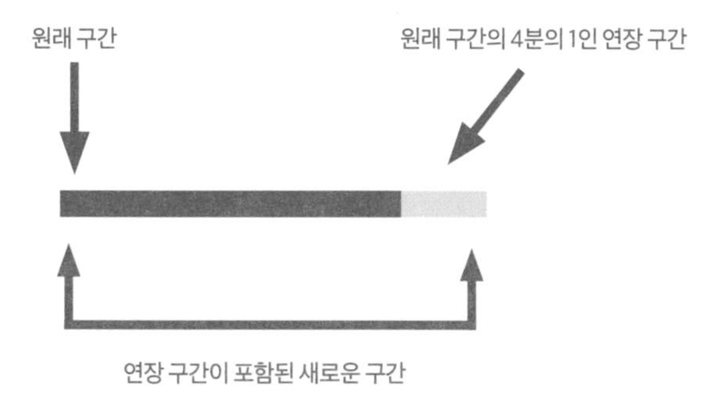

그리스인들은 원래 구간과 연장된 구간, 그리고 새로운 구간이 서로 어떤 관계를 맺고 있는지, 한 구간이 다른 구간보다 얼마나 더 긴지 알아내는 데 관심이 있었다. 위 그림에서 원래 구간은 연장된 구간의 4배이므로 새로운 구간의 길이는 원래 구간의 1.25배가 된다. 다음 경우는 어떨까?

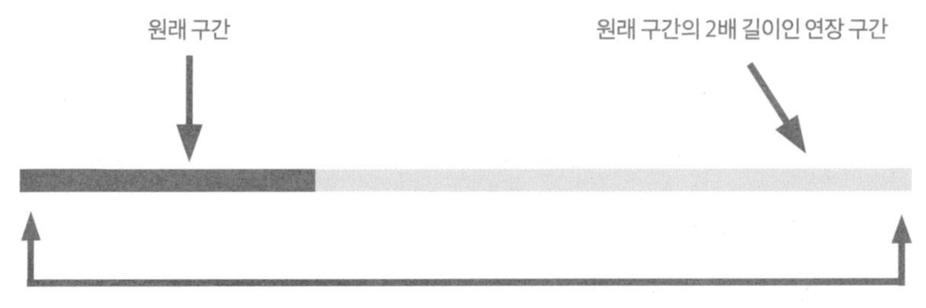

연장 구간의 길이가 원래 구간의 2배이므로 새로운 구간의 길이는 원래 구간의 3배가 된다.

그리스인들은 또다시 궁금해졌다. 원래 구간 대 연장 구간의 비율과 새로운 구간 대 원래 구간의 비율이 같아지려면 연장 구간의 길이는 얼마가 돼야 할까? 다음 그림에서 알 수 있듯 Φ-1이 돼야 한다.

Φ의 값은 정확히 $(1+\sqrt{5})\div2$, 즉 1.6180339887다. 여기서 소수점 이하는 끝없이 이어지며 반복되는 패턴도 없다. 소수점 이하 열 번째 자리까지 나타낸 약 1.6180339887에 가까워지는 무리수다.

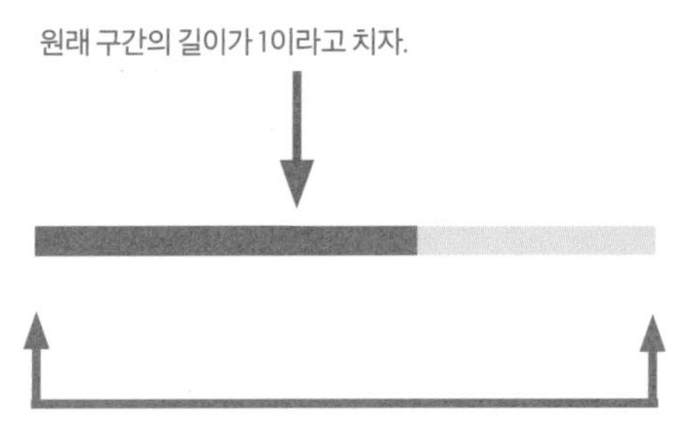

새로운 구간의 길이는 그리스 문자 Φ로 표시한다. 그러면 연장 구간의 길이는 Φ-1이 된다(더 긴 원래 구간의 길이 Φ에서 짧은 연장 구간의 길이인 1을 빼는 것이다).

그리스인들이 절대미로 평가했던 다양한 도형들이 이 단순한 숫자에서 탄생했다. 짧은 변과 긴 변의 길이가 1:1.618로 황금비를 이루는 직사각형을 '황금 직사각형'이라고 부르는 것도 한 가지 예다.

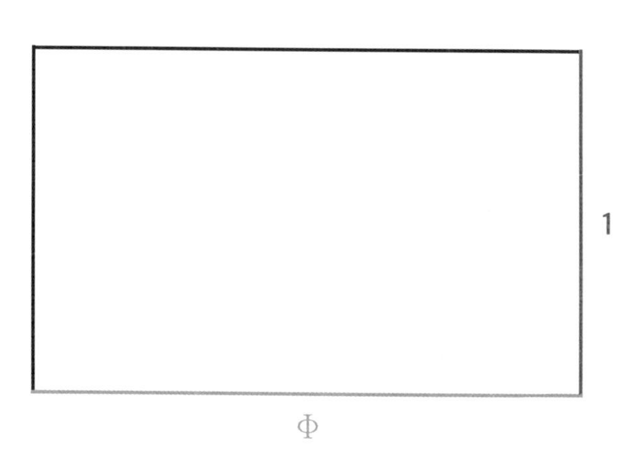

일반적으로 황금 직사각형은 미적 균형을 이루는 도형으로 여겨진다. 여러분도 알게 모르게 황금 직사각형 모양의 물건들을 여러 개 갖고 있을 것이다. 은행 카드나 운전 면허증을 꺼내 탁자 위에 올려 보라. 자를 가져와서 각 변의 길이를 재 보자. 그런 다음 계산기로 긴 변의 길이를 짧은 변의 길이로 나눠 보면 카드마다 미세한 차이는 있을 테지만 모두 비율이 1:1.618에 가까울 것이다.

황금 직사각형은 놀라운 특징을 갖고 있다. 계속 쪼개다 보면 그보다 작은 황금 직사각형들이 끝없이 생겨나기 때문이다. 무슨 말인지 잘 모르겠다면 직접 만들어 보자. 먼저 황금 직사각형에 선을 하나 그어 정사각형과 그보다 작은 직사각형으로 분리한다.

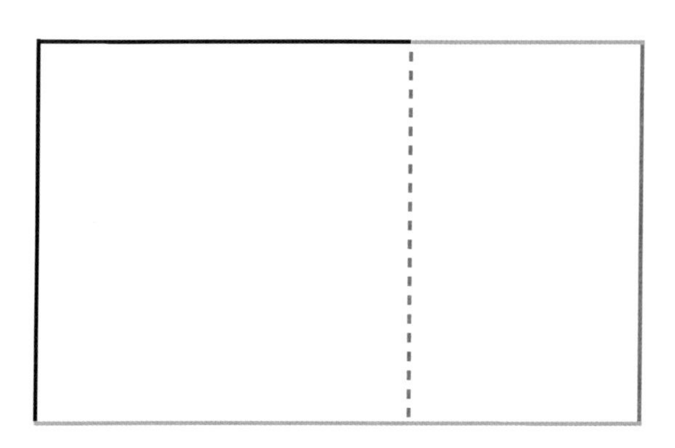

오른쪽에 새로 생긴 직사각형을 보자. 어디서 본 듯하다고? 그렇다. 황금 직사각형이다. 이 과정을 무한 반복하면 황금 직사각형을 끝없이 만들어 낼 수 있다. 그렇게 계속 되풀이하면 4장에서 살펴본 모양, 즉 프랙털 구조가 나타난다.

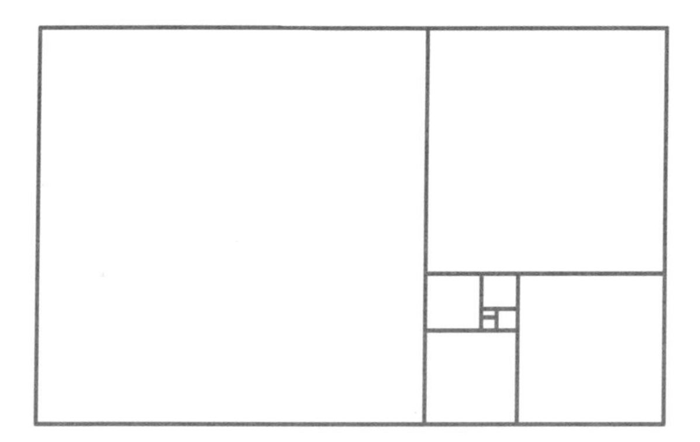

각 직사각형의 모서리를 원호로 연결하면 놀랍게도 다음과 같은 나선형 형태가 나타난다.

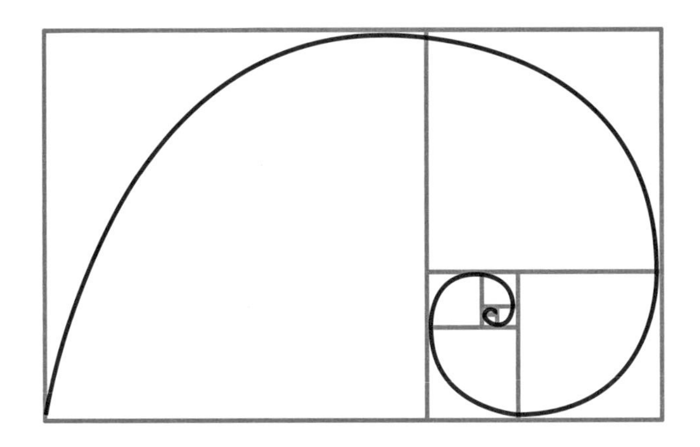

이 형태는 자연 세계에서 흔히 찾아볼 수 있다.

이처럼 황금 비율은 자연이 만들어 낸 모양인 동시에 미를 추구하는 인간이 만들어 낸 모양이기도 하다. 그중에서도 내가 단연 좋아하는 예는 바로 앞서 살펴본 해바라기다.

해바라기와 황금 비율의 관계를 밝히려면 백분율(25퍼센트, 17퍼센트 등의 해바라기 회전 각도)이 분수(½, ¾ 등)나 소수(0.83, 3.14 등)와 어떤 관계를 맺고 있는지부터 알아야 한다. 분수, 소수, 백분율은 같은 숫자에 다른 옷을 입히는 방법이라 할 수 있다. 우리가 상황에 걸맞은 옷으로 그때그때 갈아입듯 수도 마찬가지다. 두 양을 비교하고 싶다면 두 숫자에 백분율이라는 옷을 입히고, 하나를 여러 개의 몫으로 나누고 싶다면 분수라는 옷을 입히고, 물리적 단위(무게나 길이 등)를 측정하고 싶다면 소수라는 옷을 입히면 된다.

라틴어 per cent는 문자 그대로 '100 중에서'를 뜻하는 '백분율'을 말한다 per는 '~에 대하여'를 뜻하는 for, cent는 100을 뜻하는 라틴어 centium에서 온 것으로 '100에 대하여 얼마'를 의미한다. 영어에서는 100을 의미할 때 접두사 cent-를 쓴다. 가령 century는 '100년'을 뜻하고 centenary는 '100주년'을 뜻한다. 전체 양을 100이라고 보고 어떤 양이 이 전체 양에 대해 차지하는 비율이 백분율이다.

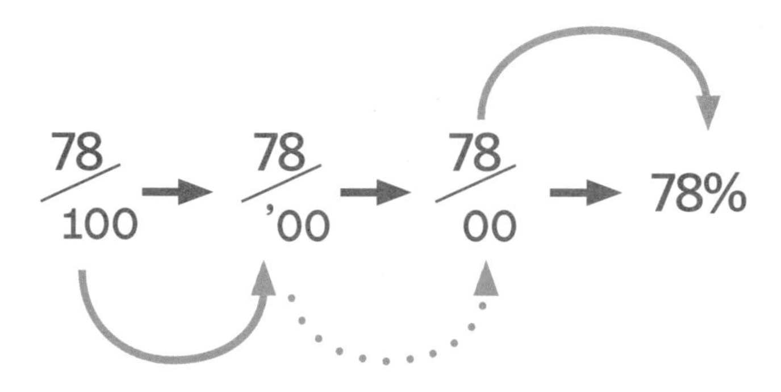

예컨대 78퍼센트는 78/100 빗금(/) 또는 가로막대는 나누기를 나타냄과 같고 0.78로 바꿔 쓸 수 있다. 마찬가지로 100퍼센트는 100/100으로 나타낼 수 있고 결국

1과 같다. 어떤 수든 그 수로 나누면 1이 되기 때문이다. 유일한 예외가 있다면 0이다. 0으로는 그 무엇도 나눌 수 없다(이유가 궁금하다면 24장을 먼저 읽어 보라). 모든 소수decimal number는 백분율로 나타낼 수 있다. 1보다 큰 숫자도 마찬가지다. 1.618에 가까운 황금 비율이 그렇다. 황금 비율을 백분율로 나타내면 161.8 퍼센트다.

황금 비율에 따라 회전한다면, 즉 25퍼센트도, 20퍼센트도, 34퍼센트도 아닌 161.8퍼센트로 회전한다면 다음과 같은 형태가 만들어진다.

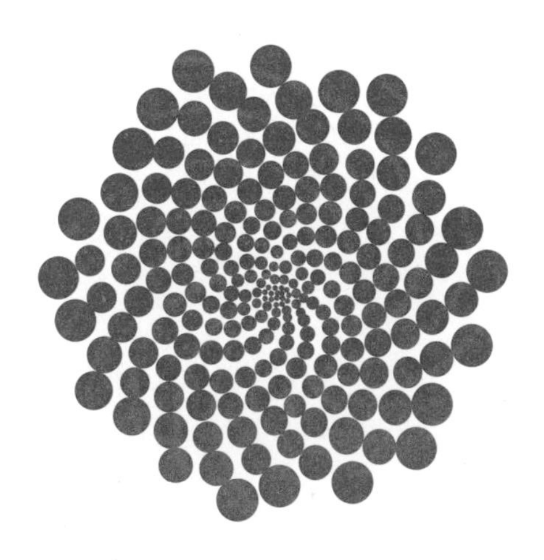

이 모양을 처음 봤을 때 경탄을 금치 못했다. 단아하게 피어 있는 해바라기가 우리 주변 곳곳에서 쉽게 찾아볼 수 있는 패턴, 즉 황금 비율이라는 놀라운 상수를 실제로 구현하고 있다는 것을 누가 짐작이나 했을까? 이 경이로운 패턴을 좀 더 음미하고 싶은 이들을 위해 각 나선을 쉽게 알아볼 수 있도록 다음 그림을 준비했다.

해바라기가 뛰어난 지능을 갖고 있어서 이 같은 방정식을 풀어 냈다는 말이 아니다. 황금 비율의 법칙을 따르지 않은 해바라기는 씨앗을 더 적게 생산했을 테고, 그 결과 자연 선택에 따라 그 자취를 감추고 말았다. 진화와 자연 선택이라는 알고리듬을 통해 자연 세계가 이 같은 황금 비율을 따르게 됐다는 사실도 놀랍지만 인간이 지능과 탐구심을 발휘해 이 패턴을 밝혀냈다는 것도 못지않게 놀랍다.

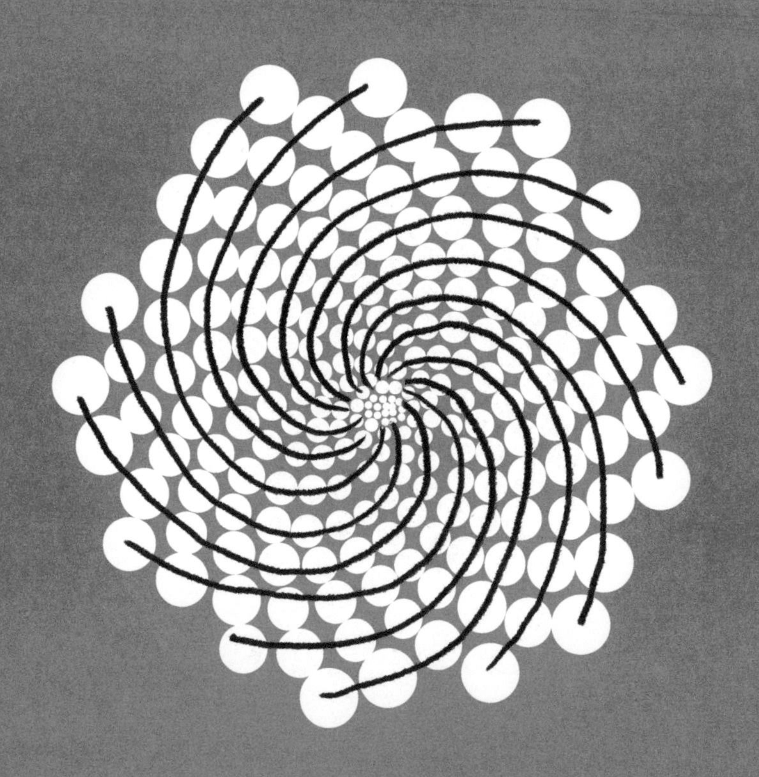

해바라기는 빈틈없이 정확한 나선형을 이루며 꽃을 피운다. 무엇이든 깊이 파고들면 그 중심에 수학이 있다는 사실을 알게 된다는 말이 있다. 단아하게 피어 있는 해바라기야말로 자연 현상 중에서도 이를 가장 잘 보여주는 예가 아닐까?

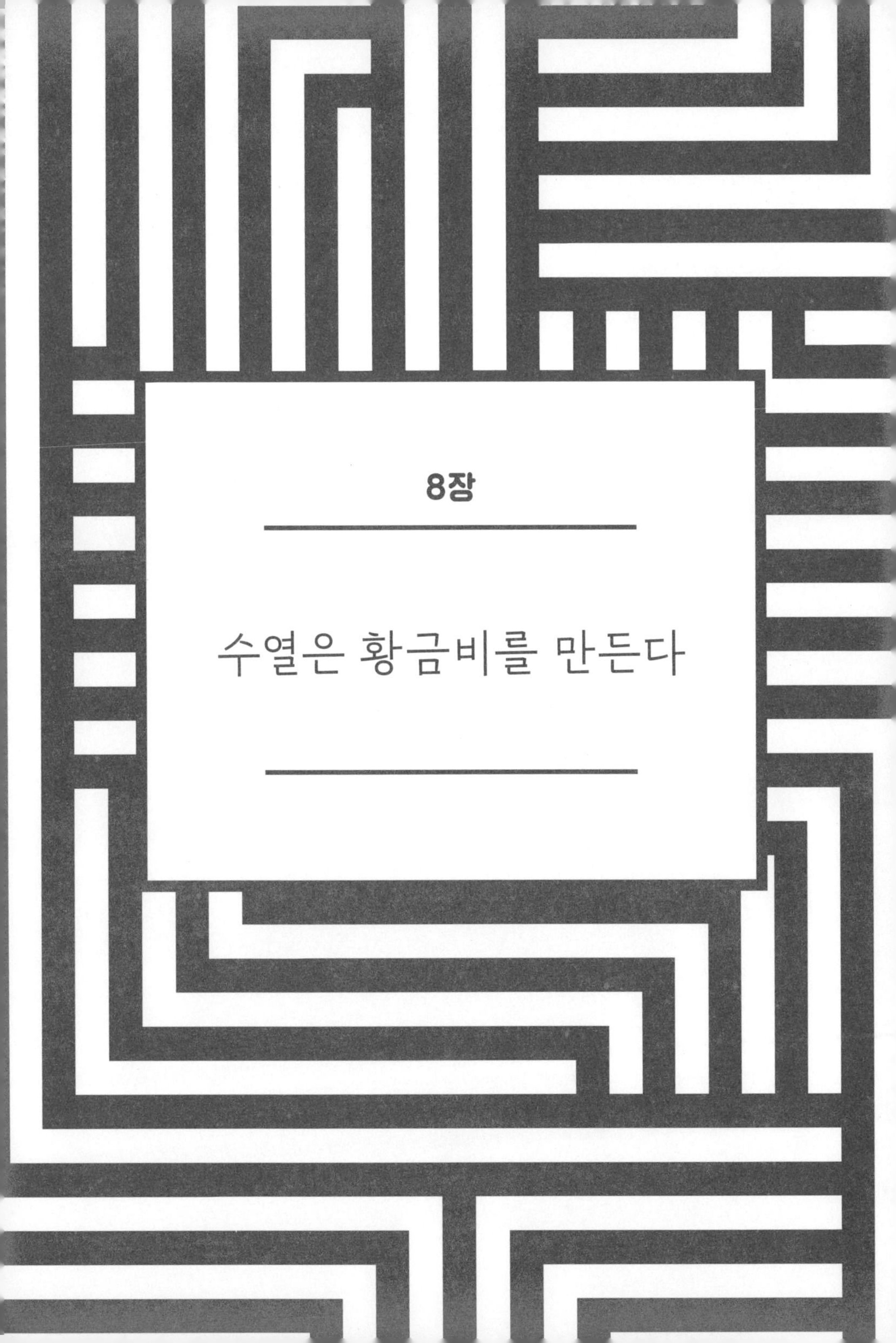

8장

수열은 황금비를 만든다

황금 비율은 근삿값이 약 1.618이다. 이 숫자는 앞서 살펴본 것보다 더 놀라운 힘을 갖고 있다. 황금 비율은 인간이 가장 아름답다고 느끼는 미美의 기준으로 여겨진다. 황금 비율을 이루는 직사각형을 잘라내면 또 다른 황금 직사각형이 나타나는 식으로 무한 생성되는데, 자연 세계에서 찾아볼 수 있는 황금 비율은 안목이 가장 뛰어나다는 구조공학자들도 울고 갈 만큼 구조물의 효율성과 아름다움을 우아하게 구현해 낸다. 황금 비율에서 다양한 개념이 파생됐고, 이 개념들도 나름의 탄탄한 입지를 구축했다. 황금 직사각형과 황금 나선도 그 예에 속한다.

황금 비율과 피보나치 수열Fibonacci sequence이라고 불리는 수 배열이 서로 뗄 수 없는 밀접한 관계를 맺고 있다는 것은 잘 알려진 사실이다. 피보나치 수열은 일련의 수들이 다음과 같이 나열된 것을 말한다.

0, 1, 1, 2, 3, 5, 8, 13, 21, 34, 55, 89,
144, 233, 377, 610, 987, 1,597, …

이 수열을 처음 접한다면 자세히 살펴본 후 숨은 규칙을 직접 찾아 보라. 보다시피 피보나치 수열은 0과 1로 시작하는데, 바로 앞의 두 수를 더한 값이 계속 이어지는 식으로 나열된다. 즉, $0+1=1$, $1+1=2$, $1+2=3$, $2+3=5$ 등으로 무한히 계속된다.

피보나치 수열은 멋진 패턴들을 만들어 낸다. 숨은 보물과도 같은 이 패턴들을 찾아내려면 다양한 관점에서 살펴보는 수고가 필요하다. 예컨대 이 수열의 각 수를 제곱하면 어떻게 될까?

$$0, 1, 1, 4, 9, 25, 64, 169, 441, 1{,}156, \cdots$$

별다른 특징이 없어 보인다고? 그렇다면 이번에는 앞의 수와 뒤의 수를 더해 보자. 그러면 다음과 같은 수를 얻게 된다.

$$1, 2, 5, 13, 34, 89, 233, 610, 1{,}597, \cdots$$

어디서 본 듯하다. 그러고 보니 피보나치 수열의 짝수 번째 수들이다. 피보나치 수열의 각 수를 제곱한 후 앞뒤의 수를 더하지 말고 처음부터 앞뒤 수를 더해 나가면 더 이상한 일이 벌어진다. 설명이 좀 복잡해지니 한눈에 알기 쉽게 그림으로 정리했다. 다음 그림에 나열된 등식을 보고 패턴을 한번 찾아보자.

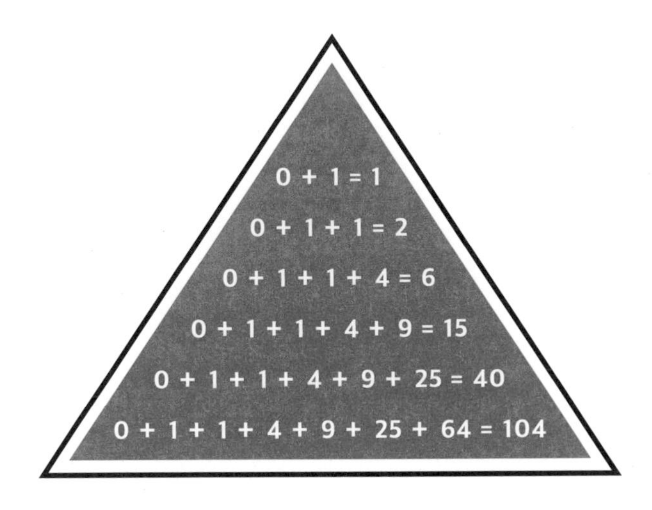

1, 2, 6, 15, 40, 104,… 단번에 눈에 띄는 패턴이 없다. 하지만 다음과 같이 이 수들과 피보나치 수열끼리 곱한 값을 나란히 비교해 보면 패턴이 눈에 보일 것이다.

덧셈의 값	곱셈의 값
0 + 1 = 1	1 × 1 = 1
0 + 1 + 1 = 2	1 × 2 = 2
0 + 1 + 1 + 4 = 6	2 × 3 = 6
0 + 1 + 1 + 4 + 9 = 15	3 × 5 = 15
0 + 1 + 1 + 4 + 9 + 25 = 40	5 × 8 = 40
0 + 1 + 1 + 4 + 9 + 25 + 64 = 104	8 × 13 = 104

뭔가 이상하다. 최종값이 똑같지 않은가? 그렇다면 왜 이런 결과가 나타나는지를 파헤쳐야 한다. 왜 피보나치 수열의 수를 제곱해 더한 값은 피보나치 수열에서 연속되는 수들을 곱한 값과 같은 걸까?

이 수수께끼의 해답을 찾으려면 숫자 자체에 집중하기보다 이 숫자들이 어떤 의미를 나타내는지를 알아야 한다. 다시 좀 더 유심히 들여다보자. 그러고 보니 피보나치 수열을 설명할 때 나온 용어에 힌트가 있다. square는 '제곱'이라는 뜻도 있지만 기하학적 도형 중 하나인 '정사각형'이라는 뜻도 있다. 제곱과 정사각형을 가리키는 단어가 같은 이유는 무엇일까? 기하학과 관련이 있는 걸까? 그렇다. 모든 변의 길이가 같은 정사각형의 넓이를 구할 때는 한 변의 길이를 제곱한다. 예를 들어 모든 변의 길이가 5인 정사각형square의 넓이는 한 변의 길이를 제곱square한 25다. 바꿔 말하면 피보나치 수열의 숫자들을 제곱해서 더하는 것은 사각형들이 하나씩 더해져 점점 더 커지는 것과 같다. 그림으로 살펴보자.

맨 처음에 나오는 0+1의 합은 1이니 사각형도 하나다.

이어지는 0+1+1의 합은 이렇게 나타낼 수 있다.

뒤로 갈수록 점점 더 흥미로워진다. 이를테면 0+1+1+4와 0+1+1+4+9는 이렇게 나타낼 수 있다.

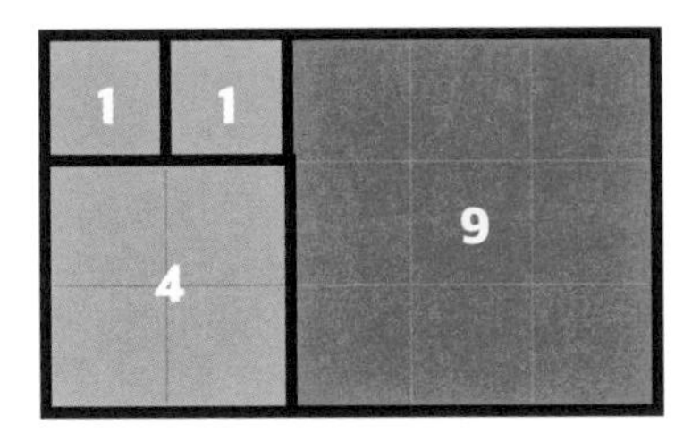

단계를 거듭할수록 새로 추가되는 사각형(진한 붉은색으로 표시)이 직전에 만들어진 도형의 모서리에 정확히 들어맞는다는 사실에 주목해 보자. 우연의 일치가 아니다. 어쩌면 벌써 그 비밀을 알아챘을지도 모르겠다. 아직도 모르겠다면 그다음 단계까지 나타낸 아래 그림을 눈여겨보고 그 이유를 추론해 보자.

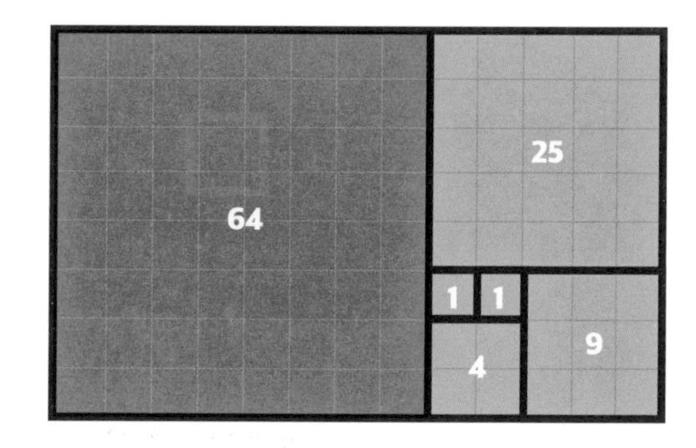

앞서 표에 제시했던 1, 2, 6, 15, 40, 104, …를 기억하는가? 결국 이 수들은 각 단계를 거쳐 최종적으로 만들어진 가장 큰 도형의 넓이다. 그런데 모양이 제멋대로인 다각형이 아니라 반듯한 직사각형이 생겼다. 앞서 말한 것처럼 새롭게 추가된 사각형이 직전에 만들어진 도형과 딱 맞아떨어진다.

따라서 전체 넓이는 다른 방식으로도 계산할 수 있다. 즉, 높이에 너비를 곱하면 직사각형의 넓이를 구할 수 있다. 게다가 자세히 살펴보면 이렇게 만들어진 각 직사각형의 높이와 넓이는 각각 피보나치 수열에서 나란히 붙어 있는 두 수와 일치한다(1×1, 2×3, 3×5, 5×8, …). 가령 마지막 직사각

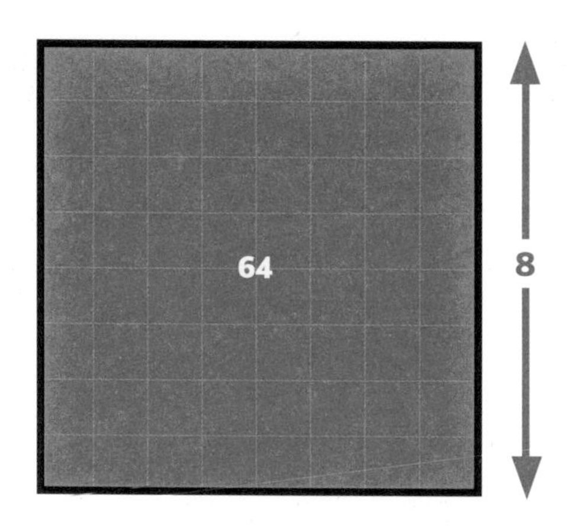

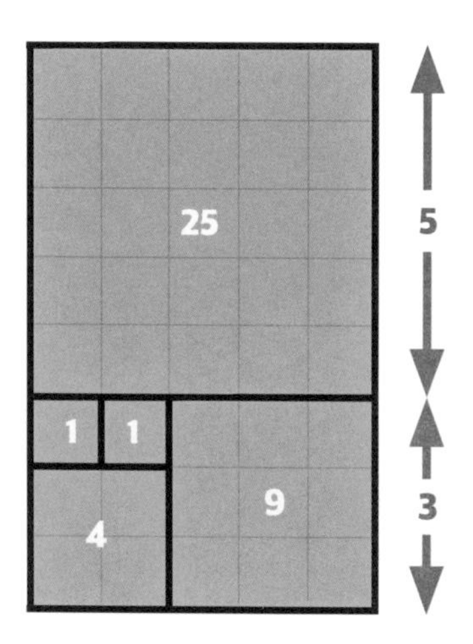

형은 높이가 8이고 너비가 13이이므로 넓이는 0+1+1+4+9+25+64의 값 또는 8×13의 값이다.

여기까지 읽고 나서 어디서 본 듯한 기시감을 느꼈다면 우리가 이미 이 도형에 익숙해서일 것이다. 우리는 앞서 황금 비율을 설명할 때 황금 직사각형을 예로 들어 그 원리를 자세히 살펴봤다. 앞 장에서는 바깥쪽에서 안쪽으로 축소될 때 만들어지는 작은 황금 직사각형을, 이 장에서는 안쪽에서 바깥쪽으로 확장될 때 만들어지는 황금 직사각형을 살펴봤다. 여기서 수학의 주요 특징 중 하나가 발견된다. 바로 어느 방향에서 시작하든 똑같은 패턴이 반복적으로 나타난다는 점이다.

흥미로운 사실이긴 하지만 우리가 이 문제를 파헤치게 된 이유는 피보나치 수열이 황금 비율과 어떤 관계를 맺고 있는지 알아보자는 것이었다. 그런 의미에서 이번에는 피보나치 수열의 수들을 제곱하지 말고 좀 더 색다른 방식을 시도해 보자. 지금부터는 피보나치 수열의 수들을 바로 앞의 수로 나눈 뒤 어떤 일이 벌어지는지 지켜볼 것이다(0은 무시하기로 하자. 그러지 않으면 골치 아픈 문제들이 생길 것이다).

이 값을 오른쪽 페이지에 표로 정리했다. 소름 돋을 만큼 놀라운 결과다! 황금 비율이 어느 틈에 다시 그 모습을 드러낸 것이다. 하나의 수와 뒤에 나오는 수를 더해 나열하는 간단한 규칙이 어떻게 이토록 심오한 기하학적 규칙성을 구현해 내는 걸까? 이쯤 되면 '피보나치 수열'을 '황금 수열'이라 불러도 되지 않을까?

나눗셈	값
1 ÷ 1	1
2 ÷ 1	2
3 ÷ 2	1.5
5 ÷ 3	1.66666666…
8 ÷ 5	1.6
13 ÷ 8	1.625
21 ÷ 13	1.61538461…
34 ÷ 21	1.61904761…
55 ÷ 34	1.61764705…
89 ÷ 55	1.61818181…
144 ÷ 89	1.61797752…
233 ÷ 144	1.61805555…
377 ÷ 233	1.61802575…

자, 흥분을 가라앉히자. 아직 속단은 이르다. 곧 살펴보겠지만 피보나치 수열은 보기와 달리 그렇게 특별하지 않다. 그 이유를 알아보기 전에 잠깐 또 다른 수부터 살펴보자.

바로 내 성姓에서 따온 '우 수Woo Number'다.
우 수는 19, 9, …로 시작한다. 내 생일이 9월 19일(영어로 날짜를 표기할 때는 '월-일-연도' 순으로 쓴다)이기 때문이다. 그 뒤로 이어지는 수들은 피보나치 수열이 나열되는 방식과 같다. 즉, 앞의 두 수를 더하면 그다음 수가 나온다. 순서대로 배열하면 이렇게 된다. 19, 9, 28, 37, 65, 102, 167, 269, 436, 705, 1141, 1846, 2987, 4833,…

수가 나열된 방식에 별다른 특징이나 색다른 점은 없어 보인다. 그래도 우리가 모르는 어떤 법칙이 숨어 있을지도 모르니 이번에도 마찬가지로 이 수들을 바로 앞에 나온 수로 나눠 보자.

스마트폰 계산기만 있으면 이렇게 자신만의 수 목록을 만들어 시험해 볼 수 있다. 생일도 좋다. 큰 수든 작은 수든 상관없다. 아무 수나 골라서 계산해 보자. 피보나치 수열처럼 앞의 두 수를 더해 나온 값을 계속 나열해 그 앞의 수로 나누면 황금 비율에 근접하는 값이 나온다(오른쪽 페이지). 전부 계산하고 보니 피보나치 수열이 그다지 특별해 보이지 않는다. 그렇다면 이 패턴을 따르는 수열에서는 항상 황금 비율이 나타난다는 얘기일까?

하지만 뤼카 수Lucas numbers를 접하면 얘기가 달라진다. 19세기 프랑스의 수학자 에두아르 뤼카Édouard Lucas는 실용수학보다 재미를 추구하는 유희수학recreational mathematics에 관심이 더 많았다. 그는 내가 가장 좋아하는 수학 게임 중 하나인 '점과 상자Dots and Boxes'를 고안했는데, 이 게임의 규칙은 종이에 여러 개의 점을 찍어 놓고 차례를 바꿔 가며 점을 연결해 상자를 가장 많이 만든 사람이 이기는 것이다.

나눗셈	값
9 ÷ 19	0.47368421···
28 ÷ 9	3.11111111···
37 ÷ 28	1.32142857···
65 ÷ 37	1.75675675···
102 ÷ 65	1.56923076···
167 ÷ 102	1.63725490···
269 ÷ 167	1.61077844···
436 ÷ 269	1.62081784···
705 ÷ 436	1.61697247···
1141 ÷ 705	1.61843971···
1846 ÷ 1141	1.61787905···
2987 ÷ 1846	1.61809317···
4833 ÷ 2987	1.61801138···

참가자 A = ━━━━ **참가자 B =** ••••••••

1

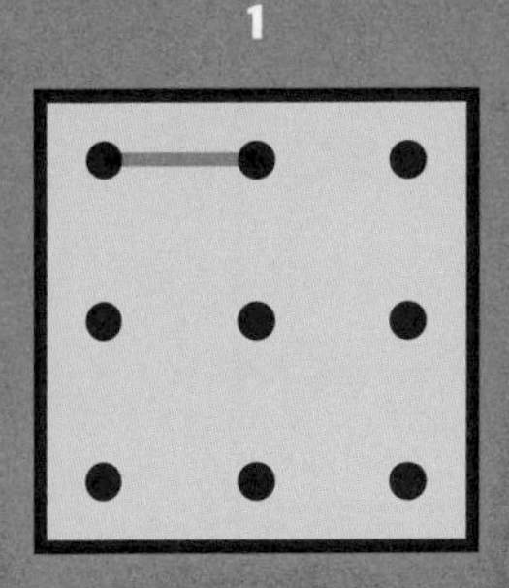

2

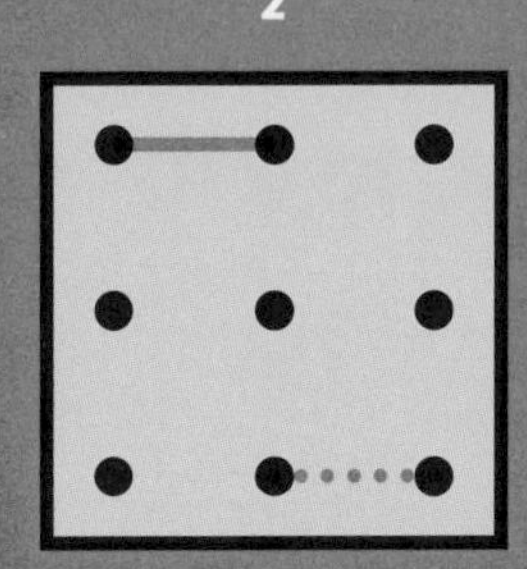

3

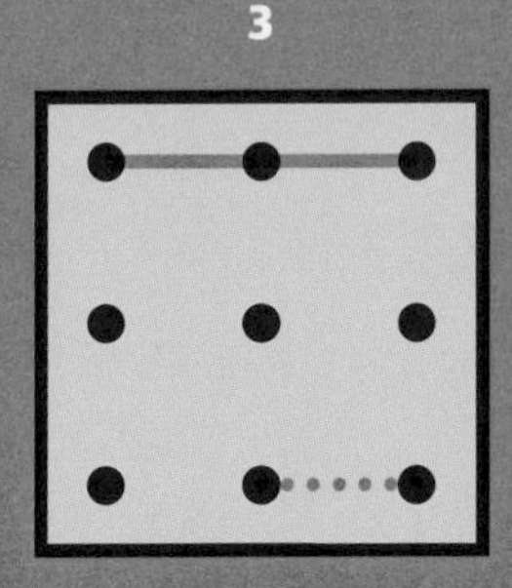

4

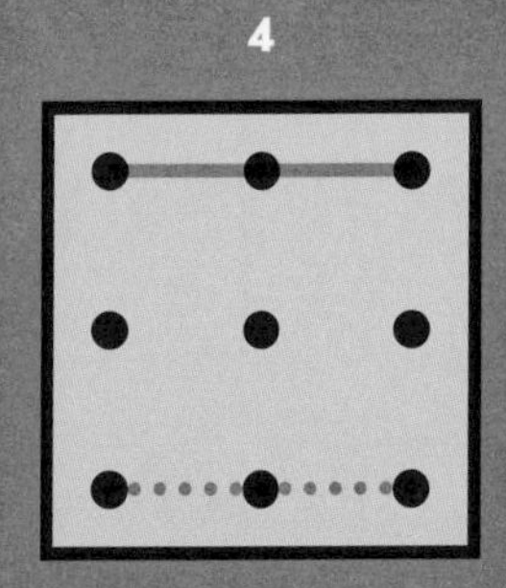

5

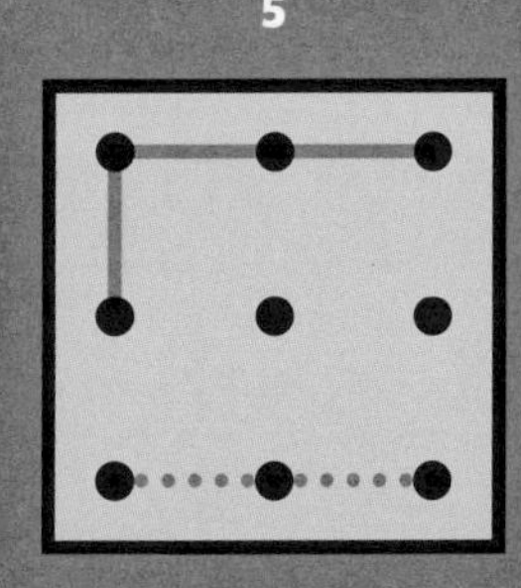

6

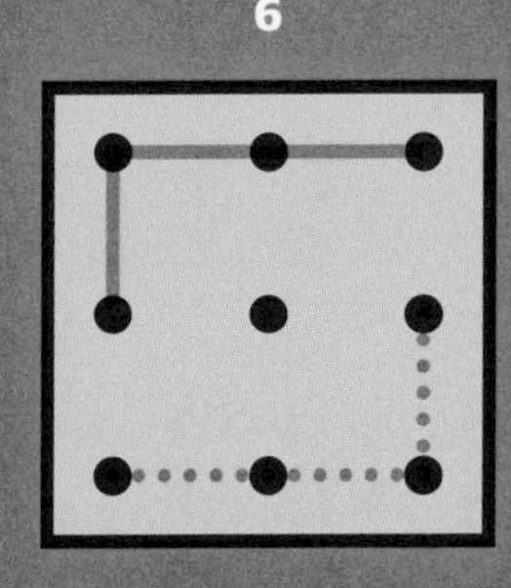

7

8

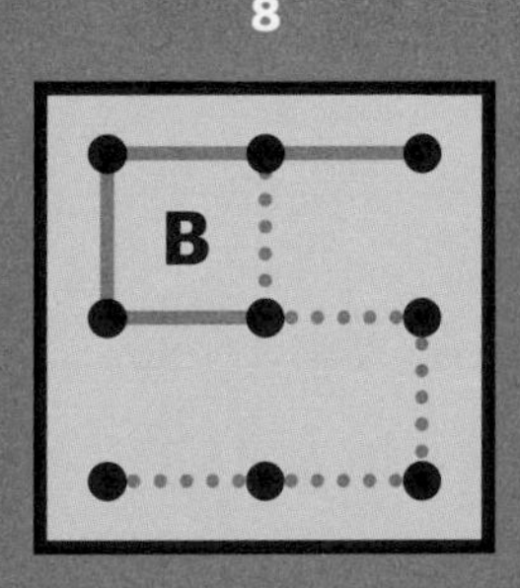

9

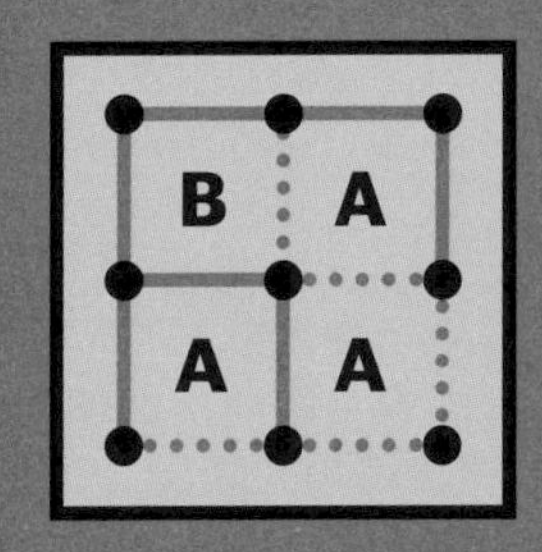

뤼카는 재미로 수학을 공부하면서도 피보나치 수열을 연구하는 데 오랜 시간을 바쳤고, 많은 사람들의 믿음과는 달리 피보나치 수열이 별로 특별하지 않다는 사실을 깨달았다. 그는 이를 증명하기 위해 '뤼카 수'라는 자기만의 수열을 만들었다. 뤼카 수도 피보나치 수열이나 '우 수'와 마찬가지로 두 개(1, 3)의 수에서 출발해 앞의 두 수를 더한 합을 나열하는 방식으로 이어진다.

1, 3, 4, 7, 11, 18, 29, 47, 76, 123, 199, …

언뜻 별다른 특징은 없어 보인다. 이해를 돕기 위해 다른 수열과 비교해 보자. 황금 비율(Φ = 1.618)에 황금 비율을 거듭 곱해 구한 값으로 수열을 만들면 다음과 같다.

1.618, 2.618, 4.236, 6.854,
11.0902, 17.9443, 29.0344, …

이제 다음 페이지에서 두 수열을 나란히 배열한 표를 확인해 보자.

'황금 수열'이라는 이름 붙여도 좋을 수열이 있다면 바로 뤼카 수가 아닐까? 첫 번째 수를 제외하면 모든 수가 황금 비율의 거듭제곱 값을 가장 가까운 정수로 반올림했을 때의 값에 대응한다. 게다가 수가 커질수록 황금 비율의 거듭제곱 값이 뤼카 수에 더 가까워진다. 놀랍지 않는가!

아래 표에서는 거듭제곱power 기호를 썼다(영어로 index 또는 exponent라고도 하며 둘 다 '지수'를 뜻한다). 수학자들은 최대의 효율을 추구하기에 머릿속에 그린 구상을 빠르게 나타낼 수 있도록 기호와 표기법을 새롭게 만들어 내기도 한다. 곱셈 기호도 반복되는 덧셈을 빠르게 표기하기 위해 고안한 것이다(3×5는 5+5+5와 같다. 영어권에서는 3×5를 5가 3번 나온다는 의미에서 three times five라고 표현한다). 거듭제곱도 같은 발상에서 나온 것으로, 반복되는 곱셈을 빠르게 표기하기 위한 방법이다. 가령 Φ^3은 $\Phi\times\Phi\times\Phi$를 뜻하며 'Φ의 세제곱'이라고 읽는다.

뤼카 수	Φ^n (일부 소수점 넷째 자리에서 반올림)
1	Φ^1 = 1.618
3	Φ^2 = 2.618
4	Φ^3 = 4.236
7	Φ^4 = 6.8541
11	Φ^5 = 11.0902
18	Φ^6 = 17.9443
29	Φ^7 = 29.0344
47	Φ^8 = 46.9787
76	Φ^9 = 76.0132
123	Φ^{10} = 122.9919
199	Φ^{11} = 199.0050
322	Φ^{12} = 321.9969
521	Φ^{13} = 521.0019
843	Φ^{14} = 842.9988
1,364	Φ^{15} = 1,364.0007
2,207	Φ^{16} = 2,206.9995
3,571	Φ^{17} = 3,571.0003
5,778	Φ^{18} = 5,777.9998
9,349	Φ^{19} = 9,349.0001

9장

생존을 좌우하는 매듭 이론

내가 수학을 사랑하는 이유 중 하나는 일상적인 상황에서 해답을 찾아내는 탁월한 문제 해결 능력 때문이다.

- 먼 우주에서 오는 신호를 잡으려면 위성 안테나를 어떤 모양으로 만들어야 할까?
- 내일 기온은 얼마일까?
- 집에서 도심까지 이동할 때 두 군데를 들러야 한다면 가장 빠른 경로는 무엇일까?
- 고객의 만족도에 영향을 주지 않으면서 커피숍이 최대의 이윤을 창출하려면 커피 한 잔의 적정 가격은 얼마일까?
- 이 교각이 혼잡시간대에 자동차 500대의 무게를 견디려면 철근을 얼마나 사용해야 할까?

수학을 이용하면 이런 문제들 말고도 더 다양한 문제를 해결할 수 있다. 이런 유의 수학을 응용수학applied mathematics이라고 한다. 말 그대로 수학 지식과 기법을 응용해 실생활의 문제들을 해결하는 수학을 말한다. 현대 사회는 응용수학을 토대로 세워진 것이나 마찬가지다. 우리를 둘러싼 일상 속에는 알게 모르게 수많은 수학 원리들이 작동하고 있으며, 응용수학은 실생활에서 겪는 많은 문제의 해법을 찾아낸다.

응용수학은 소매를 걷어부친 작업복 차림의 수학이다.

우리는 일상에서 매일같이 응용수학을 접하지만 잘 눈치채지 못한다. 넷플릭스의 추천 알고리듬이 대표적인 예다. 넷플릭스의 소프트웨어 개발자들이 각자 맡은 일을 충실히 해낸다면 우리는 이들이 내놓은 결과물이 엄청나게 복잡한 수학을 기반으로 한다는 사실을 알아채지 못할 것이다. 여러분은 화면에 뜨는 취향 저격 프로그램에 만족하면서 (개발자들의 바람대로) 자신도 모르게 넷플릭스를 더 오래 시청하게 될 것이다.

그런데 수학에는 응용수학만 있는 게 아니다. 수학은 음악과도 같다. 제품을 판매한다는 목적으로 광고에 삽입될 음악을 만들기도 하고 애국심을 고취한다는 목적으로 국가國歌를 만들기도 하지만 음악가들이 이런 실질적인 목적만 가지고 음악을 만들지는 않는다. 대부분은 뚜렷한 목적 없는 감상이 이유다. 이런 음악은 수학에 빗대면 순수수학pure mathematics에 해당한다. 외부의 영향을 받지 않고 실생활과 관련이 없다는 점에서 순수하다는 의미다. 즉, 수학 그 자체를 위한, 지적 재미를 위한 수학이다.

순수수학은 편안한 목욕용 가운을 걸친 수학이다.

재미로 수학을 하는 사람이 있다는 것을 상상하지 못하는 사람도 있다. 하지만 이는 수학의 세계가 그만큼 광범위하다는 것을 잘 몰라서 하는 얘기다. 퍼즐을 맞추고 있는 아이, 루빅스 큐브와 씨름하는 아이, 끙끙대며 종이학을 접는 아이, 통근 전철 안에서 숫자 퍼즐에 집중하고 있는 직장인 등 알고 보면 우리 모두는 저마다 나름대로 수학적 유희를 즐기고 있다.

루빅스 큐브

역사를 거슬러 올라가면 실용적인 목적 없이 수학을 탐구하는 데 자긍심을 갖고 있었던 수학자들을 찾아볼 수 있다. 이들은 인간의 지성으로 순수하고 추상적인 개념을 탐구하는 것이 수학을 특정 목적을 위한 수단으로 이용하는 것보다 더 고귀한 일이라고 생각했다. 영국 수학자 고드프리 하디Godfrey Hardy가 대표적이다. 그는 《어느 수학자의 변명》에서 "내 연구 성과는 세상의 편의에 직접적으로든 간접적으로든 이롭든 해롭든 미미한 영향조차 끼치지 못했고 그럴 가능성도 없다"고 자랑스레 천명하기도 했다.

평생을 바친 작업이 비실용적이고 '무용하다'고 자랑 삼는 것이 다소 이상해 보일지도 모른다. 수학 교육을 비판하는 사람들이 주로 성토하는 불만이 실생활과 관련이 없다는 점임을 생각하면 더더욱 그럴 것이다. 하지만 그의 책에 실린 다음 구절은 그가 이를 오히려 미덕으로 생각했던 이유를 여실히 보여 준다. "지금껏 정수론이 전쟁에 이용된 적은 없었으며 앞으로도 그럴 공산은 크다."

그의 진정성에 의문의 여지는 없지만 결국 잘못된 생각으로 판명났다는 사실은 알아두는 게 좋겠다. 다음 장에서 곧 살펴보겠지만 소수prime number 연구처럼 실생활에서 쓸 일이 있으리라고는 꿈에도 생각지 못한 여러 수학 분야들이 실제로는 매우 유용하다는 것이 입증됐기 때문이다. 실용적 가치를 전혀 염두에 두지 않았던 수학자들이 훗날 인간 사회와 현실 세계에 깊고도 심오한 영향을 끼치게 된 개념들을 탐구한 예는 수학사에 차고 넘친다.

지금부터 설명하려는 매듭 이론도 하디라면 기꺼이 즐겼을 것이다. 매듭 이론은 18세기 후반에 등장했지만 뚜렷한 탄생 배경은 없다. 초기 매듭 이론가들은 어떤 문제를 해결하겠다거나 우주의 신비를 풀어내겠다는 목적이 없었다. 그저 호기심이 동해 이론적으로 설명하고 분류할 방법을 찾아냈을 뿐이었다. 매듭은 선사 시대부터 인류 문화의 일부였다. 실용적인 용도도 있지만 정보 기록과 예술적 표현의 수단이기도 하다. 특히 중국인과 켈트족은 수세기 동안 복잡한 매듭 장식 전통을 발전시켰다. 매듭에는 보로메오 고리Borromean ring, 3차원 공간에서 서로 맞물려 있는 3개의 닫힌 고리처럼 종교적이거나 영적인 의미가 담긴 경우도 있는데, 이 고리는 전 세계의 다양한 문화권에서 수없이 발견되고 있다.

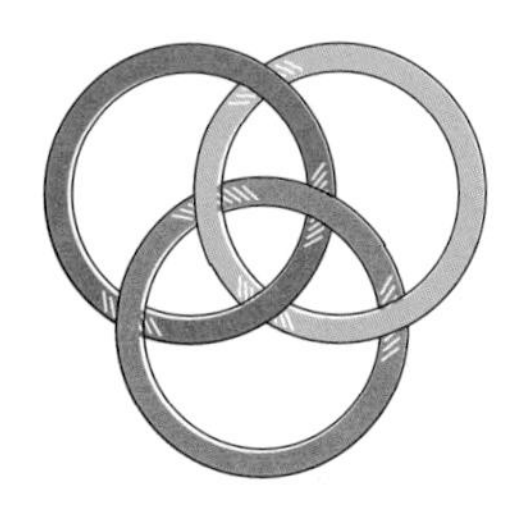

수학에서 말하는 매듭은 우리가 흔히 떠올리는 매듭과는 조금 다르다. '매듭'이라고 하면 제일 먼저 신발 끈의 매듭이 생각날 것이다. 그것도 맞다. 신발 끈의 매듭이 수학자들에게 영감을 불어넣어 어느 정도 발상의 출발점이 된 것도 사실이다. 하지만 매듭 이론가들이 관심을 갖는 주제는 '닫힌 고리closed loop'다. 달리 말해 양 끝이 분리돼 있는 끈이 아니라 끈의 양 끝이 붙어 연결될 때 만들어지는 고리를 탐구한다. 가장 기본적인 매듭은 서로 엉켜 맺힌 부분이 하나도 없는 단순한 원형 고리다.

이를 전문 용어로 풀린매듭unknot이라고 한다. 당연하게도 서로 맞닿거나 교차하는 지점이 전혀 없어 매우 단순해 보인다. 하지만 방심은 아직 이르다. 매우 복잡하게 얽힌 것처럼 보이는 매듭도 실은 풀린매듭이 변장한 모습에 지나지 않는다. 위의 고리를 두 번 얽은 다음 모양처럼 말이다.

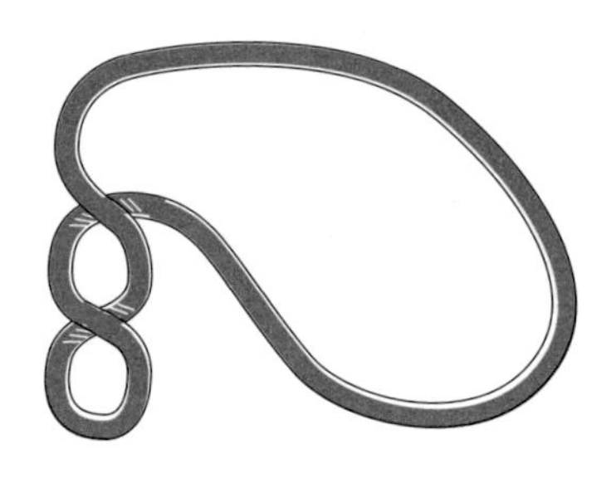

여기서는 매듭이 엇갈리면서 교차하는 지점이 두 개 생겼다. 언뜻 보면 이 작은 두 고리를 다시 반대로 돌리면 손쉽게 풀린매듭이 될 것 같다. 매듭 이론에서는 이처럼 매듭을 끊지 않은 채 다른 매듭으로 변할 수 있는 매듭을 '같은 종류의 매듭equivalent'이라고 부른다. 두 매듭을 사실상 같은 매듭으로 보는 것이다. 따라서 아래와 같은 괴물도 잘 길들이면 아주 단순한 모양으로 바뀌리라고 쉽게 짐작할 수 있다.

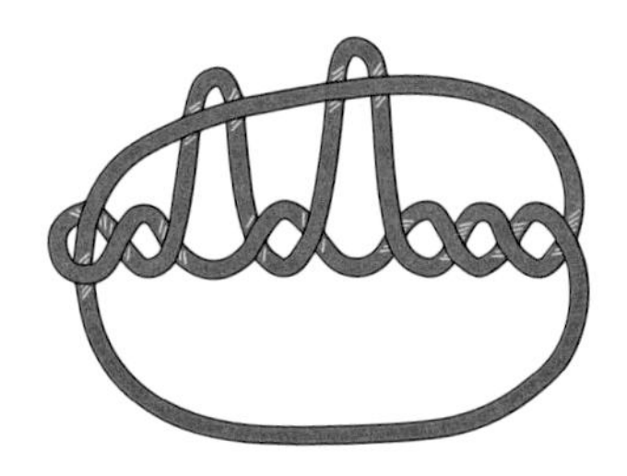

수학자들이 신발 끈으로 만든 매듭을 '매듭'으로 보지 않는 것도 이 때문이다. 양 끝이 붙어 있지 않으면 원하는 대로 몇 번이고 다른 방식으로 매듭을 묶고 풀 수 있다. 신발 끈이 만들어 내는 매듭도 다시 풀어 새로운 매듭으로 만들 수 있기에 매듭 이론 관점에서는 모두 같은 종류로 본다.

하지만 진정한 의미의 매듭은 따로 있다. 다음 매듭을 예로 들어 보자.

이 매듭은 세잎매듭trefoil이라고 부른다. 토끼풀Trifolium 속屬, 종보다 한 단계 높은 생물 분류 단위에 속하는 잎 세 개짜리 토끼풀에서 따온 이름으로, 이 명칭은 토끼풀의 잎들이 이 매듭 모양과 유사한 데 착안한 것이다. 끈이나 줄로 이 세잎매듭 모양을 만들어 양 끝을 붙여 보자. 그런 다음 꼬임을 한번 풀어 보라. 어떻게 해도 다시 풀린매듭이 될 수는 없다. 우리가 아는 매듭과 전혀 다른 새로운 종류의 매듭인 것이다.

지금부터 다음 단계를 따라 해 보자. 이 세잎매듭을 여러 모양으로 변형해 보고 그렇게 만들어진 매듭 모양을 종이에다 옮겨 그린다. 이를 여러 번 반복해 직접 그린 그림을 쭉 살펴보면 매듭을 이런저런 모양으로 변형할 때 맞닿거나 엇갈리는 부분이 적어도 세 군데가 생긴다는 사실을 알게 될 것이다. 다음은 세 개의 교차점crossing을 표시한 전형적인 세입매듭을 그림으로 나타낸 것이다.

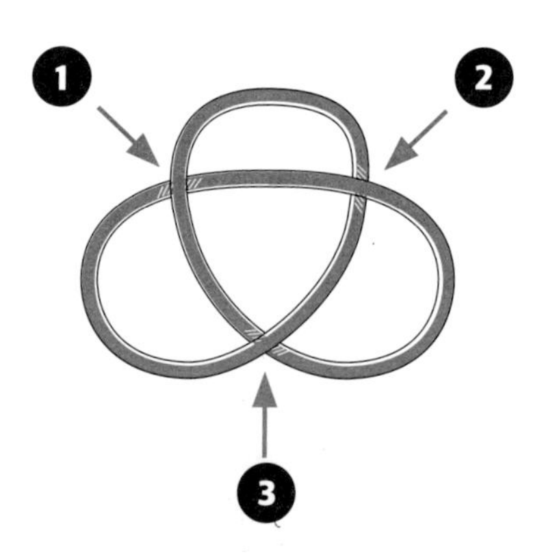

이 세입매듭을 여러 가지 방식으로 변형했을 때 생길 수 있는 모양들은 다음과 같다.

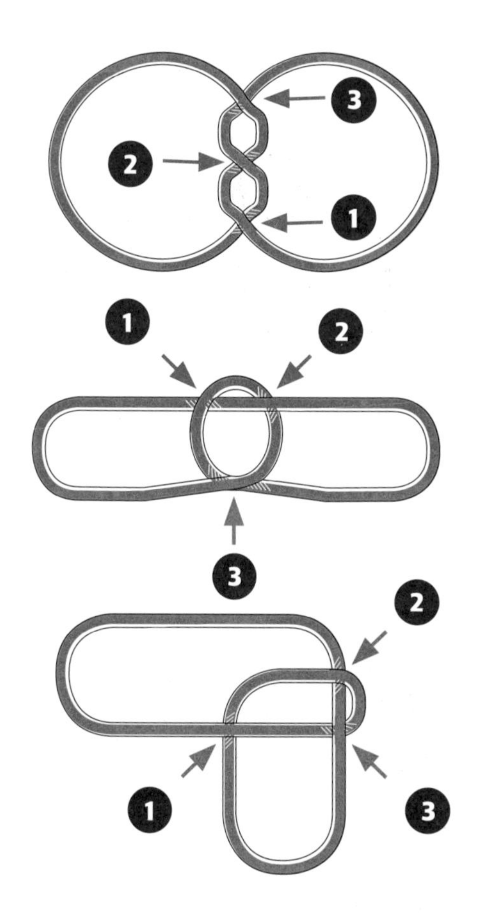

보다시피 늘 세 개의 교차점이 생긴다. 여기에 추가로 매듭을 더 만들어 내더라도 교차점은 늘 최소 세 개다. 이 교차점의 개수가 매듭의 특징이다.

- 풀린매듭에는 교차점이 없다.
- 교차점이 하나나 두 개인 매듭은 없다(이 경우 항상 풀린매듭이 된다).
- 세입매듭은 교차점의 개수가 세 개다.

교차점이 네 개인 매듭은 8자 매듭figure eight knot이라고 한다.

교차점이 늘어날수록 매듭의 종류를 구분하기는 어려워진다. 예를 들어 다음 두 매듭은 언뜻 보면 매우 다르다.

하지만 교차점을 세어 보면 둘 다 매듭이 네 개이고 매듭이 똑같은 형태로 배열돼 모양이 같으므로 같은 종류의 8자 매듭으로 취급한다.

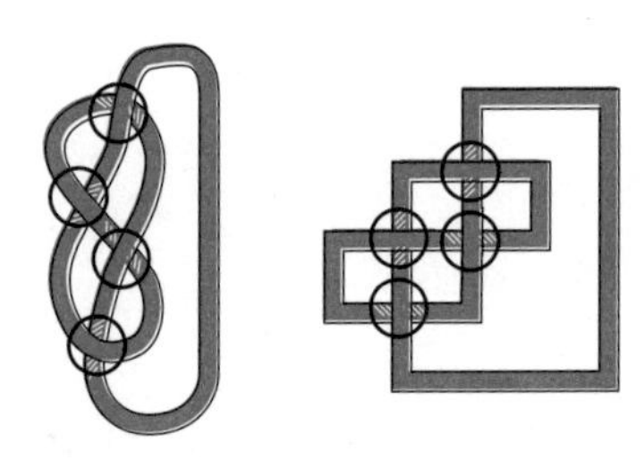

바로 이 점이 핵심이다. 반대로, 교차점의 수가 같더라도 끈을 잘라서 붙이지 않는 이상 모양을 아무리 변형해도 두 매듭이 같은 모양이 될 수 없다면 다른 종류의 매듭으로 본다. 이를테면 다섯잎매듭cinquefoil과 3겹 뒤튼 매듭three-twist knob이 그렇다.

두 매듭은 교차점이 5개로 같지만 하나를 다른 하나로 변형할 수는 없다. 따라서 교차점이 0개, 3개, 4개인 매듭은 한 가지 종류만 있는 반면, 교차점이 5개인 매듭은 두 종류다. 교차점이 6개인 것은 3종, 7개인 것은 7종, 8개인 것은 21종, 9개인 것은 49종, 10개인 것은 무려 186종이다.

이 장 도입부에서 우리가 현실에서 맞닥뜨리는 문제들을 해결하는 응용수학과 지식 자체를 추구하는 순수수학의 차이를 언급했는데, 이렇게 살펴보니 매듭 이론은 언뜻 순수수학에 속하는 것처럼 보인다. 전문 수학자나 복잡한 매듭을 많이 만들어 낼수록 배지를 더 많이 받는 스카우트 단원이 아닌 다음에야 누가 매듭에 관심을 가질까?

여기서 기막힌 반전이 펼쳐진다. 사실 매듭 이론은 지구상의 모든 생명체에게 매우 중요하다. 우리 몸의 모든 세포에는 이 복잡한 매듭들이 들어 있어 인체를 구성하는 데 결정적인 역할을 한다. 바로 DNA라는 머리글자로 더 잘 알려진 디옥시리보핵산Deoxyribonucleic acid 얘기다.

DNA는 모든 유기체(바이러스를 어떻게 정의하느냐에 따라 일부 무생물도 포함될 수 있다)의 성장과 기능을 통제하는 유전 정보를 운반한다. DNA는 일종의 암호로서 특정 순서로 연결된 유기분자들로 이루어져 있다. 문자를 배열하는 방식에 따라 단어가 달라지듯 DNA도 유기분자의 배열 방식에 따라 달라진다. 인간은 매우 복잡한 생물이라 필요한 모든 정보를 저장하려면 암호 코드도 매우 길어질 수밖에 없다. 영어 알파벳이 26개의 글자로 이루어져 있다면 DNA을 구성하는 '알파벳'은 시토신, 구아닌, 아데닌, 티민이라는 네 개의 유기분자다. 여러분의 유전자 암호를 만들어 내는 데는 30억 쌍의 분자가 필요하다. 쉽게 말해 세포 하나하나에 30억 쌍이 들어 있다는 뜻이다.

염기라 불리는 이 특별한 분자들은 원래 매우 작지만 각 세포에 30억 쌍이 들어간다면 어마어마한 길이가 될 것이다. 우리 몸을 이루는 세포 하나에서 DNA를 꺼내 일렬로 늘어놓으면 길이가 2미터에 달할 것이다. 연구에 따르면 우리 몸에는 약 37조 개의 세포가 있다. 따라서 몸에 있는 DNA를 모두 꺼내 길게 늘어놓으면 끝에서 끝까지의 거리는 740억 킬로미터 이상이 될 것이다. 이 길이를 가늠하기 쉽게 비유하면 지구에서 태양까지 무려 250번을 왕복하는 거리와 같다.

그만큼 많은 DNA가 우리 몸에 들어 있는데 놀랍게도 육안으로는 보이지 않는 매우 작은 공간에 저장돼 있다. 어떻게 그럴 수 있을까? 바로 매듭 덕분이다. 여러분의 DNA는 지금껏 살펴본 매듭들과 비슷한 형태를 띠고 있다.

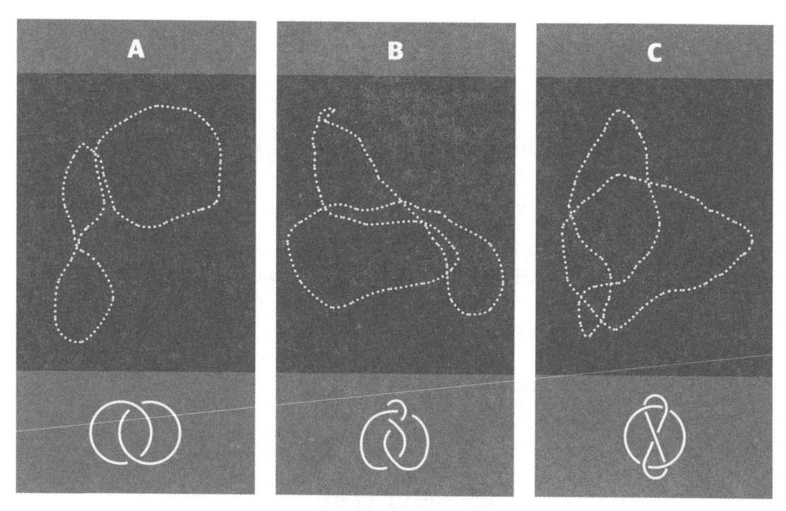

우리 몸속의 DNA를 매듭 형태로 나타낸 모습

실제로 몸속의 일부 효소는 DNA 분자를 풀고 다시 붙여 가며 매듭의 형태를 바꾸는 일을 한다.

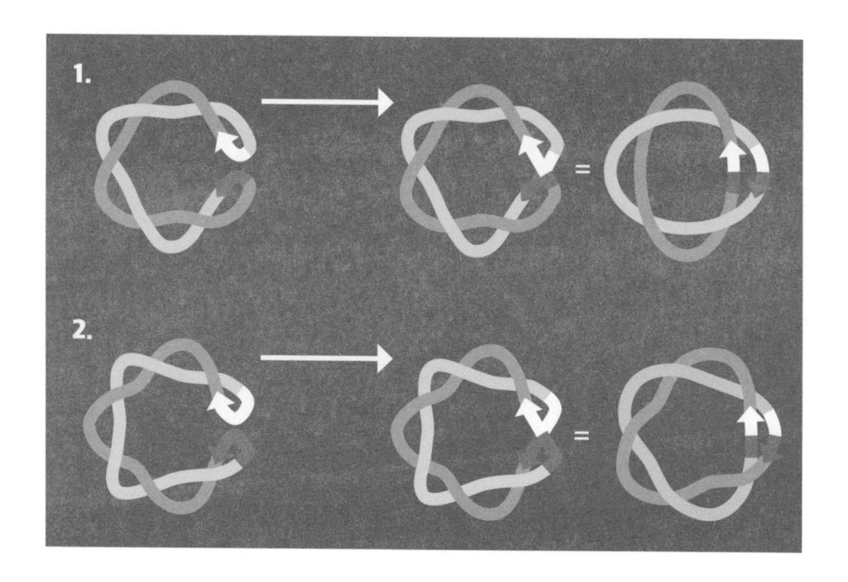

이는 무엇을 의미할까?

지금도
여러분의 몸속 세포들은
여러분의 생존을 위해
매듭을 풀었다 묶었다
하며 쉬지 않고 움직이고 있다.
여러분의 삶이
매듭 이론에 달려 있는
셈이다.

수학을 배우는 우리에게 이는 매우 심오한 의미를 전달한다. 수학은 왜 중요한 걸까? 우주의 신비뿐만 아니라 살아 있는 모든 생명체를 구성하는 유전자 암호의 비밀을 밝혀 줄 열쇠를 쥐고 있기 때문이다.

10장

소수가 없으면 암호도 없다

일명 '옮겨 말하기'는 단순한 데다 재미도 있어 세대를 초월해 사랑받는 게임이다. 매우 간단한 말이 몇 사람을 거치면서 전혀 알 수 없는 말로 바뀌는 걸 보면 늘 재미있다.

인터넷의 원리도 옮겨 말하기 게임과 놀라울 정도로 비슷하다는 사실을 아는 사람은 많지 않다. 예를 들어 내가 스마트폰의 앱 하나를 연다고 해보자. 말을 옮기듯 내 스마트폰이 가까운 송신탑에 무전으로 신호를 송신하면 송신탑에서 다시 지하 케이블을 통해 시내 교환기로 신호가 옮겨가고 시내 교환기에서 인터넷 서비스 제공 업체가 보유한 서버로 옮겨간다. 이 연쇄적인 전달 체계를 거치면서 이 신호는 내가 있는 호주를 떠나 해저 케이블을 통해 미국으로 옮겨가고, 마침내 수신 컴퓨터에 도착해 '나를 구글 홈페이지로 보내줘!'라고 요청한다. 수신 컴퓨터는 이 지시를 충실히 따라 이번에는 내 스마트폰으로 데이터를 전달하는데, 이 신호는 앞서와 완전히 다른 경로를 통해 전달된다. 약 2만 4천 킬로미터를 왕복하는 이 여행은 15분의 1초도 채 걸리지 않는다.

인터넷을 이렇게 옮겨 말하기 게임에 비유하면 멀리 떨어진 곳에서 보낸 메시지가 목적지까지 그대로 전달되는 과정이 결코 쉬운 일이 아님을 알 수 있다. 이 과정의 관건은 오류 없이 메시지를 온전하게 전달하는 것이다. 수학은 이 문제를 해결하는 데 결정적인 역할을 한다. 메시지가 온전히 도착하게 하는 수학적 기법은 수없이 많지만 가장 간단한 방법 중 하나는 검증 숫자check digit다. 다음 예를 통해 검증 숫자의 원리를 자세히 살펴보자.

여러분이 지구 반대편으로 26101949라는 8자리 숫자를 보낸다고 치자. '전송' 버튼을 누르는 것은 우체국에 가서 우편물을 부치는 것과 비슷하다. 우체국에서는 우편물을 검사한 뒤 소인을 찍고 목적지로 발송할 테지만 데이터 전송은 다르다. 여러분의 컴퓨터는 소인 대신 이 숫자에 9번째 숫자, 즉 검증 숫자를 하나 더 붙여 보낸다. 컴퓨터는 다음 단계를 거쳐 검증 숫자를 정한다.

❶ 보낼 숫자를 모두 더한다: 2 + 6 + 1 + 0 + 1 + 9 + 4 + 9 = 32

❷ 위 총합에서 10을 뺀다. 값이 10보다 작아질 때까지 뺄셈을 반복한다:

32 - 10 = 22, 22 - 10 = 12, 12 - 10 = 2

❸ 최종값(여기서는 2)이 검증 숫자다.

이 과정을 거친 후 컴퓨터는 26101949에 검증 숫자를 붙여 261019492를 보낸다. 지구 반대편에 있는 수신 컴퓨터는 여러분이 이 단계를 거쳤다는 사실을 이미 알고 있다. 데이터 통신을 할 때 프로토콜protocol이라고 부르는 일련의 규칙에 따르기로 양쪽 모두 미리 합의했기 때문이다. 메시지가 도착하면 수신 컴퓨터는 여러분의 컴퓨터가 했던 것처럼 앞선 단계를 반복해 검증 숫자의 값을 확인한다. 검증 숫자가 일치하면 메시지가 오류 없이 온전히 도착했다고 판단한다.

이번에는 다른 상황을 가정해 보자. 가령 이 연쇄적인 신호 전달에 관여하는 수많은 컴퓨터 중 하나가 실수로 오류를 일으켜 메시지를 231019492로 잘못 보냈다면 수신 컴퓨터는 다음과 같은 단계를 거칠 것이다.

❶ 보낼 숫자를 모두 더한다: 2 + 3 + 1 + 0 + 1 + 9 + 4 + 9 = 29

❷ 위 총합에서 10을 뺀다. 값이 10보다 작아질 때까지 뺄셈을 반복한다:
29 - 10 = 19, 19 - 10 = 9

❸ 수신 컴퓨터의 계산으로 구한 검증 숫자는 9이지만 실제로 온 검증 숫자는 2다. 이는 통신 과정에서 오류가 있었다는 뜻이다.

검증 숫자를 계산하고 검증하는 이 단계를 흔히 알고리듬algorithm이라고 부른다. 컴퓨터는 매우 빠른 속도로 이 단계를 간단히 처리할 수 있지만 오류가 많이 발생할 수 있다는 맹점도 있다. 가령 숫자들의 위치가 61021994로 바뀌더라도(이를 '전치 오류transposition error'라 한다) 검증 숫자는 달라지지 않지만 메시지는 완전히 달라진다. 게다가 둘 이상의 숫자가 바뀌더라도 최종 합이 변하지 않는다면 컴퓨터가 문제를 알아채지 못하고 그냥 넘어갈 수 있다. 가령 35101949로 일부 숫자가 바뀔 경우 3+5=8, 2+6=8이므로 검증 숫자는 달라지지 않는다. 알고리듬이 개선되면 더 많은 오류를 잡아낼 수 있겠지만 복잡해진 만큼 컴퓨터가 처리해야 할 일도 늘어난다.

이 검증 과정은 실제로는 마지막 단계에서만 일어나는 것이 아니라 모든 단계에서 이루어지기 때문에 오류가 감지되는 즉시 해결 가능하다. 즉, 첫 단계까지 거슬러 올라갈 필요가 없다. 옮겨 말하기 게임으로 치면 자기 차례가 됐을 때 "네가 이렇게 말한 게 맞지?"라고 확인하는 셈이다.

메시지가 어떻게 오류 없이 도착하는지에 대해서는 궁금증이 풀리지만 동시에 더 큰 궁금증이 생긴다. 인터넷이 자체 검증과 자체 수정이 이루어지는 연쇄적인 전달 과정이라면 메시지를 받아 전달하는 모든 서버가 적어도 다음 서버에 전달하기 전까지는 원래 메시지의 정확한 사본을 갖고 있다는 것을 뜻한다. 가령 여러분이 보내는 메시지가 신용카드 번호라면 인터넷에 연결된 수많은 컴퓨터가 여러분의 소중한 금융 정보를 그대로 복사한 사본을 갖고 있다는 말일까? 온라인으로 금융 거래를 하면 정보가 광범위하게 공유될 텐데 어째서 내 계좌는 안전한 걸까?

여러분의 금융 자산이 안전한 이유는 기발한 수학 덕분이다. 조 단위로 달러 거래가 이루어지는 세계 경제의 기저에는 수학이 자리하고 있다. 수학이 신용카드 번호를 안전하게 지켜 주는 원리를 이해하려면 메시지를 안전하게 보내는 방법부터 알아야 한다.

인류는 수백 년 동안 비밀 메시지를 주고받아 왔다. 발 빠르고 믿을 수 있는 전령이 있다면 중간에 분실되는 일 없이 수신자에게 메시지를 무사히 전달할 수 있겠지만, 한 가지 운송 수단이나 한 사람에게만 오롯이 그 책임을 지우자니 너무 위험 부담이 크다. 특히 전시에는 비밀 교신이 최우선 사항인 만큼 전령을 포로로 삼으려는 시도가 흔하다. 게다가 무선 통신 시대가 열리면서 성능 좋은 라디오 한 대만 있으면 누구나 전파를 수신할 수 있어 의도하지 않은 수신자도 비밀 교신을 얼마든 청취할 수 있다.

그래서 등장한 것이 암호화encryption다. 암호화란 메시지를 암호로 변환하는 것을 말한다. 암호를 해독하지 못하면 그 의미를 알 수 없다. 상자에 메시지를 넣고 발신자와 수신자만 열쇠를 갖고 있는 자물쇠를 채워 보내는 것과 비슷하다. 이 열쇠를 비밀리에 보관해야 메시지의 보안이 보장된다. 누군가가 이 열쇠를 복사한다면 원치 않은 사람들도 쉽게 메시지를 읽게 될 것이다. 이 열쇠key를 비밀리에 보관하는 방법을 비밀 키 암호화private key encryption라고 한다.

수학이 암호화에서 어떤 역할을 하는지 간단한 예를 통해 살펴보자. 앞서 예로 들었던 26101949를 암호화한다고 해 보자. 가령 숫자 5를 '키'로 정할 경우 각 숫자에 5를 더해 '암호화된' 버전을 만들면 된다. 9+5=14이지만 이 암호화 체계에서는 합이 10을 넘어가면 한 자리만 남긴다. 다시 말해 14에서 4만 남기는 것이다. 그러면 암호화된 메시지는 71656494가 된다. 이 방법을 전치 암호transposition cipher라고 한다. 음악가가 하나의 조調를 다른 조로 옮겨 조바꿈 하듯 하나의 수에 어떤 수를 더해 새로운 수로 바꾸기 때문이다.

암호화하지 않은 메시지를 그냥 보내는 것보다는 개선된 방식이긴 하지만 전치 암호에는 몇 가지 한계가 있다. 우선 각 글자(가령 알파벳)를 그에 대응하는 숫자로 바꾸는 식으로 영어 메시지를 암호화한다면 해독하기가 비교적 쉽다. 메시지가 길어질수록 해독하기는 더 쉬워진다. 기갑부대가 보병을, 크루즈미사일이 함포를 대체한 것처럼 암호화 기술은 날로 진화 중이다. 암호를 만들어 내는 암호학자들과 암호를 해독하는 암호 해독가들은 오늘날까지도 더욱더 진보한 수학 기법을 개발해 서로를 앞지르려고 경쟁을 펼치고 있다.

단순한 전치 암호는 역시 단순한 통계 도구인 빈도 분석frequency analysis에 의해 쉽게 뚫린다. 숫자는 뚜렷한 패턴이 드러나지 않게 무작위로 배열할 수 있지만 하나의 단어를 이루는 글자들은 무작위로 배열하기가 어렵다. 예측 가능한 패턴이 드러날 수밖에 없다는 말이다. 가령 영어에는 몇몇 모음처럼 자주 사용되는 글자가 있는 반면, q나 z처럼 잘 사용하지 않는 글자도 있다. 영어에서 가장 많이 등장하는 글자가 e라는 말을 들어본 적이 있을 것이다. 특정한 빈도 없이 26개의 알파벳을 골고루 사용한다면 각 알파벳은 약 3.8퍼센트의 비중으로 역시나 골고루 등장해야 한다. 하지만 로버트 루원드Robert Lewand 교수의 저서 《암호학 수학Cryptological Mathematics》에 따르면 일반적인 영어 문장에서 e는 그보다 3배 더 자주 등장해 13퍼센트의 비중을 차지하는 것으로 나타났다. 그 다음으로 자주 등장하는 글자는 t로, 약 9퍼센트를 차지했다. 이러한 패턴은 여러 연구를 통해 널리 입증되었으며, 다른 언어에서도 이러한 경향성이 나타나는 것으로 밝혀졌다. 영어 알파벳의 경우 이를 그래프로 나타내면 다음과 같다.

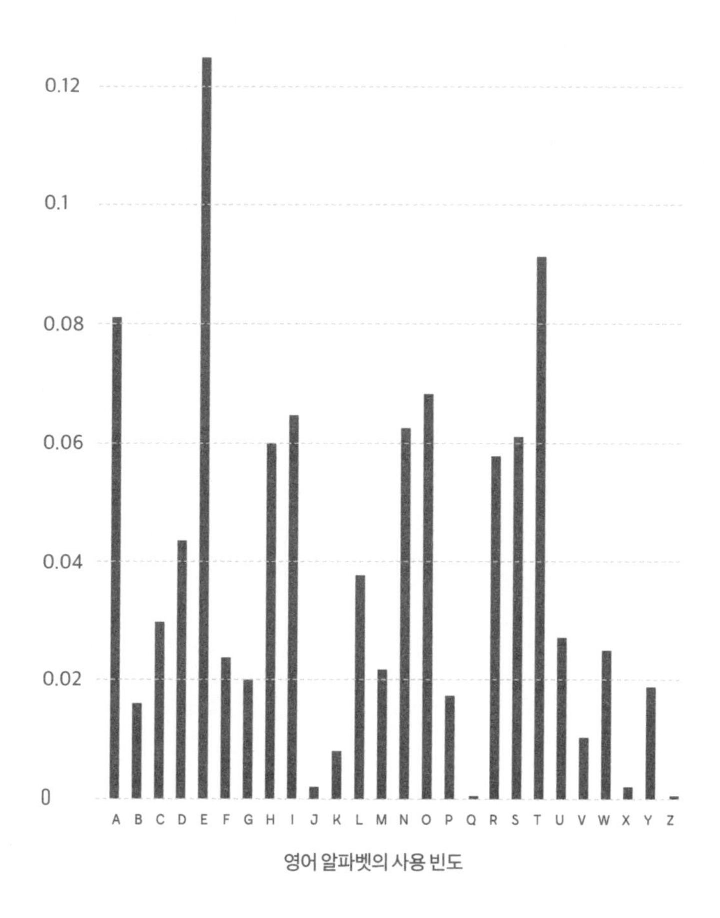

영어 알파벳의 사용 빈도

메시지가 길면 길수록 이러한 패턴을 보일 것이다. 반면 메시지가 짧으면 짧을수록 이 패턴에서 벗어나기 쉬운데, 이는 글자가 한정돼 있기 때문이다. 가령 짧은 영어 문장 I am a Zulu warrior.나는 줄루족 전사다.에 쓰인 각 알파벳의 빈도는 다음과 같은 분포를 보인다.

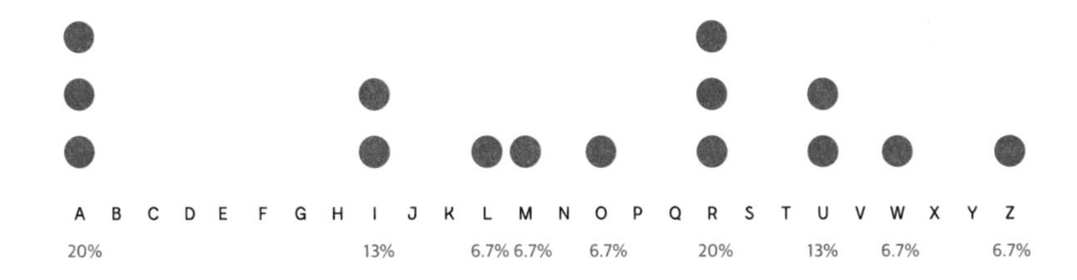

문장이 짧아 평소라면 드물게 등장하는 알파벳이나 단어의 빈도가 더 높다. 심지어 가장 많이 쓰이는 알파벳도 등장하지 않았다. 빈도의 패턴을 벗어난 것이다. 하지만 메시지가 길어지면 이런 현상은 점점 줄어든다. 그렇다 하더라도 암호화된 메시지를 낱낱이 분석해 알파벳 빈도가 일반적인 패턴을 따르는지를 확인하면 해독이 가능하다. 하나의 알파벳이나 숫자가 항상 같은 문자로 변환된다면 적군이 특정 언어에서 가장 자주 쓰는 알파벳과 암호화된 메시지에서 가장 자주 등장하는 문자가 일치하는지 확인하는 것으로 간단히 암호를 풀 수 있다. '비밀' 메시지라지만 암호 해독가의 눈에는 그 비밀이 훤히 보이는 것이다.

이 약점을 보완하는 방법은 여러 가지다. 가장 널리 알려진 것이 제2차 세계대전 당시 나치가 썼던 '에니그마Enigma'라는 암호 생성 장치다. 에니그마는 톱니바퀴가 돌면서 알파벳을 다른 알파벳이나 숫자로 바꿔 암호화하고 여기에 연결된 회로로 수백만 가지 조합을 만들어 빈도의 올가미를 교묘히 피한다. 애초 금융 거래의 보안을 유지하기 위해 고안됐으나 이 장치의 잠재력을 알아본 독일군이 자신들의 목적에 맞게 개량했고 연합군의 감청을 피해 안전하게 메시지를 전송했다.

에니그마는 이전 장치들에 비하면 비약적인 발전이라 할 수 있지만 치명적인 결함이 있었다. 바로 단순한 전치형 암호처럼 비밀 키를 기초로 한다는 점이었다. 독일 통신 장교들은 각 알파벳에 대응하는 암호를 매일 바꾸었고 일회용 암호표를 만들어 날마다 보급했다. 독일군의 메시지를 해독하지 못한 영국군이 좌절을 거듭하던 무렵, 영국의 수학자 앨런 튜링Alan Turing은 '봄베Bombe'라는 장치를 직접 설계해 동료들과 에니그마의 암호 체계를 분석했다. 매일 바뀌는 비밀 키를 알아낸 이들은 독일군이 보내는 암호문을 해독할 수 있었다.

인터넷 시대에는 아무리 복잡한 비밀 키도 의미가 없다. 앞서 살펴봤던 '옮겨 말하기'로 다시 돌아가 보자. 메시지 발신자는 수신자와 직접 대면하지 않는 이상 비밀 키를 전할 방법이 없다. 독일군은 비밀 키에 해당하는 암호표를 보급해 이 문제를 해결했다. 하지만 이 역시 어느 시점에는 발신자와 수신자가 직접 만나 암호표를 주고받는 과정이 필요하다. 신용카드 번호를 보낸 인터넷 서버와 여러분 사이에는 그런 물리적 접촉이 불가능하다. 이 때문에 인터넷은 비밀 키가 아닌 공개 키public key를 사용한다.

공개 키라는 말 자체가 모순처럼 들린다. 열쇠가 공개돼 있다면 어떻게 안전할 수 있다는 걸까? 공개 키 암호화는 비밀 키 암호화와는 전혀 다른 전제에서 출발한다. 앞서 봤듯 비밀 키 암호화는 다음 그림과 같은 방식으로 작동한다.

여기서 발신자와 수신자는 하나의 키를 함께 쓰면서 이 키를 이용해 내용을 열어보고 잠근다. 둘 다 같은 비밀 키를 쓰면서 암호화에 동등하게 참여하므로 대칭적 암호화symmetric encryption라고도 한다.

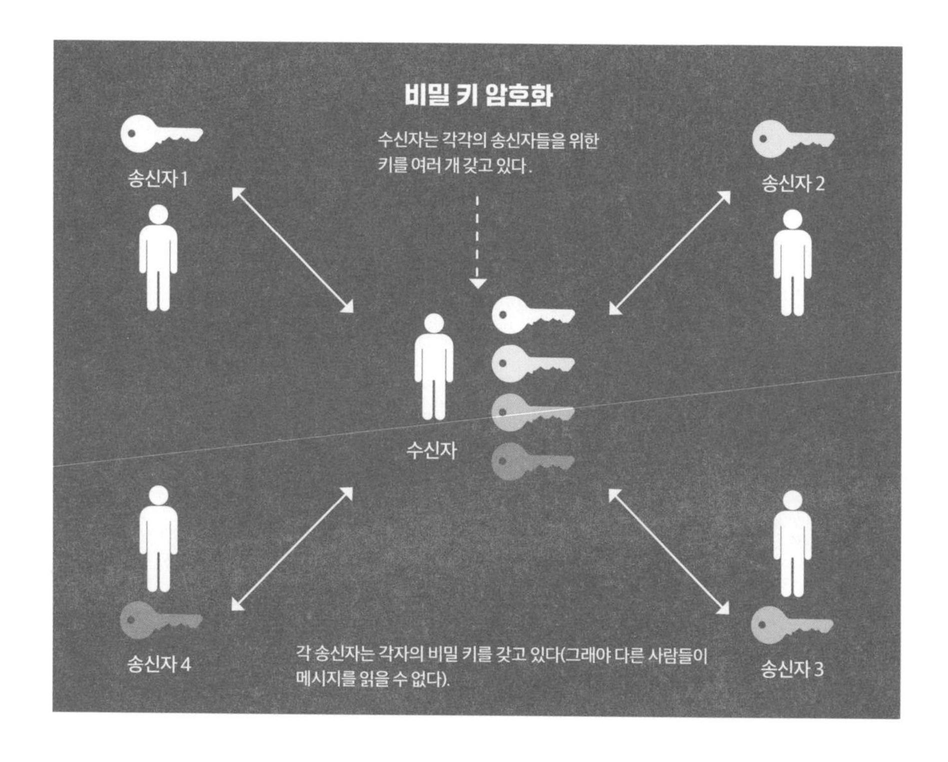

반면 공개 키 암호화는 원리가 전혀 다르다. 여기서 '키'는 열쇠라기보다 자물쇠에 가깝다.

자물쇠는 특별하다. 열쇠가 없어도 잠글 수 있기 때문이다. 하지만 다시 열 수는 없다. 다시 말해 정보를 암호화할 수는 있지만 암호화된 정보를 해독할 수는 없다. 수신자가 자신의 자물쇠를 공개했으니 누구든 이 자물쇠로 정보를 잠가(암호화해) 수신자에게 전송할 수 있다. 수신자에게는 이 정보를 열어볼 수 있는(자물쇠를 여는) 키가 따로 있다. 발신자와 수신자가 하나의 키를 같이 쓰는 게 아니라 수신자가 자물쇠와 키를 모두 갖는다는 점에서 공개 키 방식을 비대칭적 암호화asymmetric encryption라고도 부른다.

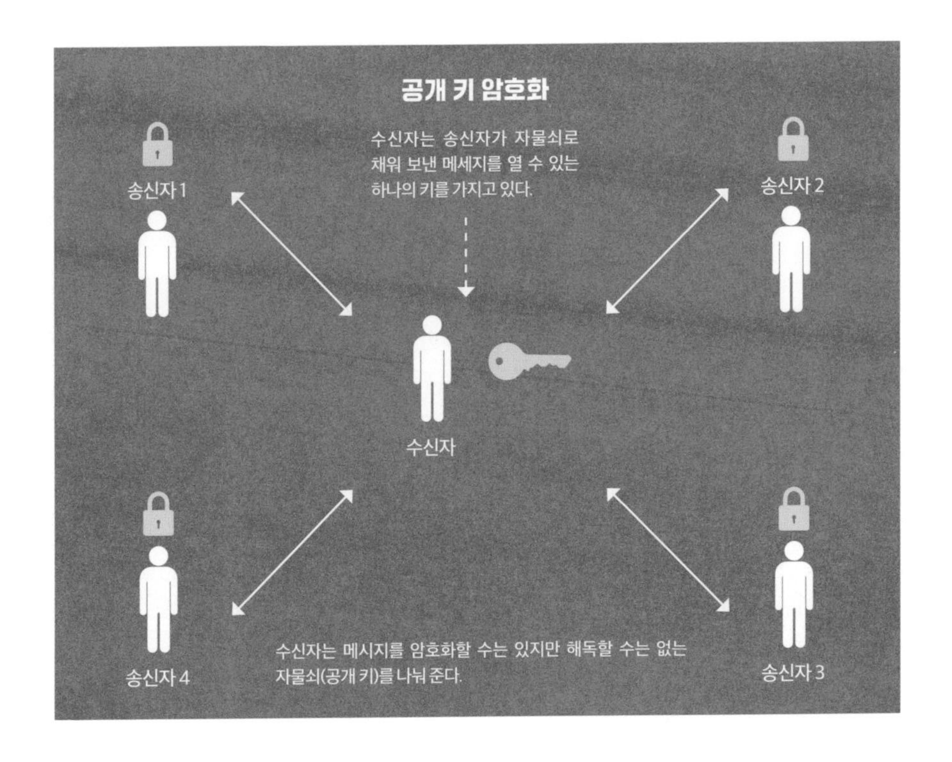

이 불균형이 공개 키 암호화의 핵심 원리다. 여기에는 수학자들이 말하는 트랩도어 함수trapdoor function, 비밀 통로 일방향 함수가 쓰인다. 들어가기는 쉬워도 다시 나오기는 어려운 일방향 문처럼 일반적으로 일방향 함수는 한 방향으로는 값을 계산하기 쉽지만 역방향으로는 값을 구할 수 없다. 하지만 트랩도어(비밀 정보)를 알면 역을 구할 수 있는데 이를 트랩토어 함수라 한다. 여기서 세상에 존재하는 중요한 수 중 하나인 소수prime number가 등장한다.

소수를 배운 기억이 가물가물할지도 모르니 잠깐 설명하자면, 대다수는 소수를 1과 자기 자신으로만 나누어떨어지는 범자연수(0과 자연수)로 알고 있다. 가령 7은 7(7÷7=1)과 1(7÷1=7)로만 나누어떨어지므로 소수다.

반면 6은 2(6÷2=3)와 3(6÷3=2)으로도 나누어떨어지므로 소수가 아니다.

그렇다 보니 물건의 개수가 소수라면 사람 수가 물건 개수만큼 있지 않은 이상 골고루 분배하기 어렵다. 여담이지만 팀탐Tim Tam, 초콜릿으로 코팅된 과자 한 봉지에 정확히 11조각이 들어 있는 이유도 이 때문이라고 본다. 11은 소수이기 때문에 사람 수가 정확히 11명이 아닌 이상(혹은 기꺼이 한 조각을 반씩 나눠 먹지 않는다면 모를까, 그런데 툭 까놓고 그럴 사람이 과연 있을까?) 모든 사람이 팀탐을 똑같이 나누어 먹기는 수학적으로 불가능하다. 그러니 한 봉지를 다 먹어치울 때쯤 말다툼이 일어나 이런 말을 내뱉으며 결국 한 봉지를 더 사게 되는 것이다. "지난번에는 네가 한 조각 더 먹었잖아!" 마케팅의 승리다.

우주에 존재하는 모든 물질이 특정 원소들의 고유한 조합으로 만들어지듯 존재하는 모든 수 역시 소수들의 고유한 조합으로 만들어질 수 있다(언뜻 사소해 보이는 이 놀라운 통찰은 수학에서 너무도 중요한 나머지 '산술算術의 기본 정리Fundamental Theorem of Arithmetic'라는 거창한 이름을 얻었다. 궁금하다면 17장을 참고하라). 원소와 마찬가지로 소수도 뒤섞기는 쉽지만 한번 엉키면 다시 떼어내기가 어렵다.

소수는 수학이라는 우주를 구성하는 원소다.

예를 들어 소수인 31과 59를 곱하는 건 쉽다(답은 1,129다). 하지만 답이 1,349가 되려면 어떤 두 소수를 곱해야 할까? 그리 쉽지 않다(19와 71이다.) 이런 문제는 인간의 말랑말랑한 뇌만 어려워하는 게 아니다. 고성능 컴퓨터도 숫자가 커질수록 이런 유의 문제(소인수분해prime factorization라고 부른다)를 푸는 데 엄청난 시간이 걸린다. 즉, 두 소수를 곱해 엄청나게 큰 수를 만들기는 쉽지만 거꾸로 엄청나게 큰 수(수백 자리의 수처럼)를 분해해 두 개의 소수를 찾는 것은 어렵다. 일단 들어가면 다시 나오기 어려운 트랩도어에 비유하는 것도 이 때문이다.

그렇다면 소수와 암호화는 어떤 관련이 있는 걸까? 메시지를 안전하게 수신하려는 웹사이트는 요청하는 사람 모두에게 공개 키를 나눠 준다. 공개 키는 메시지를 암호화하기 위해 쓰는 수백 자리의 큰 숫자다. 암호화하면 자물쇠가 채워진다. 비밀 키가 없으면 누구도(메시지를 보낸 사람조차) 자물쇠를 열 수 없다. 비밀 키는(실은 수천 배 더 큰 숫자이긴 하지만, 이를테면 19와 71와 같은) 한 쌍의 소수로, 두 소수를 곱하면 공개 키가 된다. 이 소수들을 알아내기 위해 공개 키를 분해하는 것은 엄청나게 오래 걸리는 작업이다. 몇몇 공개 키는 너무 길어(너무 큰 수여서) 최첨단 컴퓨터를 쓴다 해도 해독하는 데 우주의 나이보다도 더 오랜 시간이 걸릴 수도 있다. 따라서 한 쌍의 소수로 고유의 공개 키를 만든 웹사이트들은 원하는 메시지를 안전하게 받을 수 있다. 옮겨 말하기 게임에서와 같이 엉뚱한 메시지를 받을 위험은 있을 수 없다는 말이다.

11장

원근감에 숨은 수학

연중 가장 무더운 여름 휴가철이면 토스카나 지방의 이 특별한 장소에 수많은 이들이 모여든다. 잔디밭 곳곳에 모인 수십 명의 관광객들은 다른 사람들의 이목 따위는 안중에 없다. 관광객들이 모인 풍경이 진기하게 느껴지는 것은 유독 한 곳에만 오밀조밀 몰려 있기 때문이 아니다. 이들의 행동 때문이다.

한 여성은 팔을 뻗어 무언가를 떠받치는 듯한 폼을 하고 있다. 한 무리의 관광객들은 일렬로 선 채 일제히 몸을 기울이고 있다. 버튼을 누르듯 손가락으로 무언가를 가리키는 모습도 보인다. 이뿐만이 아니다. 수많은 관광객들이 정교한 자세를 취한 채 저마다 사진 촬영을 하고 있다. 여긴 어디일까? 바로 피사의 사탑 앞이다. 이들은 여행 인증용 사진을 남기는 중이다.

기울어진 피사의 사탑 앞에서 찍은 사진 중에는 정말 기상천외한 것들도 있다. 특히나 교묘하게 찍힌 사진들은 진짜처럼 느껴진다. 속임수라는 걸 모르지 않는데도 말이다. 이 사진들을 보고 있으면 자연스레 의문이 든다. 우리는 물체와 떨어져 있는 거리를 어떻게 가늠할까? 우리 뇌는 큰 물체와 가까이 있는 물체를 어떻게 구분할까?

뇌의 많은 부분이 시각적 처리를 담당한다. 정글에서 호랑이를 마주쳤을 때처럼 위협을 감지하면 맞서 싸워야 할지 도망쳐야 할지를 재빨리 결정해야 했던 우리 조상들로서는 시각으로 거리를 계산하는 것이 중요하고도 유용한 기술이었다. 때문에 우리 뇌는 양안시兩眼視, '입체시'라고도 하며 양쪽 눈의 망막에 맺힌 대상물을 두 개가 아닌 입체적인 하나의 물체로 보게 하는 눈의 기능의 장점을 활용하는 다양한 묘책을 강구해 왔다. 자연도 이 능력이 동물 세계에서 매우 유용한 자질이라고 판단한 게 분명하다. 세상에는 두 눈을 가진 생명체가 넘쳐나기 때문이다. 이러한 묘책 중 몇몇은 미세한 빛을 신호로 삼거나 동작의 의미를 알아차리거나 주변 환경에 빈번히 출몰하는 특정한 형상을 알아보게 해 줄 만큼 매우 정교하게 발달했다. 하지만 뇌는 매우 단순한 기하학을 기초로 가장 직관적이면서 점잖은 방법을 활용한다.

잠시 주위를 둘러보자. 근처에 있는 물체와 멀리 있는 물체를 꼼꼼하게 뜯어보면 '시야의 단일성singleness of vision'이라고 부르는 현상을 먼저 경험할 것이다. 이는 주위를 둘러볼 때 두 개가 아닌 하나의 이미지, 하나의 장면만 보게 되는 것을 말한다. 여러분은 당연하게 여길지 모르지만 실은 뇌가 묘기를 부리는 덕분에 가능한 일이다. 여러분의 두 눈은 충실하게 두 개의 다른 이미지를 뇌로 보내지만 뇌가 두 이미지를 하나로 통합하는 놀라운 작업을 해내는 것이다.

못 믿겠다면 오른쪽 집게손가락을 들어 눈높이에서 바라보자. 집게손가락에 초점을 맞추고 별다른 점이 없는지 두 눈으로 확인한다. 이제 한쪽 눈을 감고 다시 집게손가락을 보라. 그런 다음 눈을 바꿔서 다시 바라보자. 이렇게 눈을 한쪽씩 감았다 떴다 해 보면 각각의 눈이 뇌에 서로 다른 이미지를 보내고 있다는 사실을 알게 될 것이다. 손등이 오른쪽을 향하도록 손가락을 들었을 때 왼쪽 눈을 감은 채 오른쪽 눈으로만 보면 손톱이 더 많이 보이지만 오른쪽 눈을 감고 왼쪽 눈으로만 보면 지문이 더 많이 보인다. 두 눈의 시야가 다르다 보니 뇌도 같은 대상을 두 개의 다른 이미지로 인식하는 것이다. 두 눈이 떨어져 있으니 당연한 일이다.

원리를 파악했으니 이제 두 눈이 거리를 인식하는 방법 이면에 작동하는 아름다운 수학적 눈속임의 비밀을 알아볼 차례다. 다시 손가락을 들어 눈높이에서 바라보자. 이번에는 손가락이 아니라 그 뒤에 떨어져 있는 대상에 초점을 맞춘다. 벽 앞이라면 손가락의 배경이 되는 벽에 집중하면 된다. 앞서 했던 실험을 반복해 보자. 두 눈을 번갈아 떴다 감았다 해 보라. 여러 번 반복하다 보면 집게손가락을 봤을 때와는 다른 현상이 나타날 것이다. 즉, 양 눈을 번갈아 깜빡거릴 때마다 한 지점에서 다른 지점으로 순간이동을 하듯 손가락이 좌우로 왔다 갔다 할 것이다.

하지만 우리는 손가락이 움직이지 않고 가만히 있다는 사실을 알고 있다. 시야를 먼 곳에 고정시킨 상태에서 앞에 손가락이 있다는 사실을 인식하고 있으면 손가락이 두 개로 보일 것이다!

왜 이런 현상을 의식하지 못하는 걸까? 적어도 두 가지 이유가 있다. 첫째, 우리는 눈으로 무언가를 볼 때 이상한 점을 굳이 찾아내지 않기 때문에 모르고 지나치는 경우가 많다. 둘째, 뇌가 매일 매 순간 각각의 눈이 보내는 두 개의 이미지를 이어 붙여 3차원의 입체적 형태로 만들기 때문이다. 뇌가 두 눈이 보낸 두 개의 다른 이미지를 이용해 어떤 물체가 가까이 있고 어떤 물체가 멀리 있는지를 가늠하는 것이다.

그 원리는 이렇다. 앞선 실험을 반복해 보면 손가락이 얼굴에 가까워질수록 왼쪽 눈에 보이는 손가락과 오른쪽 눈에 보이는 손가락의 위치도 크게 달라진다는 사실을 알 수 있다. 뇌는 손가락뿐 아니라 눈앞에 있는 모든 물체를 보고 이러한 위치 차이를 가늠한다. 해당 물체가 멀리 있을수록 두 이미지의 위치 차이도 줄어든다. 두 눈이 그 물체를 하나의 이미지로 통합하기 때문이다. 반대로 위치 차이가 클수록 뇌는 그 물체가 더 가까이 있다고 인식한다.

직접 보면 우스꽝스럽다는 걸 알면서도 피사의 사탑 앞에서 찍은 눈속임 사진들이 진짜처럼 보이는 것도 이 때문이다. 인물과 피사의 사탑을 평면에 배치하면 어느 것이 더 멀리 있는지를 알려주는 양안 단서가 사라진다. 우리의 두 눈도 별 수 없이 이 사진들을 보고 뇌에 하나의 통합된 이미지를 보낼 것이다. 그럴 리가 없다는 것을 알지만 뇌가 혼란스러워하면서도 잠깐이나마 속아 넘어가는 것이다.

12장

무작위성은 예측 가능하다

'미래 예측'이라고 하면 판타지나 공상 과학 소설을 떠올리는 사람이 많다. 그리고 이를 다룬 이야기들은 대부분 경고성 교훈을 담고 있다. 이를테면 영화 《마이너리티 리포트Minority Report》에서는 범죄를 미리 예측하는 기술이 파국을 불러일으키고, 고전 작품인 《오이디푸스 왕》이나 애니메이션 영화 《쿵푸팬더》에서는 파멸을 고하는 예언이 등장하는 식이다. 하지만 이런 유의 서사 중에 실제로 인류가 미래를 내다보는 능력을 타고난다는 사실을 다루는 경우는 거의 없다.

미래를 내다보는 데
유리구슬이나 예언이 적힌 두루마리는 필요 없다.
수학만 있으면 된다.

세상이 무작위적인 일들, 즉 예측 불가능한 일들로 가득한 것처럼 보일 때도 있다. 하지만 수학 분야 중 하나인 확률과 통계는 현실이 놀랍도록 정확하게 예측 가능하다는 것을 보여 준다. 19세기 영국의 통계학자였던 프랜시스 골턴Francis Galton 경은 일명 골턴 보드Galton board를 설계해 이를 증명하려 했다. 이 장치가 바로 퀸컹크스quincunx다.

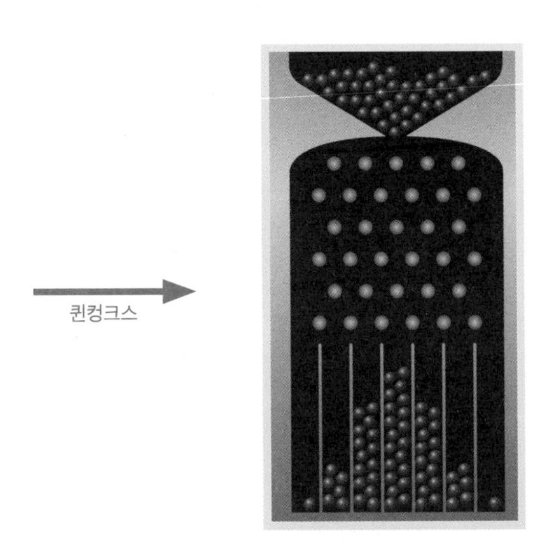

퀸컹크스는 널빤지를 수직으로 세워 표면에 여러 개의 핀을 박고 삼각형 모양으로 테를 둘러 만든 간단한 장치다. 위쪽에 난 구멍을 통해 여러 개의 구슬(또는 공)을 떨어뜨리면 중력의 영향을 받아 아래로 쏟아진다. 핀은 모두 일정한 간격으로 박혀 있는데 떨어지던 구슬이 핀에 부딪히면 동일한 확률로 왼쪽 또는 오른쪽으로 방향을 틀어 아래쪽에 만들어 둔 칸으로 균등하게 들어갈 것이다.

각 구슬이 핀에 부딪힐 때 왼쪽 또는 오른쪽으로 떨어질 확률이 같으니

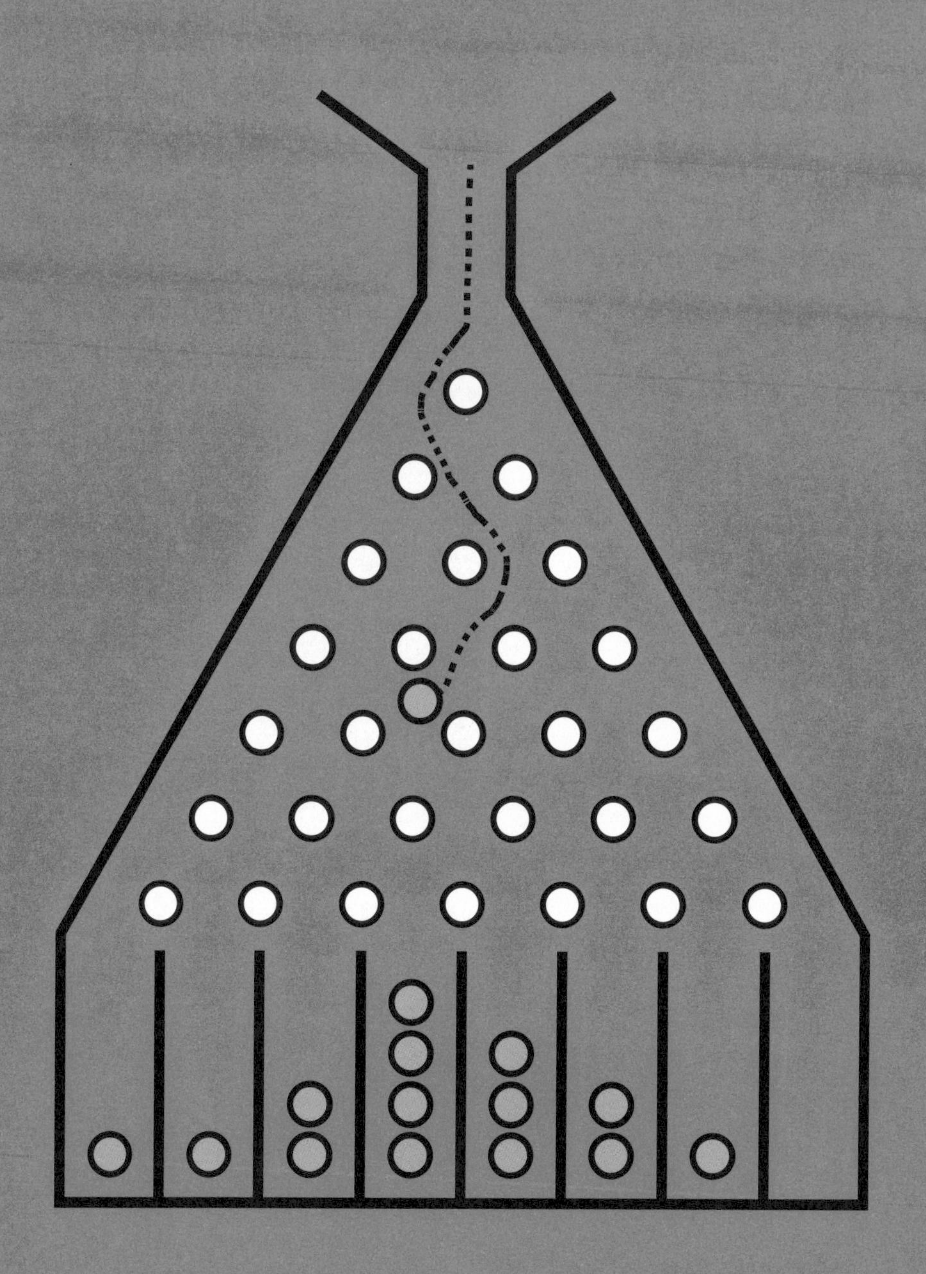

구슬이 전부 떨어졌을 때의 결과를 짐작하기 어렵다고 생각하겠지만 실상 예측 가능할 뿐만 아니라 여러 번 반복해도 다음과 같이 대략 비슷한 결과가 나타난다.

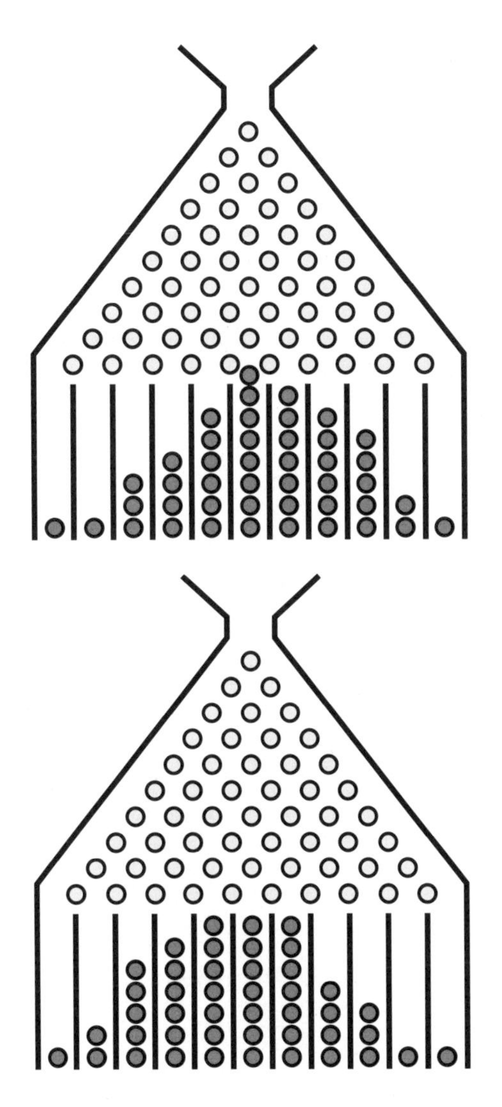

어찌 된 일인지 대체로 중심부에 구슬들이 모이는 결과가 나타난다. 무작위적으로 떨어진 구슬들이 일관되게 중심부로 모이는 이유는 무엇일까? 퀸컹크스는 구조상 무작위적일 수밖에 없다. 한 개의 구슬이 떨어지는 과정을 자세히 관찰한다고 해서 그 다음 구슬이 어디로 떨어질지 정확히 예측할 수 있는 게 아니다. 각 구슬이 떨어지면서 지나가는 경로는 직전에 떨어진 구슬이 지나간 경로와는 아무런 관련이 없어 어떤 경로를 거쳐 어느 칸으로 떨어질지 전혀 알 수 없다. 퀸컹크스의 원리를 이해하려면 구슬 하나하나에 집중하기보다 구슬 전체를 특정 패턴을 따르는 하나의 독립체로 봐야 한다.

자, 지금부터 자세히 살펴보자.

이 패턴을 알아내려면 핀의 개수가 훨씬 적은 작은 퀸컹크스를 상상해 보면 된다. 퀸컹크스에 핀이 네 줄 박혀 있고 다섯 개의 칸으로 나뉜 경우 구슬이 떨어지는 경로는 16개다. 이 경우의 수를 그림으로 나타내면 다음과 같다.
(R: 오른쪽, L: 왼쪽)

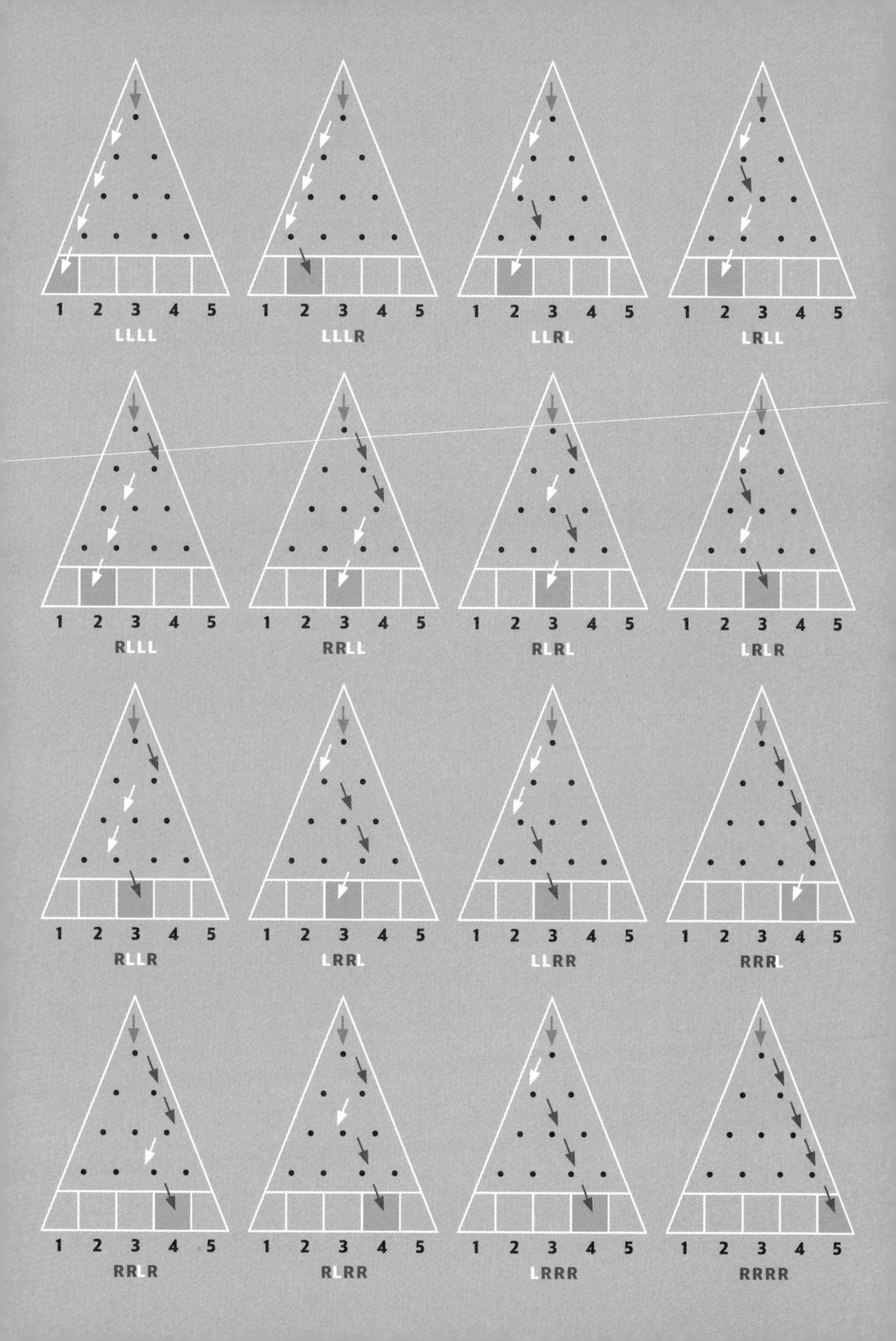

1 2 3 4 5
LLLL
1 2 3 4 5
LLLR
1 2 3 4 5
LLRL
1 2 3 4 5
LRLL
1 2 3 4 5
RLLL
1 2 3 4 5
RRLL
1 2 3 4 5
RLRL
1 2 3 4 5
LRLR
1 2 3 4 5
RLLR
1 2 3 4 5
LRRL
1 2 3 4 5
LLRR
1 2 3 4 5
RRRL
1 2 3 4 5
RRLR
1 2 3 4 5
RLRR
1 2 3 4 5
LRRR
1 2 3 4 5
RRRR

구슬이 한 번에 하나씩 떨어질 때 지나가는 경로를 따라가기보다 이렇게 가능한 경로를 전부 살펴보면 역설적으로 퀸컹크스의 무작위성이 최종 결과를 예측할 수 있게 해 준다는 사실을 알게 된다. 각 사건들이 정말 무작위로 일어난다면 가능한 각 결과가 나타날 확률이 같아야 한다. 즉, 왼쪽이나 오른쪽으로 방향을 틀 확률은 각각 50퍼센트다. 그게 아니라면 한쪽으로 치우친 결과가 나타날 것이다. 구슬은 핀과 부딪힐 때마다 왼쪽 아니면 오른쪽으로 방향을 튼다. 하지만 왼쪽 또는 오른쪽으로 들어갈 확률이 똑같다면 이 16개의 경로를 거칠 확률도 전부 같다.

만약 퀸컹크스 꼭대기에서 한꺼번에 160개의 구슬을 떨어뜨린다면 16개의 경로를 10번 지나게 될 것이다. 그런데 이 경로 중 대다수는 같은 칸으로 귀결된다. 가령 구슬이 왼쪽에서 두 번째 칸으로 떨어지는 경로는 4가지이므로 이 칸에는 약 40개의 구슬이 들어가리라고 예측할 수 있다. 한가운데 칸으로 떨어지는 경로는 가장 많은 6가지이므로 60여 개의 구슬이 한가운데 칸에 떨어질 것이라고 예측할 수 있다. 즉, 5개의 칸 중 한가운데 칸에 가장 많은 구슬이 모이는 것이다.

칸이 5개로 나뉜 작은 퀸컹크스에서 각 칸으로 구슬이 떨어지는 경로의 수를 세면 1, 4, 6, 4, 1로, 오른쪽 페이지의 상단 그래프로 나타낼 수 있다.

칸을 9개로 늘린 퀸컹크스에서 이 실험을 반복하면 구슬이 각 칸에 떨어지는 경로의 수는 1, 8, 28, 56, 70, 56, 28, 8, 1로, 오른쪽 페이지의 하단 그래프로 나타낼 수 있다.

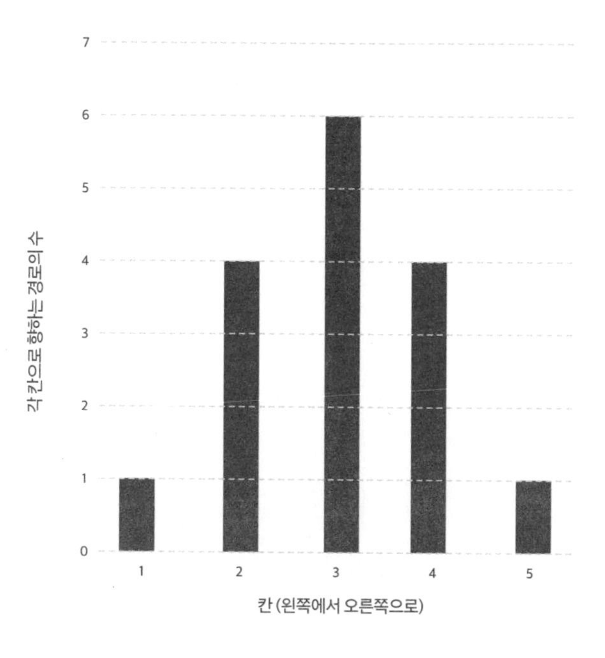
각 칸으로 향하는 경로의 수
7
6
5
4
3
2
1
0
1
2
3
4
5
칸 (왼쪽에서 오른쪽으로)

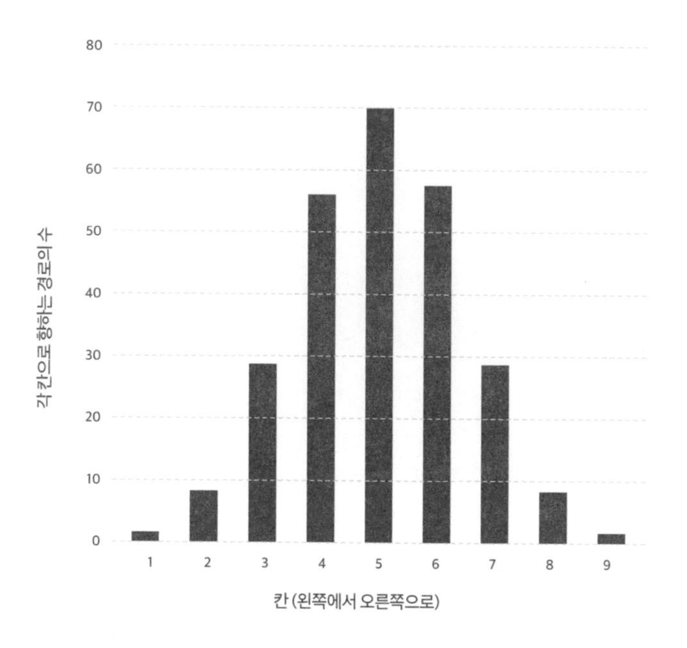
각 칸으로 향하는 경로의 수
80
70
60
50
40
30
20
10
0
1
2
3
4
5
6
7
8
9
칸 (왼쪽에서 오른쪽으로)

칸을 21개로 늘리면 다음과 같은 결과가 나온다.

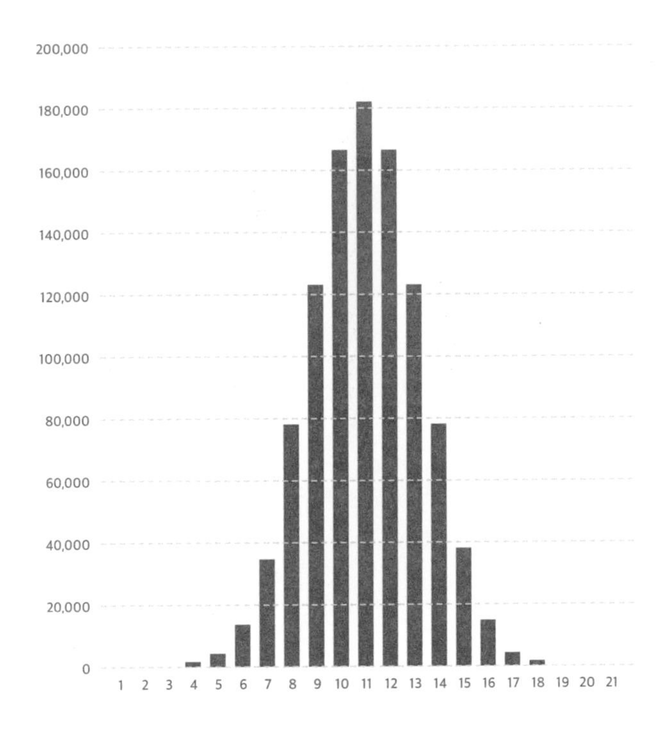

어디서 본 듯한 형태라고?

앞서 말했듯 시는 같은 것을 저마다 다른 이름으로 표현하는 예술이다. 언어의 한계를 넓혀 일상적이고 보편적인 현실을 새롭고 낯설게 표현하는 방법을 보여 주는 예술 기법이라는 말이다. 반면 수학은 겉으론 완전히 달라 보이는 것들의 밑바탕에 하나의 아름다운 패턴이 자리하고 있다는 사실을 알아채는 능력을 키워 준다. 실이 서로 다른 것들을 하나로 꿰어내듯 수학에서는 겉으론 달라 보이는 현상들을 똑같은 이름으로 부른다. 이 모든 현상을 연결하는 하나의 패턴을 발견하기 때문이다.

이렇게 한가운데에 집중적으로 모이는 확률 분포를 흔히 종형 곡선bell curve, 좌우 대칭으로 퍼져 종 모양을 나타내는 분포이라고 부르지만 수학자들은 보통 정규 분포normal distribution라고 부른다.

무작위적인 사건들은
평균값에 데이터가 집중적으로 모여 있는
정규 분포 형태를 보인다.
시험 점수 분포도 정규 분포를 따른다.

(퀸컹크스에서 구슬이 떨어지는) 사건이든 사람이든 시험 점수든 집단을 이룰 때 무작위성이 개입하면 하나같이 이런 특징적 형태를 보인다.

프랑스의 앙리 푸앵카레Henri Poincaré는 이러한 정규 분포의 특징을 정확히 간파했다. 수학과 물리학의 발전에 기여한 학자로 널리 알려져 있는 그는 통계를 활용해 사기꾼 제빵사를 밝혀낸 일화로도 유명하다.

그는 동네 빵집에서 빵 한 덩어리를 1킬로그램으로 속여 팔고 있다는 의구심을 품고 있었다. 당시 프랑스인들은 정확한 무게와 치수를 준수하는 데 자부심을 갖고 있었다. 전 세계에서 통용되는 킬로그램 단위를 정의하는 데 쓰이는 최초의 국제킬로그램원기International Prototype Kilogram, 원기둥 모양의 금속덩어리를 제작한 국제도량형국International Bureau of Weights and Measures이 태동한 곳이었으니 프랑스인이라면 무게만큼은 제대로 측정할 줄 알아야 했다.

푸앵카레는 통계를 이용해 진상을 파악하기로 했다. 그는 꼬박 1년간 하루도 빠짐없이 문제의 빵집에서 빵 한 덩어리를 사와 곧장 무게를 쟀다. 적지 않은 데이터를 손에 넣게 된 그는 12개월간 자신이 측정한 무게의 분포를 연구했다. 그러자 평균 950그램, 표준편차 50그램의 종형 곡선과 일치했다. 그가 분석한 정규 분포에 따르면 빵집에서 판매한 빵 중 1,000그램 이상 나가는 빵은 16퍼센트에 지나지 않았고 나머지 84퍼센트는 광고와 달리 그보다 가벼웠다. 그는 이 사실을 당국에 알렸고 해당 빵집은 경고 제재를 받았다.

의구심이 쉽게 사그라들지 않자 그는 이듬해에도 매일같이 빵을 사서 무게를 쟀다. 초반에는 한결같이 1,000그램이었다. 하지만 시간이 흐르면서 의심도 커졌다. 그해 말, 그는 또 한 번 자신의 조사 결과를 당국에 알렸고 이번에는 즉시 벌금이 부과되었다. 과연 무엇이 문제였던 걸까?

푸앵카레는 분포가 고르지 않다는 것, 즉 비대칭적이라는 사실을 알아챘다. 두 번째 해의 분포에서는 빵의 무게가 1,000그램를 초과하는 쪽으로 치우쳐져 있었다. 퀸컹크스처럼 무작위성에 영향을 받는다면 정규 분포는 정확히 좌우 대칭을 이뤄야 했다. 그는 그 해에 구입한 빵들은 무작위성이 아닌 의도적인 선택의 결과였다는 결론을 내렸다. 빵집 주인은 여전히 950그램짜리 빵을 만들고 있었다. 하지만 푸앵카레가 당국에 자신을 신고하자 가장 무거운 빵만 골라 그에게 팔았던 것이다.

정규 분포의 원리는 일상의 다양한 현상 속에 숨어 있다. 우리도 모르게 미래에 일어날 일을 효과적으로 예측할 수 있는 것도 그 때문이다. 가령 집에서 시내로 나가는 버스를 탔을 때 목적지까지는 얼마나 걸릴까? 이론상 A와 B라는 지점 사이에 존재하는 도로의 거리를 정확히 계산한 뒤 각도로의 제한속도로 나누면 소요 시간을 예상할 수 있다. 하지만 쓸데없는 짓이다. 그 사이에 있는 신호등이 차를 몇 번이나 멈춰 세우면 시간이 지체될 게 뻔하기 때문이다. 제한속도는 실제로 도로를 달리는 속도와는 상관이 없는 경우가 많다. 특히 차량이 몰리는 혼잡시간대라면 여정의 절반은 주차장을 방불케 하는 교통 정체에 허비된다.

혼잡 시간대의 도로

이때 정규 분포가 해결책이 될 수 있다. 퀸컹크스에서 하나의 구슬이 떨어졌을 때 어떤 경로를 거쳐 어느 칸으로 떨어질지 예측하기 어렵듯 개별 여정도 예측하기 어렵다. 하지만 교외에서 도심으로 향하는 모든 여정을 하나로 보면 정규 분포를 따른다는 것을 알 수 있다. 퀸컹크스의 핀들이 어떤 구슬은 왼쪽으로, 어떤 구슬은 오른쪽으로 보내듯 신호등도 일부 차량은 계속 주행하게 하고 일부는 멈춰 서게 한다. 특정 핀과 이 핀에 부딪힌 구슬이 전부 한쪽으로만 떨어질 가능성은 거의 없듯 모든 신호등 앞에서 멈춰 설 가능성도 거의 없을 것이다(모든 신호등을 통과할 가능성도 없을 것이다). 퀸컹크스 아래쪽에 구슬이 쌓이듯 같은 거리를 이동하는 빈도가 높아지면 각 여정에 걸린 시간이 축적되고 이를 수집한 데이터를 통해 패턴을 알아낼 수 있다. 온라인 지도나 네이게이션은 이를 바탕으로 한 확률 모델probabilistic model을 만들어 놀라울 정도로 정확하게 소요 시간을 예측한다.

13장

작은 차이가 일으킨 혼돈

우리는 앞 장에서 무작위성이 놀랍게도 예측 가능할 때가 많다는 것을 살펴봤다. 하지만 미래를 내다보는 일이 늘 쉬운 것은 아니다. 날씨 관측의 경우 이틀만 지나도 예측이 빗나가기 일쑤다. 날씨는 인간의 생활과 밀착돼 있어 동서고금을 막론하고 수백 년 동안 심도 있게 연구해 온 주제였다. 그토록 오랫동안 축적된 예측 기법이라면 그 패턴을 예측하고도 남아야 할 텐데 그렇지 못하다면 무엇이 문제일까? 날씨 예측은 왜 빗나갈 때가 많을까? 이 또한 수학으로 설명할 수 있다. 여기서는 카오스 이론chaos theory이라는 수학의 한 갈래가 그 열쇠를 쥐고 있다.

카오스는 무질서한 상태를 의미한다. 질서정연한 상태를 가리키는 코스모스와 반대다. 이 같은 구분은 천체가 규칙적으로 움직이는 것이 신이 우주를 설계한 증거라고 믿었던 초기 천문학자들의 발상에서 나온 것이었다. 카오스와 코스모스를 구분하기는 쉽다. 코스모스는 밤하늘에 뜬 별들이 예측 가능한 자리에 배열된 모습이라고 생각하면 된다. 고대 뱃사람들은 이 별자리를 예측할 수 있었고 당시에는 이것이 무척 유용한 기술이었다. 별이 뜬 위치와 별자리 지도를 비교할 줄 알면 망망대해 한가운데에 떠 있어도 자신의 위치를 정확히 파악할 수 있었다.

이와 반대로, 카오스는 이제 막 걸음마를 뗀 말썽꾸러기 아기가 막 다녀간 백사장과 비슷하다. 이 아기는 갑자기 나타나 5분 전에 다른 아이들이 만들어 놓은 모래성을 사정없이 망가뜨려 놓는다. 아기가 무너뜨린 모래성은 수많은 모래 사이로 순식간에 흩어져 그 흔적조차 가늠할 수 없게 된다. 질서정연한 원칙이나 규칙에 따라 행동하는 것이 아니라 무작위적으로 행동하는 것이다 보니 그 결과도 예측하기 어렵다(눈에 보이는 건 전부 없앤다는 규칙이 아니라면 말이다).

날씨도 이 모래밭에 가깝다. 계절의 변화나 그에 따른 기온은 예측하기 쉽지만, 한 날만 콕 집어 말하라고 하면 성미 급한 세 살배기 딸이 내키는 대로 행동하는 것처럼 예측이 어렵다. 하지만 물리적 세계에 관한 연구가 깊어지면서 겉으로는 무질서하고 무작위적으로 보이지만 알고 보면 질서 정연한 경우가 많다는 사실이 밝혀졌다. 관련 정보를 미리 알고 있으면 실상 많은 일이 예측 가능하다.

예컨대 동전 던지기의 결과는 순전히 운에 달려 있는 것처럼 보인다. 하지만 동전의 무게와 던져 올릴 때의 힘, 대기의 습도 등 관련 조건을 모두 꿰고 있고 그 원리를 알고 있다면 동전을 던지기 전에 어느 면이 나올지 정확히 예측할 수 있다. 수학자들은 이를 결정계deterministic system라 한다. 이는 특정 시점에서 사물의 상태가 그 시점까지 일어난 사건들에 의해 전적으로 결정되며 실제로는 무작위성이 전혀 개입되지 않는 것을 말한다.

수학자들은 이런 상황도 카오스로 간주한다. 주사위 던지기나 날씨 변화와 같은 하나의 계system는 무작위성이 전혀 나타나지 않더라도 '혼돈한chaotic' 양상을 보일 수 있다. 이는 완전히 새로운 시각이다. 쉽게 말하면 아기가 수많은 모래 알갱이 하나하나를 각각 어디에 배치할지 마음속으로 미리 정해 두고 모래밭에 들어간 다음 정확히 원했던 결과를 얻기 위해 미리 짜 놓은 행동을 의도적으로 하는 것이라는 뜻이다. 그게 과연 가능한 일일까?

이를 이해하려면 수학에서 매우 중요한 개념인 '사상map'부터 살펴봐야 한다.

수학에서 말하는 map사상은
길을 찾을 때 쓰는 map지도과 다르지만
서로 다른 것들의 관계를 보여 준다는 공통점이 있다.

가령 지하철 노선도는 철도망 내에 정차역들이 어떻게 연결돼 있는지를 보여 주고(지하철역들의 관계), 길거리 지도는 장소 간 거리와 상대적인 방향을 보여 준다(지리적 위치의 관계). 수학에서 사상寫像은 하나의 수가 특정 연산을 거쳐 다른 수로 바뀌는 과정을 통해 수들이 어떤 관계를 맺고 있는지를 보여 준다.

일상에서 쓰는 지도는 우리가 잘 의식하지 못하는 일련의 다양한 규칙에 따라 제작된다. 예를 들어 길거리 지도를 만들 때는 축척을 활용한다. 실제 거리를 지도상에서는 일정 비율로 줄여서 나타내는 것이다('지도상의 거리(1): 실제 거리'의 비례식으로 표현한다). 열차 노선도는 이 규칙을 따르지 않는다. 노선도상에서는 두 정차역이 바짝 붙은 것처럼 보여도 실제로는 상당히 떨어져 있다. 사상도 나름의 규칙에 의해 수들의 관계가 결정된다.

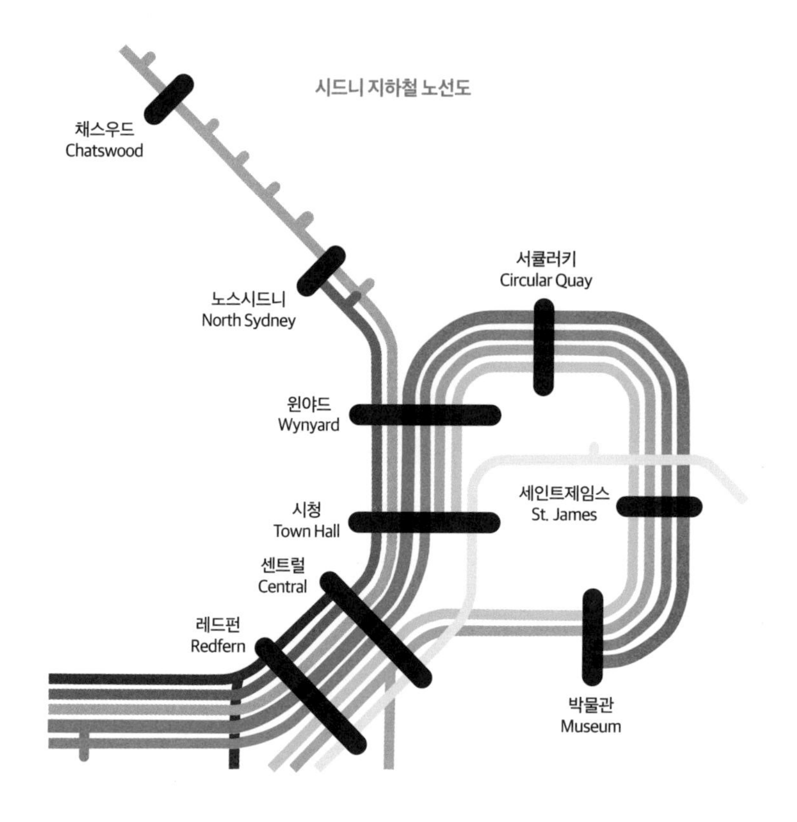

다음 수식을 보면 사상의 개념을 더 자세히 이해할 수 있다.

$$x_n \times 2 = x_{n+1}$$

*x_n(값), n(반복)

이 수식은 아무 수(x_n)를 골라 2를 곱하면 그다음 수(x_{n+1})를 얻을 수 있음을 의미한다. 이를 거듭하면(이 단계를 반복iteration이라 한다) 사상을 따라갈 수 있다. 가령 3으로 시작하면 사상은 이렇게 연결된다.

1단계	2단계	3단계	4단계	5단계	6단계	7단계
3	6	12	24	48	96	192

한 단계 나아갈 때마다 수가 2배가 되므로 이를 '곱절 사상doubling map'이라고 부른다. 4로 시작하면 어떨까?

1단계	2단계	3단계	4단계	5단계	6단계	7단계
4	8	16	32	64	128	256

이번에는 3과 4 사이의 수로 시작해 보자.

1단계	2단계	3단계	4단계	5단계	6단계	7단계
3.1	6.2	12.4	24.8	49.6	99.2	198.4
3.5	7	14	28	56	112	224
3.9	7.8	15.6	31.2	62.4	124.8	249.6

이 값들을 보고 예상했겠지만 곱절 사상은 예측이 매우 쉽다. 수가 조금씩 커지면 최종값도 조금만 커진다. 수가 확 커지면 최종값도 확 커진다. 세 개의 시작 숫자를 오름차순으로(작은 것부터 큰 것의 차례로) 정렬하면 최종값 역시 오름차순으로 정렬될 것이다.

1단계	… 중간 단계 …	7단계
3		192
3.1		198.4
3.5		224
3.9		249.6
4		256

이를 알고 있으면 시작하는 수만으로도 마지막 수를 추정할 수 있다. 가령 5로 시작한다면 어떻게 될까? 아니, 6으로 시작한다면? 이보다 더 큰 수인 10으로 시작한다면 마지막 수는 얼마일지 생각해 보자. 지금쯤 몇몇 독자들은 첫 번째 수에 바로 64를 곱해 마지막 수를 곧장 계산해 낼 것이다. 시작 수가 10이면 최종값은 640이 된다.

이 예를 통해 알 수 있는 사실은 시작 수, 즉 수학자들이 흔히 초기 조건 initial condition이라 부르는 것만 알면 신뢰할 만한 최종값을 예측할 수 있다는 것이다. 이 사상은 규칙이 그다지 복잡하지 않아서 쉽게 이해할 수 있다.

이제 오른쪽 페이지에 제시된 사상의 시작 수와 최종값의 쌍을 한번 살펴보자.

이 사상의 수들은 볼수록 혼란스럽다. 일단 시작 수 간 차이는 미미할 만큼 적다. 다음 수로 넘어갈 때 겨우 10,000분의 1이 증가할 뿐이다. 반면 최종값의 차이는 매우 크다. 초기 조건의 변화는 미미한 수준인데도 여러 단계를 거치면서 최종값의 차이는 수천 배로 커졌다. 게다가 시작 수들의

시작 숫자	… 중간 단계 …	최종값(근사치)
0.0001		0.243
0.0002		0.880
0.0003		0.477
0.0004		0.174
0.0005		0.604

순서는 오름차순으로 정렬되는데 최종값은 그렇지 않다. 시작 수가 커졌을 때 최종값도 그에 따라 증가하긴 하지만 증가폭은 무작위적이다. 최종값이 증가하는 것이 아니라 오히려 감소하는 경우가 더 많아 보인다. 대체 왜 이런 결과가 나타난 걸까?

이런 경우는 로지스틱 사상logistic map에서 볼 수 있다. 왠지 복잡한 부호와 불가사의한 수식이 뒤섞인 난장판을 떠오르게 하는 이름이지만 알고 보면 매우 간단한 개념이다.

$$4x_n \times (1 - x_n) = x_{n+1}$$

*x_n(값), n(반복)

여기에는 생략돼 있지만 시작 숫자와 최종값 사이의 중간 단계들을 자세히 들여다보면 이러한 혼돈을 일으키는 로지스틱 사상이 더더욱 흥미롭게 느껴진다. 이 표에 제시하지 않은 중간 단계들을 포함시키면 다음과 같은 패턴이 나타난다.

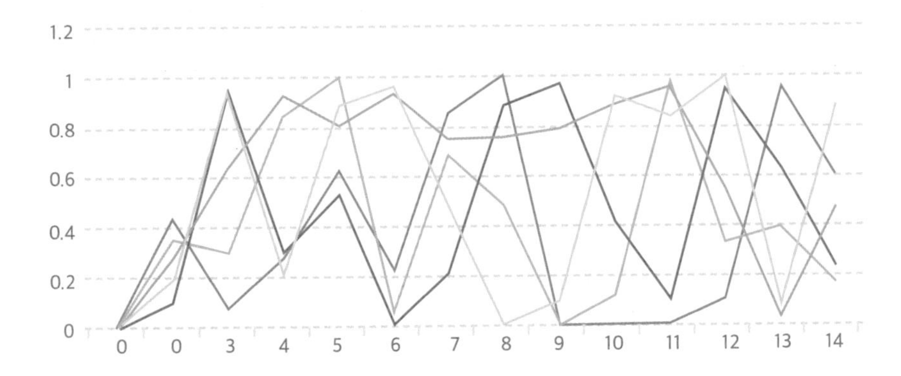

여기서는 각 선을 구분하기 쉽도록 각기 다른 음영으로 표시했는데, 시작 수가 작을수록 더 진한 선으로, 시작 수가 클수록 더 연한 선으로 나타냈다. 앞선 표에서 본 것처럼 각 단계의 시작 수 간 차이는 매우 미미하기 때문에 각 선이 하나의 점에서 함께 출발하는 것처럼 보일 것이다. 왼쪽에서 오른쪽으로 진행되는 들쭉날쭉한 선을 보면 각 단계별 값과 최종값이 혼돈스러운 양상을 보인다는 것을 알 수 있다. 자세히 보면 시작 수에 대수 규칙을 반복적으로 적용해 이 수를 변환한다는 것을 알 수 있다. 수를 한 번 변환한 뒤 그 결과를 같은 공식에 또 적용해 계속해서 새 값을 구해 나가는데, 이는 새 결과가 이전 단계에 의존한다는 것을 보여 준다.

로지스틱 사상은 수학적 카오스의 전형적인 예다. 카오스의 핵심적인 특징, 즉 초기 조건에 매우 민감하다는 것을 보여 주기 때문이다. 시작 수에 미세한 변화만 생겨도 매우 불규칙한 양상으로 진행된다. 시작 수가 0.0001(진한 선)과 0.0002(연한 선)일 때 심하게 들쭉날쭉하는 혼돈 양상을 그림으로 나타내면 다음과 같다.

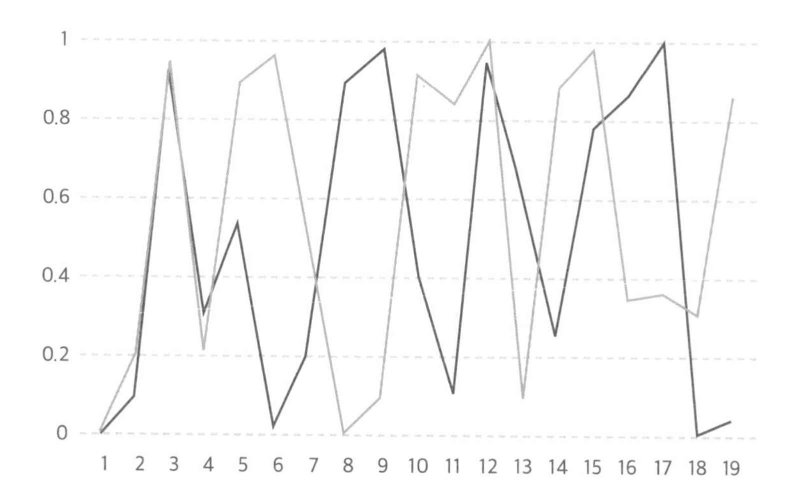

초기 조건에 대한 민감성을 다른 말로 나비 효과라고도 한다. 이는 나비의 작은 날갯짓(즉, 초기 조건에 아주 미세한 변화가 일어나면)이 대기의 흐름을 바꿔 지구 반대편에 태풍을 일으킬 수도 있다는 이론이다. 그토록 작은 생명체가 엄청난 변화를 일으킬 수 있다는 발상이 말도 안 되는 것처럼 들리겠지만 이 이론은 기상예보관들이 날씨를 예측하는 데 어려움을 겪는 이유를 설명해 준다.

일기예보가 틀리는 이유는 전 세계의 나비를 추적할 수 없어서가 아니라 측정 도구의 한계 때문이다. 세계 각국의 기상청들은 기압, 기온, 습도, 풍속, 근처 해류 등 현재 기상 상황에 대한 데이터를 수집하고 이를 수학적 모델(사상)에 대입해 향후 며칠 동안의 날씨 변화를 예측한다. 하지만 이 모델이 아무리 정확하다 하더라도 데이터에는 오차가 있을 수밖에 없다.

정확성에 한계가 있다는 말이다. 가령 0.0001°C처럼 소수점 넷째 자리의 오차 범위 내에서 기온을 예측한다 해도 로지스틱 사상에서 확인했듯 단 0.0001°C의 오차도 몇 단계만 거치면 엄청난 변화를 일으킬 수 있다.

0.0001과 0.0002의 그래프를 보면 이러한 변화가 실제로 어떻게 나타나는지 짐작할 수 있다. 실제 기온은 25.0002°C인데 온도계는 25.0001°C를 가리킨다고 치자. 연한 선은 실제 기온 변동을 나타내고 진한 선은 우리가 예측하는 기온 변동폭을 보여 준다. 왼쪽에서 오른쪽으로 이동하는 각 단계를 하루라고 치면 첫 3일은 완전히 겹치지는 않아도 거의 붙어 있다. 즉, 일기예보가 꽤 정확한 편이라는 의미다. 하지만 4일째가 되면 완전히 달라진다. 미세한 차이가 큰 변화를 일으켜 예측한 기온과 실제 기온이 서로 무관해 보일 만큼 차이가 점점 더 커지는 것이다.

14장

수학자가 삼각형을 좋아하는 이유

12장에서는 퀸컹크스의 원리를 통해 정규 분포의 개념을 알아봤다. 퀸컹크스의 칸이 아무리 많고 구슬이 떨어지는 경로가 무작위적이라 해도 어느 칸에 가장 많이 떨어지는지를 정확히 예측할 수 있었다. 핀이 수백, 수천 개로 늘어나거나 칸이 계속 늘어나도 상관없다. 각 칸으로 향하는 경로의 수를 모두 나타낼 수 있고 무작위성의 기본 성질, 즉 모든 경로를 지나갈 확률이 전부 같다는 것만 알면 간단히 예측 가능하다.

퀸컹크스의 확률 계산을 통해 나타난 정규 분포의 흥미로운 패턴에 다시 주목해 보자. 우리는 5칸으로 나뉜 퀸컹크스의 경우 왼쪽부터 오른쪽까지 각 칸에 구슬이 떨어지는 경로의 수는 각각 1, 4, 6, 4, 1개라는 것을 알아냈다. 칸의 개수가 9개로 늘어나면 경로의 수는 각각 1, 8, 28, 56, 70, 56, 28, 8, 1개가 된다.

이렇게 칸의 수를 늘리며 계산해 얻은 숫자들은 다음 그림처럼 삼각형 안에 배치할 수 있다.

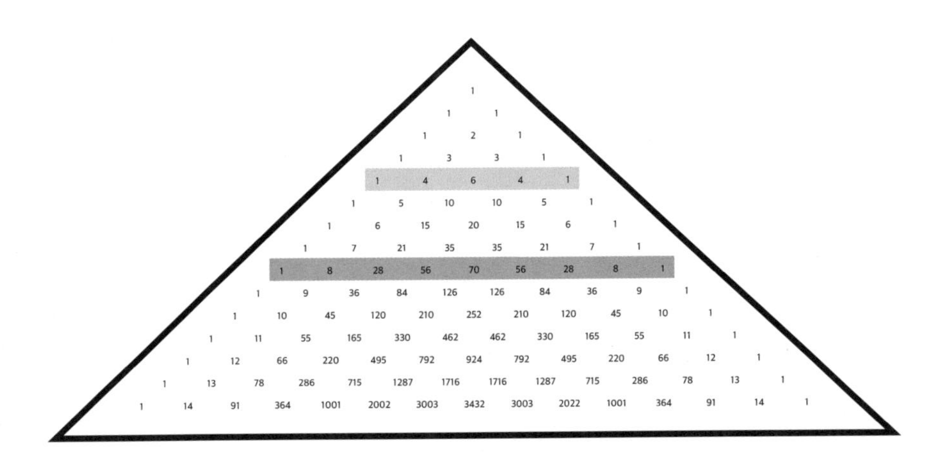

위에서 5번째 줄(연한 붉은색으로 표시)과 9번째 줄(진한 붉은색으로 표시)에는 각각 5개와 9개의 칸으로 나뉘어진 퀸컹크스에서 얻은 숫자들이 배열돼 있다. 숫자로 이루어진 이 복잡한 피라미드 형태는 인류 역사를 통틀어 다양한 문화권에서 여러 차례 발견되었고, 양휘楊輝, 송나라의 수학자의 삼각형, 수미산須彌山, 불교 우주론에서 세계의 중심에 솟아 있다는 상상의 산의 계단, 타르탈리아Tartaglia, 이탈리아의 수학자의 삼각형, 하이얌Khayyam, 페르시아의 수학자이자 천문학자 삼각형 등 다양한 이름으로 불린다. 지금 이 책을 읽고 있는 독자들은 파스칼의 삼각형으로 알고 있을 것이다.

파스칼의 삼각형은 퀸컹크스 없이도 쉽게 이해할 수 있다. 삼각형 꼭대기에 1이 있고, 그 아래에 있는 모든 수는 바로 위에 있는 두 수를 더한 값이다(삼각형의 왼쪽 끝이나 오른쪽 끝에 자리한 수의 경우 삼각형 바깥에 0이 있다고 생각하면 된다). 가령 9번째 줄의 숫자들은 바로 위 8번째 줄의 두 수를 합해 구한 값이다(7 + 21 = 28, 21 + 35 = 56 등).

시대와 문화를 막론하고 수학자들이 파스칼의 삼각형과 같은 형태를 거듭 발견하게 된 첫 번째 이유는 손쉽게 만들 수 있다는 점이다. 덧셈만 할 줄 알면 되니 초등학교 저학년도 쉽게 만들어 낼 수 있다(시간과 인내심만 있다면 말이다). 하지만 만들기 쉽다고 해도 가치가 없다면 아무런 소용이 없다. 이 삼각형이 오랫동안 사랑받아 온 두 번째 이유는 풍부한 다이아몬드가 매장된 광산과도 같아 삼각형을 만들 때만큼이나 많은 보물같은 패턴들을 쉽게 찾아낼 수 있다는 점이다. 가령 삼각형 안에서 찾을 수 있는 모든 짝수를 강조 표시하면 어떤 패턴이 나타나는지 보자.

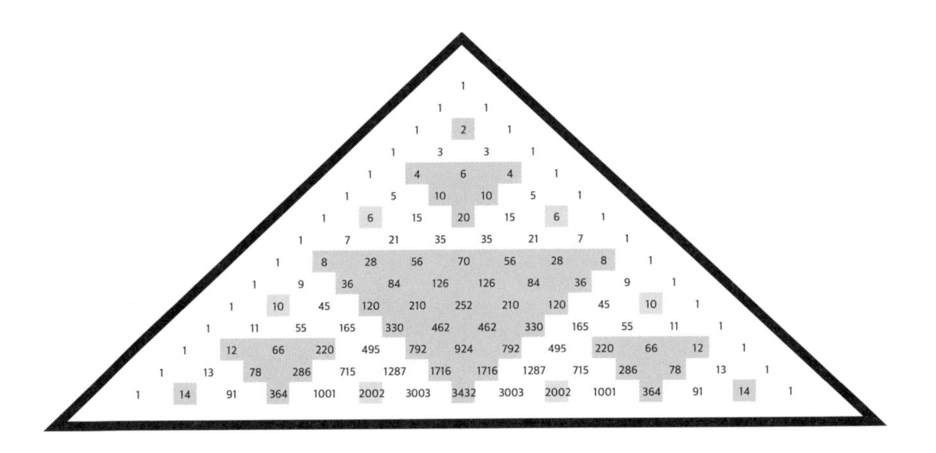

짝수만 흥미로운 패턴을 만들어 내는 것이 아니다. 3의 배수를 찾으면 아래와 같은 패턴이 드러난다.

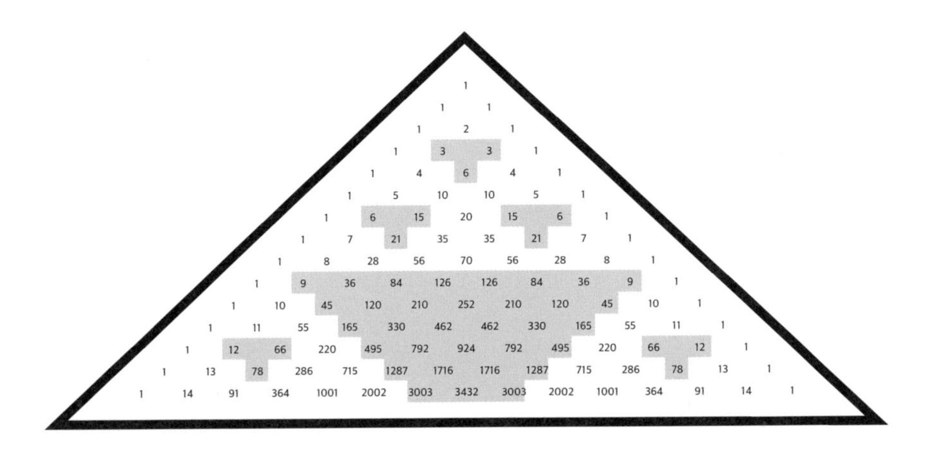

사실 모든 수의 배수가 같은 패턴을 흥미진진하게 변주한다. 이번에는 5의 배수를 찾아보자.

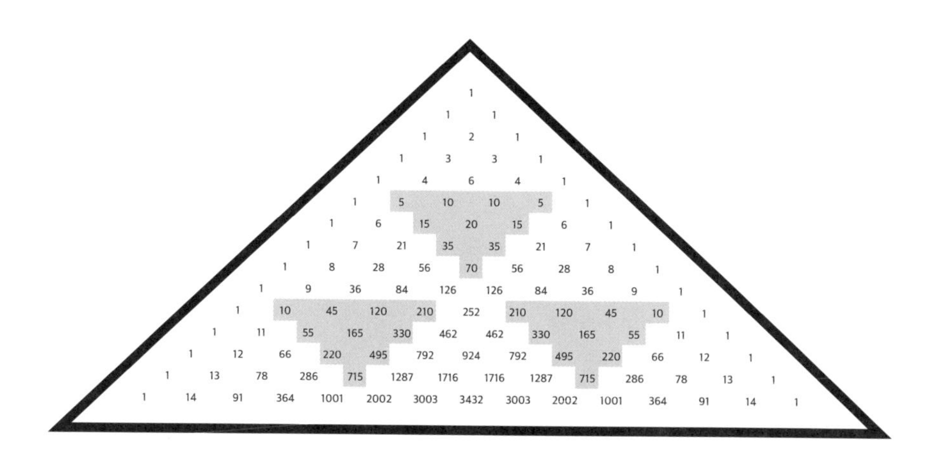

이러한 패턴의 삼각형은 '시에르핀스키Sierpinski, 폴란드의 수학자 삼각형'이라고 부른다. 앞서 살펴본 번개나 혈관처럼 자기유사성을 지닌 프랙털이다.

이런 식으로 찾다 보면 놀라운 패턴들이 더 드러난다. 가령 각 줄의 수를 더한 합은 맨 위에서부터 각각 1, 2, 4, 8, 16, 32,…이다. 즉, 이 합은 2의 제곱으로, 바로 위에 있는 줄의 수를 합한 값의 두 배다. 이번에는 사선으로 배치된 수들을 살펴보자.

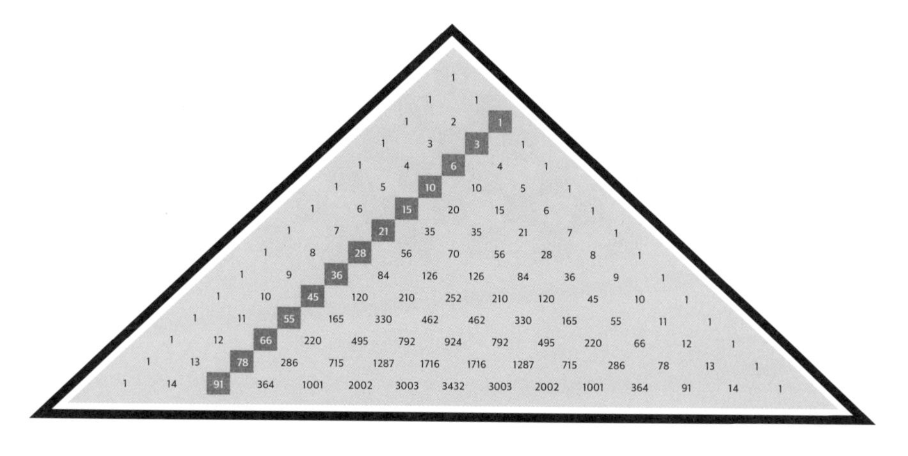

이 수들을 삼각수triangular numbers, 정삼각형을 이루는 점의 개수라고 한다. 3번째 대각선 줄의 1이 첫 번째 삼각수, 3이 두 번째 삼각수, 6이 세 번째 삼각수다. 다시 파스칼의 삼각형을 유심히 살펴보면 이 이름을 얻게 된 이유가 드러난다.

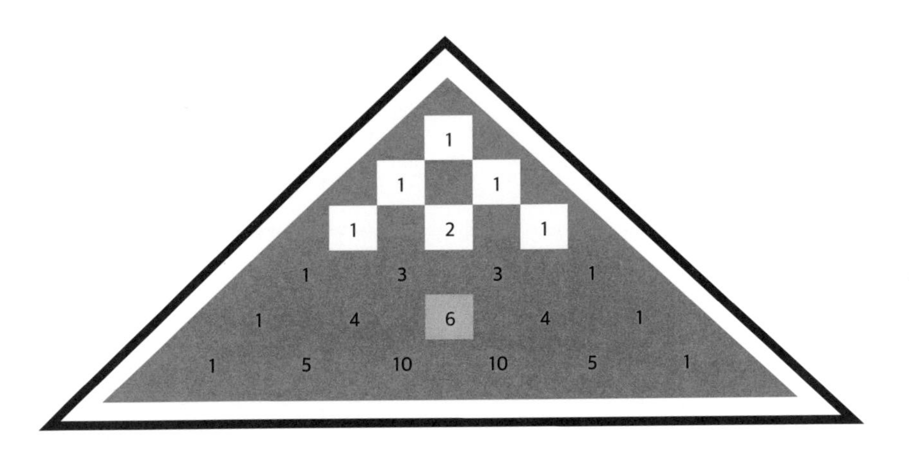

파스칼의 삼각형의 첫 세 줄에 있는 수의 개수가 바로 6이다. 21은 여섯 번째 삼각수로, 파스칼의 삼각형의 첫 여섯 줄에 있는 수의 개수가 21이다.

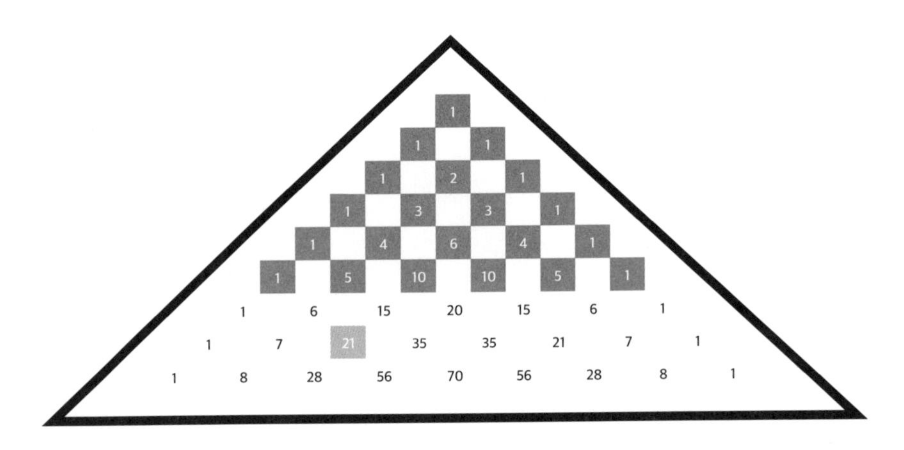

파스칼의 삼각형은 14장에서 살펴본 소수와도 특별한 관계가 있다. 가장자리의 1을 없애고 소수로 시작되는 줄을 보면 둘의 관계가 드러난다.

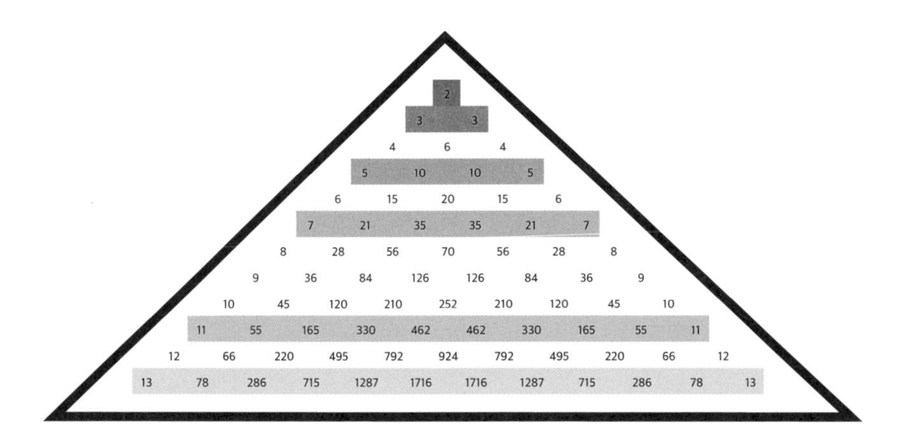

색으로 표시한 줄에서 가장자리를 제외한 수들은 공통점이 있다. 바로 각 줄 맨 앞뒤에 있는 수의 배수가 이어지고 있다는 점이다.

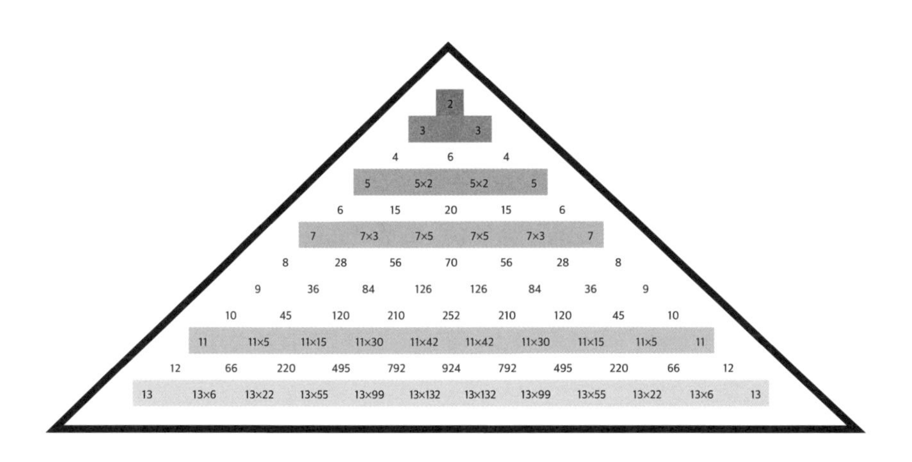

이 삼각형은 왜 중요한 걸까?

이렇게 생각해 보자. 파스칼의 삼각형은 수학의 컬리넌Cullinan 다이아몬드와 같다. 이 다이아몬드는 질량이 3,106.75캐럿에 육박한다. 지금껏 발견된 다이아몬드 원석 중 가장 크다. 이 다이아몬드의 가장 놀라운 특징은 열, 압력, 시간 등을 견뎌 내며 단 하나의 물질(탄소 원자)에서 자연스럽게 형성됐다는 것이다.

이와 마찬가지로 파스칼의 삼각형도 가장 단순한 숫자인 자연수(16장 참조)로만 이루어져 있다. 게다가 그다지 머리를 쓸 필요가 없는 간단한 덧셈으로 만들어진다. 아무리 봐도 정교하고 세심하게 설계된 체계를 바탕으로 한 것 같지는 않다. 하지만 컬리넌 다이아몬드가 그렇듯 예술가나 건축가가 경탄할 만한 아름다움을 지니고 있다. 다른 각도에서 들여다보면 새로운 패턴과 또 다른 깊이가 드러나기 때문이다. 파스칼의 삼각형에 숨어 있는 단순하고 풍부한 패턴들은 수학을 탐구하는 이들에게는 머지 않아 발견될 보물이나 다름없다.

15장

우주가 수학을 만날 때

머릿속에 별 하나를 떠올려 보자.

어떤 모양인가?

대다수는 뾰족한 끝부분이 바깥쪽으로 향하는 형태를 떠올릴 것이다.

우리는 별 모양을 이렇게 가르치고 아이들의 머릿속에도 이런 형태로 각인된다. 우리가 초등학교 때 배운 천체의 별도 다음과 같은 표족한 모양이다.

성인이 되고 나서도 우리는 변함 없이 이 모의에 적극 공모한다. 이렇게 생긴 해양 생물을 starfish불가사리라고 부르는 것도 한 가지 예다.

전 세계 여러 나라의 국기에도 이 익숙한 모양의 '별'이 그려진 경우가 많다. 가령 미국 국기는 별 모양이 많이 들어가 있다는 이유로 별 성星 자를 써서 '성조기星條旗'라 부른다.

하지만 이 모두가 사실과 다르다.

우주에는 뾰족한 모양의 별이 하나도 없다. 다음 사진이 그 증거다.

이름은 '별'인데 '별 모양'이 아니다?

사실 별(항성)은 공 모양sphere이다. 이는 중심부에서 끌어당기는 중력 때문이다. 중력은 항성의 중심을 기준으로 거리에 대해 모든 방향에서 똑같이 작용하는데, 이 중력이 주변 물질을 항성 안쪽으로 끌어와 덩어리를 형성한다. 거리에 따라 일부 항성은 중력이 약해 물질을 더 이상 끌어오지 못하는데, 이때 항성의 둥근 형태와 질량이 결정된다(2차원 평면에서는 원형, 3차원에서는 입체적인 구球 형태라 한다).

왜 인류는 지금껏 이런 과학적인 사실을 간단히 무시하고 이토록 고집스럽게 둥근 모양과는 기하학적으로 정반대인 뾰쪽하고 가시 돋친 형태로 별을 표현해 온 걸까?

이 질문에 답하려면 도형을 연구하는 학문인 기하학과 천체 연구가 어떤 접점이 있는지부터 살펴봐야 한다. 밤하늘에 떠 있는 별은 인류의 상상력과 지적 호기심을 자극하는 원천이었으며, 인간은 자연스레 별에 다양한 의미를 부여해 왔다. 점성술의 허구적인 이야기를 통해서나 현대과학의 체계적인 설명을 통해서나 인간은 늘 별의 중요성을 믿어 의심치 않았으며 그런 면에서 수백 년간 수학을 통해 천체를 이해하려는 노력을 경주해 온 것도 어찌 보면 당연한 일이었다.

각도를 예로 들어 보자. 한 바퀴가 360도라는 것은 이제 상식이다. 그래서인지 '180도 바뀌다'라는 표현은 '완전히 달라지다, 돌변하다, 거꾸로 뒤집다'를 뜻하는 관용어구로 쓰이기도 한다. 그런데 왜 360도일까? 누가,

왜 그렇게 정한 걸까? 우리 머릿속에 워낙 깊이 각인돼 있다 보니 한 바퀴를 나타내는 다른 표현법을 쉽게 생각해 내지 못한다. 물론 다른 표현도 있다. 가령 일부 유럽 국가에서는 한 바퀴를 400그레이디언gradian으로 표현한다. 이 방법이 우리가 쓰는 십진법에도 더 잘 들어맞는다. 직각을 나타내는 4분의 1바퀴는 정확히 100그레이디언으로 나타내는데, 익숙하지만 다소 자의적인 90도보다 훨씬 더 그럴듯하다.

인류가 고대 시대부터 한 바퀴를 360도로 인식한 배경에 대해서는 정확히 알려진 바가 없다. 다만 다음과 같은 두 가지 설이 매우 유력하게 거론되고 있다.

첫 번째 가설은 인수factor와 관련이 있다. 인수는 하나의 수를 나머지 없이 딱 맞아떨어지게 나누는 수다. 가령 숫자 10은 1, 2, 5, 10이라는 4개의 인수를 가진다. 쉽게 말해 10으로 이루어진 묶음 1개, 5로 이루어진 묶음 2개, 2로 이루어진 묶음 5개, 1로 이루어진 묶음 10개로 나눌 수 있다는 뜻이다.

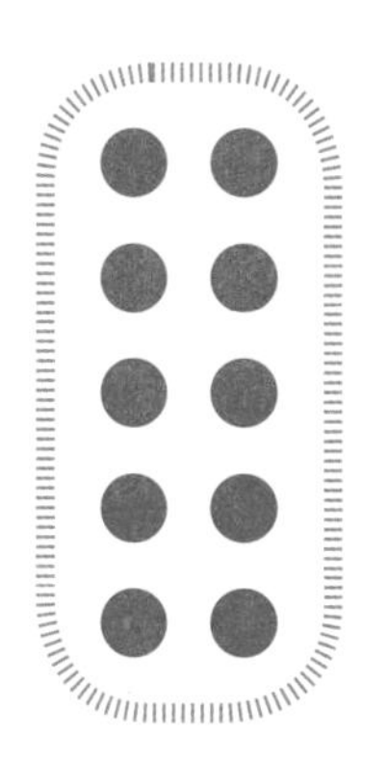 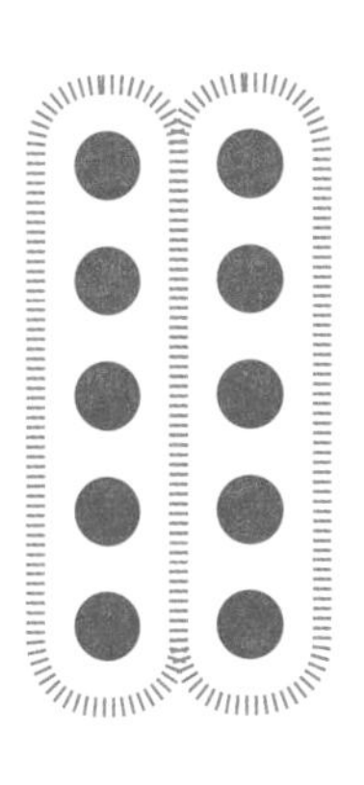 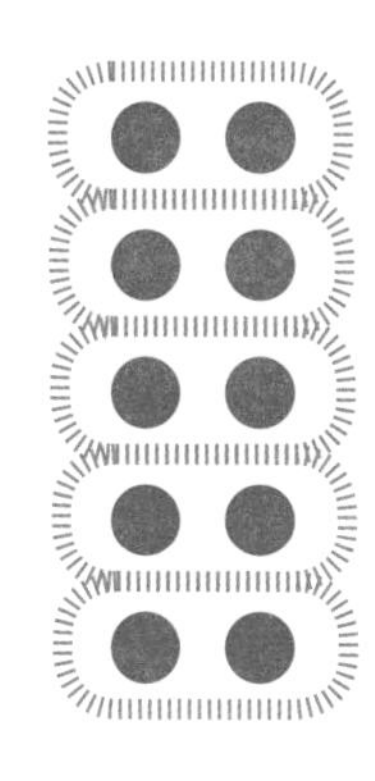 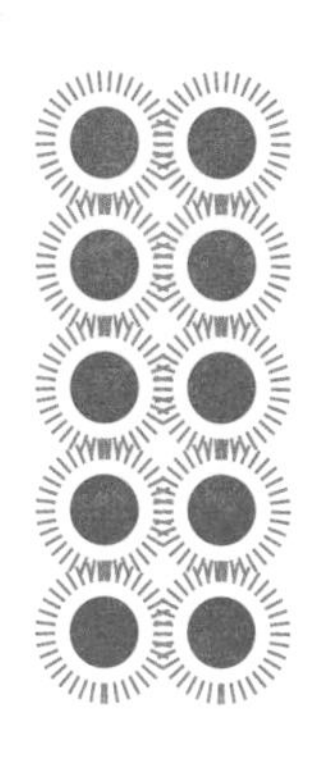

하나의 수가 많은 인수를 갖는다는 것은 균등한 여러 무리로 나눌 수 있다는 것을 의미한다. 회전 각도로 치면 360도를 정수로 나눠 여러 각도로 딱 떨어지게 표현할 수 있다는 말이다. 가령 반 바퀴는 180도, 3분의 1바퀴는 120도다. 하지만 십진법에서는 3으로 나눌 수 없다. 3은 10의 인수가 아니기 때문이다. 3분의 1바퀴를 그레이디언으로 변환하면 133.333333……그레이디언이라는 애매한 수가 나온다.

360의 인수는 몇 개일까? 엄청나게 많다! 7을 제외한 1에서 10까지의 수는 모두 360의 인수다(그리고 360은 이러한 성질을 가진 가장 작은 수다). 직접 계산해 보면 360의 인수가 정확히 24개임을 알 수 있다. 바로 앞의 수인 359의 인수가 2개, 바로 뒤의 수인 361의 인수가 3개밖에 없다는 점을 생각하면 놀라운 개수다.

요컨대 360도를 쓰는 첫 번째 이유는 여러 개의 덩어리로 깔끔하게 나누어떨어진다는 점 때문이다. 그렇다면 두 번째 이유는 뭘까? 이는 별과 관련이 있다. 인류는 수백 년간 별을 지도 삼아 바다를 항해했다. 위치를 알려 줄 만한 물리적 지형지물이 없는 바다에서 선원들은 유일하게 변하지 않는 것, 즉 머리 위의 하늘을 보고 자신들의 위치를 알아냈다.

하지만 천체에 의존해 위치를 가늠하던 선원들은 이윽고 한 가지 문제에 당면한다. 바로 별들도 움직인다는 것이었다. 아니, 움직이는 것처럼 보인다는 것이었다. 이는 망원경이 없어도 몇 시간 동안 하늘을 유심히 관찰하다 보면 육안으로 충분히 확인 가능하다.

별이 움직이는 것처럼 보이는 이유는 지구가 멈춰 있지 않기 때문이다. 우선 지구는 팽이처럼 중심축을 따라 자전한다. 쉽게 비유하면 회전목마

를 타고 바라보는 것과 비슷하다. 회전목마를 타고 계속 움직이는 상태에서는 눈에 들어오는 주변 환경의 범위도 계속 바뀌기 때문에 가만히 있어도 움직이는 것처럼 보인다. 밤하늘을 오랜 시간 동안 촬영하면 동심원을 그리며 빙글빙글 도는 것처럼 보이는 별의 궤적을 카메라에 담을 수 있다.

하지만 움직이는 것은 별이 아니라 우리다. 실제로는 지구가 중심축을 따라 자전하기 때문에 지구 위에 선 우리도 시점이 계속 바뀌는 것이다.

정해진 위치에서 별 사진을 찍고 한 시간 뒤에 같은 위치에서 다시 사진을 찍으면 별의 위치가 달라진 것을 볼 수 있다. 하지만 24시간 뒤에는 전날 처음 관측했던 그 자리에 '거의 돌아온' 것처럼 보일 것이다.

그런데 이 말은 절반은 맞고 절반은 틀리다. 지구가 축을 중심으로 자전하는 동시에 태양의 주위를 공전하기 때문이다. 따라서 매일 정확히 자정에 밤하늘의 사진을 찍어서 본다면 지구의 공전 때문에 별의 위치도 매번 조금씩 달라진 것처럼 보일 것이다.

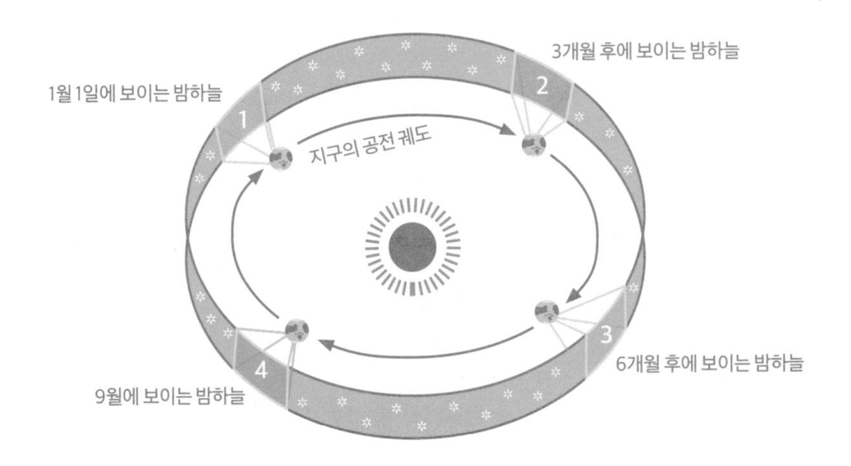

하지만 얼마간 시간이 흐르고 나면 출발 지점으로 돌아온다(태양을 기준으로 하면 그렇다. 태양도 공전하고 있기 때문에 실제로는 원래 있던 곳에서 수백만 킬로미터 떨어지게 된다). 그 시간이 얼마냐고? 지구가 태양 주위를 한 바퀴 도는 데 걸리는 시간은 우연히도 360일을 조금 넘는다.

지구의 궤도를 360으로 나누는 이유로 이보다 타당한 것이 또 있을까 싶다. 나누기에 딱 좋은 수일뿐더러 별의 움직임(그렇게 보이는 것)도 마치 짠 것처럼 한 바퀴 각의 크기인 360도와 들어맞는 듯하다.

각도를 측정하는 표준적인 방법이 등장하면서 우리가 사는 세상에 관한 놀라운 비밀들도 하나둘 밝혀지기 시작했다. 예컨대 고대 그리스의 수학자 에라토스테네스Eratosthenes는 각도에 관한 기초 지식을 이용해 지구의 둘레를 놀라울 만큼 정확히 계산했다.

어느 날 에라토스테네스는 자신이 살던 알렉산드리아Alexandria의 남쪽에 있는 도시 시에네Syene에 사는 친구에게서 편지 한 통을 받았다. 편지에는 하지夏至, 태양의 고도가 90도에 이르러 연중 낮이 가장 긴 날 정오에 매우 깊은 우물 속을 내려다봤더니 머리 바로 위에 뜬 태양이 완전히 가려진 상태에서(햇빛이 수직으로 떨어져) 수면에 자신의 모습이 그대로 비쳤다고 적혀 있었다.

지구가 구 모양이라는 것이 훨씬 뒤에 밝혀졌다는 속설이 있지만 사실 에라토스테네스는 이를 이미 알고 있었다. 그의 추론은 뜻밖에도 단순했다. 달에 비치는 지구의 그림자는 언제고 둥글다. 모든 방향에서 둥근 그림자를 드리운다면 당연히 구 형태밖에 없다. 그래도 지구의 정확한 크기는 그때까지 아무도 알지 못했다.

이 수수께끼는 에라토스테네스가 친구에게서 받은 편지 덕분에 풀렸다. 그는 친구의 말대로라면 하짓날 정오에 태양이 시에네의 바로 위에 떠 있으리라고 짐작했다.

에라토스테네스는 또 다른 관찰 결과도 덧붙였다. 그는 알렉산드리아에서 하지 정오에 해가 비스듬히 비칠 때 땅에 수직으로 꽂아 둔 막대기가 드리우는 그림자를 관찰했더니 막대기의 위쪽 끝과 이 그림자의 끝을 잇는 직선이 막대와 7.2도의 각을 이룬다는 사실을 확인했다.

에라토스테네스와 달리 여러분은 이게 무슨 말인지 곧장 이해가 안 될지도 모르겠다. 나도 그랬으니까. 수수께끼를 밝혀낸 에라토스테네스의 기하학적 추론을 지금부터 천천히 따라가 보자.

성냥개비 두 개와 성냥개비를 수직으로 고정하는 데 쓸 접착제, 작은 조명(손전등 등), 어두운 방만 있으면 여러분도 직접 에라토스테네스의 실험을 재현해 볼 수 있다.

접착제로 성냥개비 두 개를 평평한 표면에 수직으로 세운다. 암막 커튼을 쳐 햇빛을 차단하고 작은 조명을 켠다. 조명이 성냥개비 바로 위에서 수직으로 비치게 한 다음 각 성냥개비가 드리우는 그림자를 살펴보자.

처음에는 짧은 그림자가 보이다가 조명을 더 멀리 떨어뜨리면 그마저도 없어진다. 이는 정오에 태양이 머리 위에 바로 떠 있어 햇빛이 수직으로 떨어질 때와 같은 효과를 낸다. 태양(여기서는 조명)의 광선이 성냥개비의 머리 위쪽에 수직으로 떨어져 매우 짧은 그림자가 생기는 것이다.

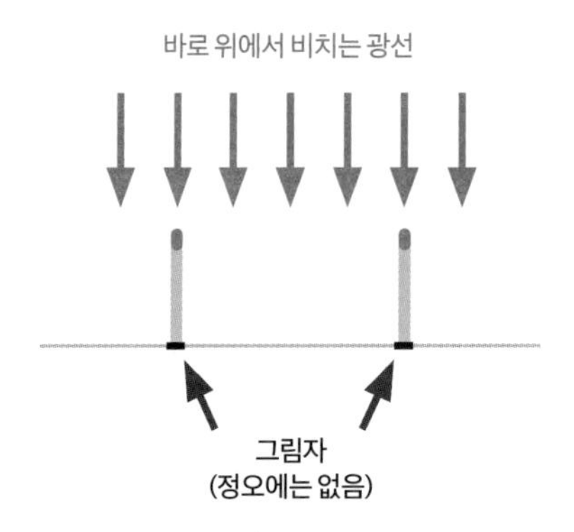

이제 조명을 성냥개비의 한쪽 편으로 이동시켜 그림자가 어떻게 바뀌는지 보자. 다음 그림처럼 그림자가 옆으로 길어진다. 늘 보는 일이니 당연하게 느껴질 것이다. 그런데 왜 길어지는 걸까? 이유를 알아챘는가? 그렇다. 성냥개비를 비추는 광선의 각도가 달라졌기 때문이다.

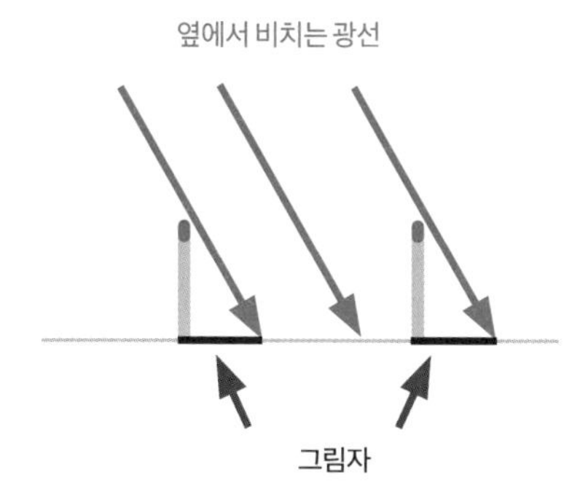

빛이 수직으로 비칠 때 두 성냥의 그림자 형태가 같았던 것처럼 비스듬히 비칠 때도 두 성냥의 그림자 형태가 같다. 두 성냥 모두 수직으로 한 방향을 향하고 있고 표면이 평평하다면 이처럼 늘 같은 형태의 그림자가 생긴다. 그런데 표면이 평평하지 않다면 어떻게 될까?

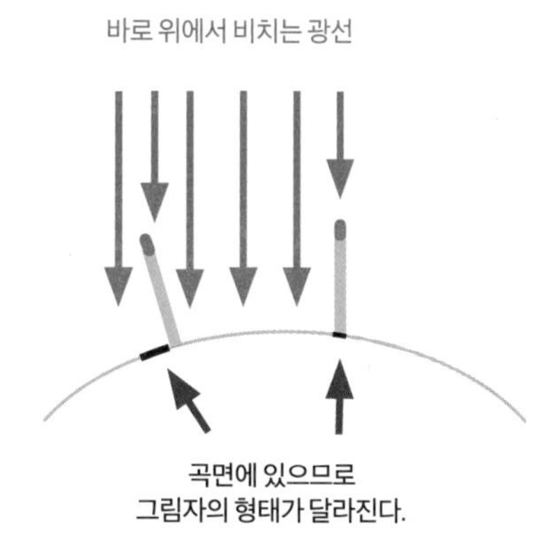

나는 축구공을 이용해 위와 같은 둥근 표면을 재현했지만 오목한 그릇을 뒤집어 사용해도 된다. 곡선 형태는 뭐든 상관없다. 위와 같이 둥근 표면에서는 두 개의 성냥개비가 수직으로 서 있어도 끝부분이 향하는 방향이 달라진다. 따라서 같은 시각에 빛이 똑같이 비쳐도 하나는 그림자가 생기고 하나는 생기지 않는다. 에라토스테네스는 친구의 서신과 자신의 관찰을 통해 이를 알아냈다. 그림자가 생기지 않은 성냥개비는 (태양이 바로 위에서 수직으로 내리쬐는) 시에네의 우물에 비친 친구의 모습이었고, 그림자가 생긴 성냥개비는 에라토스테네스가 알렉산드리아에 꽂은 막대기였다. 이 막대기는 수직이 아닌 비스듬한 방향을 향하고 있었던 것이다.

이제 축구공 위에 세운 성냥개비들을 보자. 두 성냥개비는 표면에 대해 각각 수직으로 서 있어 둘 다 축구공의 중심과 직선을 이룬다. 시에네에 있는 우물과 알렉산드리아의 막대기 역시 각 위치에서는 수직으로 서 있으며, 따라서 지구의 중심과 직선을 이룬다.

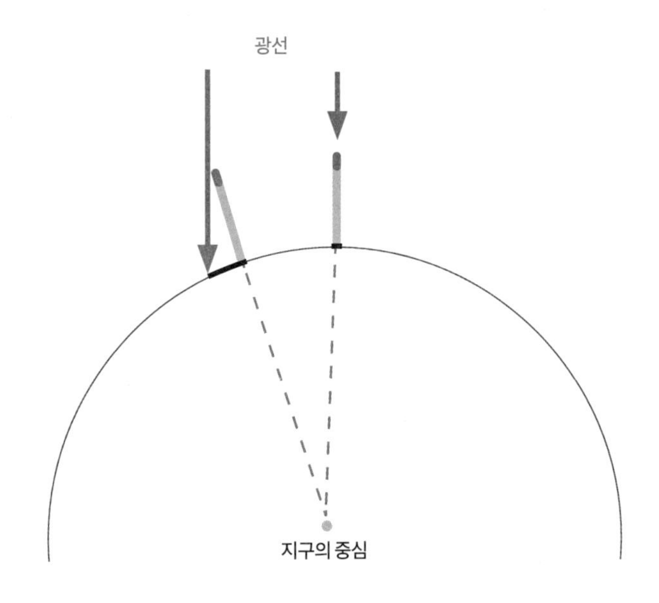

기하학적 추론을 적용하면 이 간단한 사실을 통해 지구의 둘레를 계산할 수 있다. 에라토스테네스가 수직으로 세운 막대기의 끝과 그 그림자의 끝을 연결할 때 생기는 7.2도의 각도는 막대기(알렉산드리아)와 우물(시에네)에서 지구의 중심까지 연장한 두 직선이 이루는 각도와 정확히 일치한다. 즉, 시에네와 알렉산드리아에 비치는 두 햇빛이 평행하고(AB와 CD로 표시) 이 "두 직선이 다른 한 직선(막대기에서 지구 중심까지 연장한 선)과 만났을 때 생기는 두 엇각은 서로 같다." 아마도 지금쯤이면 학창 시절에 배웠던 평행선의 기하학적 성질이 떠오를 것이다.

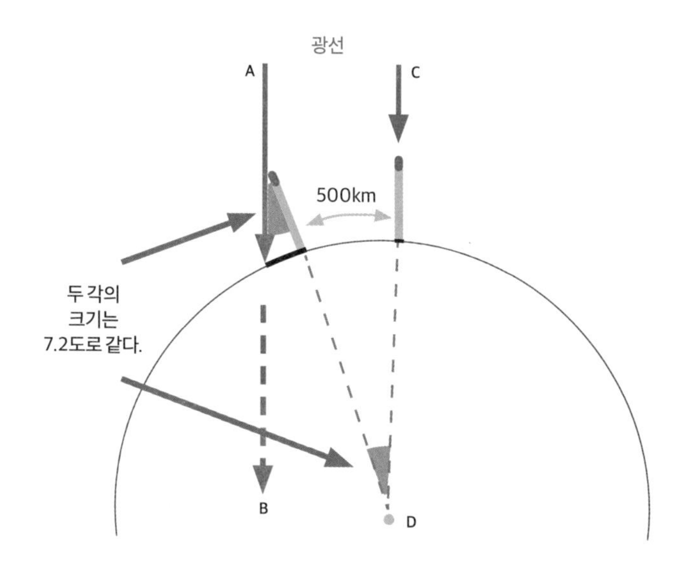

7.2도는 정확히 한 바퀴(360도)의 50분의 1이다. 알렉산드리아와 시에네의 거리를 알면 이 거리에 50을 곱해 지구 전체의 둘레를 구할 수 있다는 뜻이다.

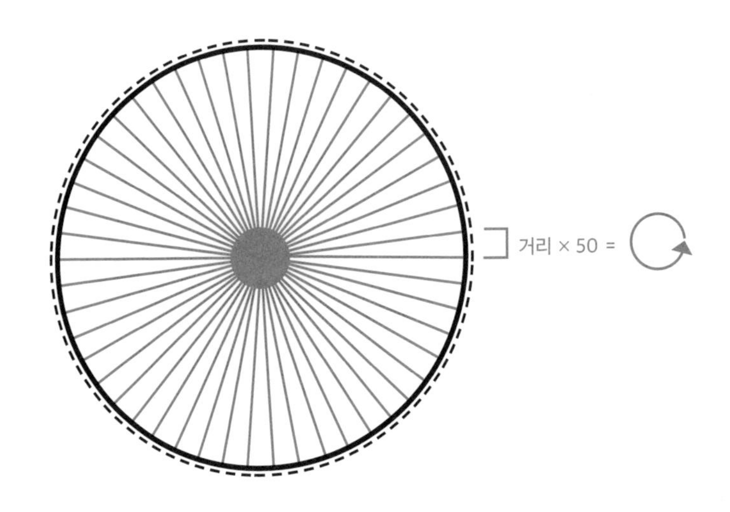

에라토스테네스는 두 지점 사이의 거리를 알고 있었다. 당시 상인들이 꼼꼼하게 측정한 교역로였기 때문이다. 그는 두 지점의 거리에 50을 곱해 지구의 둘레는 44,100킬로미터라고 계산했다. 실제 측정값과 10퍼센트 오차가 있긴 하지만 2천여 년 전이었음을 고려하면 꽤 근접한 수치다. 게다가 에라토스테네스는 서재를 한 발짝도 벗어나지 않고 이 수수께끼를 풀었다.

가장 가까운 별인 태양 덕분에 지구의 둘레를 측정할 수 있었지만 결국 지구가 둥근 형태이기 때문에 가능한 일이었다. 이제 다시 처음의 질문으로 돌아가 보자. 태양과 같은 별들이 실제로는 지구처럼 둥근데도 우리는 왜 가시가 돋아난 것처럼 뾰족한 형태라고 생각하는 걸까?

이 질문에 대한 답은 아름다우면서도 놀랍다.

태양을 제외한 모든 별은 어둠과 대비돼 밝게 빛나는 매우 작은 점처럼 보인다. 별빛이 돌기처럼 뾰족하게 뻗어 있는 이유는 빛이 우리 눈에 도달하는 과정에서 휘어져 퍼져 나가기 때문이다. 빛이 이동하는 도중 방해물을 만나면 번지는 것처럼 왜곡되고, 어떤 형태의 방해물을 만나느냐에 따라서 왜곡의 양상도 달라진다. 가령 빛이 나아가면서 다음과 같은 직선 형태의 좁은 틈을 만나면 이 빛의 일부가 이를 통과하면서 퍼져 나가거나 방해물의 모서리에서 휘어지면서 뒤에까지 전파된다.

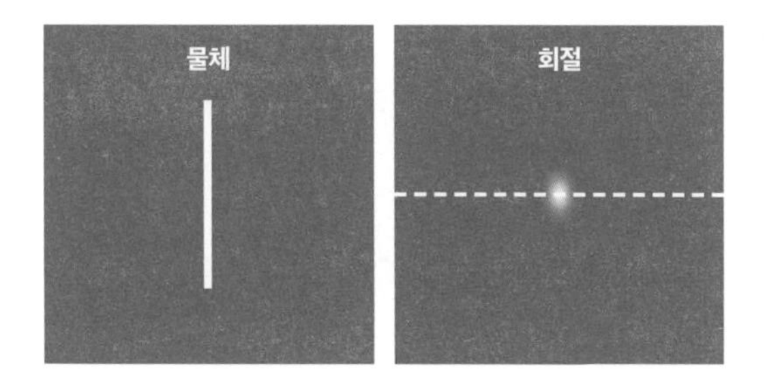

빛이 원형의 틈을 만나면 휘어지면서 다음과 같이 동심원처럼 퍼지는 후광효과halo effect가 나타난다.

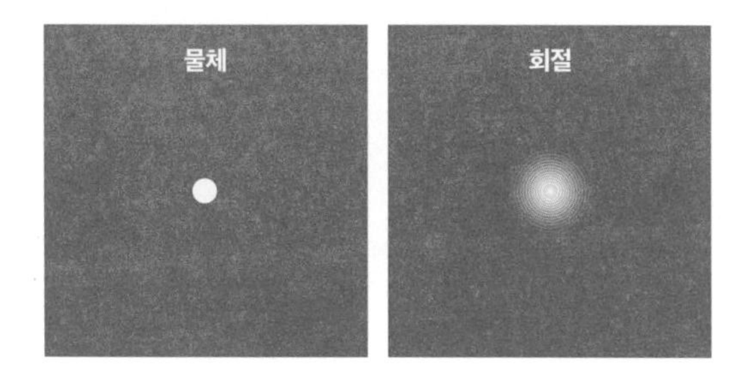

직선의 빛이 육각형과 같은 정다각형 모양의 틈을 통과하면 끝부분이 가늘어지는 '별 모양'을 만들어 낸다.

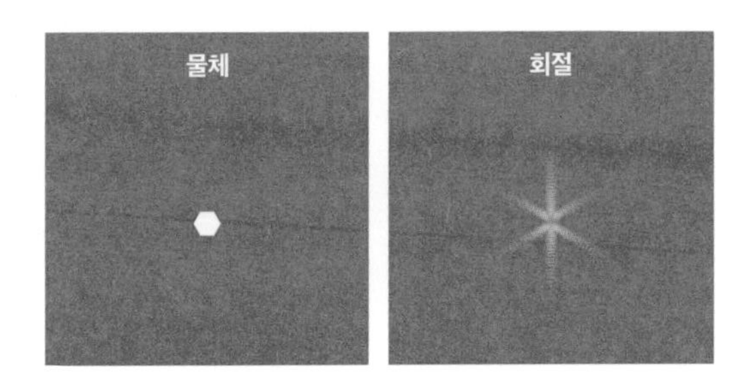

놀라운 대목은 지금부터다. 빛은 대체 어떤 형태의 물체를 만나길래 밤하늘에 뜬 별이 뾰족한 모양으로 보이는 것일까? 그 답은 바로 여러분의 눈이다. 별빛이 통과하는 물체는 우리 눈이다. 우리는 인간의 눈이 인공적으로 만들어진 물체가 아니라 고유의 특징과 구조를 지닌, 자연스럽게 발달한 신체 부위라는 사실을 쉽게 잊는다. 안구의 특징 중 하나는 봉합선suture line으로, 이는 안구의 조직섬유가 자라나 접합되는 부위에서 만들어진다. 근육이 둥근 모양의 안구를 둘러싸면서 발달할 때 혈관과 안구의 모양을 유지시키는 여타 세포들이 연결되면서 이 봉합선이 형성된다. 이 봉합선이 별 모양이다. 이 별 모양의 봉합선 때문에 밤하늘에 뜬 별이 눈에 익은 뾰족한 별 모양으로 보이는 것이다.

16장

인수를 품은 자연수

앞 장에서는 360이라는 수가 매우 많은 인수를 가진다는 것과 360도라는 회전 각도와는 어떤 관련이 있는지를 살펴봤다. 어떤 수는 많은 인수를 가지고 어떤 수는 적은 인수를 가진다는 사실이 뭐 그리 중요하랴 싶지만 10장에서 본 것처럼 암호학과 같은 분야에서는 매우 중요하고도 유용하다. 인수를 적게 가지는 수의 대표적인 예가 바로 소수다. 소수는 자기 자신과 1로만 나눌 수 있기 때문이다. 디지털 통신 기술의 보안뿐 아니라 세계 경제까지도 정보를 암호화하고 해독하는 데 필요한 소수에 의존하고 있으니 소수 연구가 세상을 변화시켰다고 해도 과언은 아니다.

수학자들이 소수 연구에 매달리는 데는 이러한 실용적인 이유도 있을 것이다. 하지만 수학의 모든 분야가 그렇듯 실용성은 수학의 특징 중 일부에 지나지 않는다.

이렇게 생각해 보자. 인류는 땅을 파내는 데 쓰는 장비를 개발한 이후로 줄곧 채굴에 관심을 쏟아 왔다. 대부분은 석유 탐사나 값진 보석 채굴 등 실용적인 목적 때문이었다. 하지만 어떤 탐험가들은 오로지 호기심 때문에 손전등을 들고서 어둠을 뚫고 서서히 나아간다. 그들은 유용한 것을 찾아 나선 것이 아니다. 단지 그곳에 무엇이 있는지 궁금했기 때문이다. 그것이 독특한 지형이나 새로운 종, 또는 단순히 빼어난 절경일 때도 있다. 그중 내 마음을 사로잡은 예는 멕시코 치와와주Chihuahua의 나이카Naica 광산에서 발견된 수정동굴Cave of Crystals이다. 이 신비로운 동굴은 아이의 상상 속에서나 등장할 법한 환상적인 모습을 연출한다.

수학자들도 마찬가지다. 메시지를 암호화하거나 천체의 움직임을 예측하는 것처럼 실용적인 지식을 탐구하는 경우도 있지만 특이하거나 뜻밖의

현상을 발견하게 될지도 모른다는 순수한 기대를 품고 미지의 영역을 탐구하기도 한다. 정수론number theory도 그중 하나로, 이 역시 뜻밖의 수학적 깨달음을 선사하는 미지의 세계다.

정수론은 0과 양의 정수, 음의 정수를 연구하는 분야다. 특히 1, 2, 3, …로 시작해 무한히 이어지는 자연수를 주로 다루는데, 이를 영어로 counting number라고 부르는 이유는 그 이름에서 곧장 알 수 있다. 수를 세는 데 필요한 숫자들이기 때문이다. 덧셈, 나눗셈, 제곱근 구하기 등의 연산을 할 때는 음수(-1, -2, -3, …)나 분수(½, ¾, ⅝, …)로 표현된 값도 등장하지만 정수론에서는 양의 정수가 중요하다. 여기에 흥미로운 수학적 특징들이 많이 숨어 있기 때문이다.

인수로 다시 돌아가 보자. 자연수는 몇 개의 인수를 가지느냐에 따라 세 가지 범주로 나눌 수 있다.

다음과 같이 인수가 단 두 개밖에 없는 수는 '소수'라 한다.
2의 인수는 1과 2뿐이다.
3의 인수는 1과 3뿐이다.
5의 인수는 1과 5뿐이다.
7의 인수는 1과 7뿐이다. ……

다음과 같이 인수가 셋 이상인 수는 '합성수'라 한다.
4의 인수는 1, 2, 4다.
6의 인수는 1, 2, 3, 6이다.
8의 인수는 1, 2, 4, 8이다.
9의 인수는 1, 3, 9다. ……

위 두 범주에 해당되지 않아 새로운 범주를 이루는 수도 있다. 바로 숫자 1이다. 1은 자기 자신이 유일한 인수다. 이 범주에는 1만 속하기 때문에 별다른 명칭이 없다.

1을 하나의 범주로 따로 구분한다는 점이 다소 의아해 보일 것이다. 사실 이는 흔한 오해다. 특히 학창 시절에 소수의 개념을 배운 이들이 이런 착각에 잘 빠진다. 대다수는 1이 소수라고 생각하는데, 그렇게 생각하게 된 데는 나름의 이유가 있다. 보통은 소수를 자기 자신과 1로만 나누어떨어지는 수로 설명하는데, 1도 분명 이에 속하기 때문에 혼란이 생긴다. 하지만 설명과 정의는 다르다. 가령 인간을 '심장을 가진 동물'로 설명할 수는 있지만 인간이 심장을 가진 동물로만 정의되는 것은 아니다. 소수의 정의는 '단 두 개의 인수를 가지는 수'라는 것이다. 그 이하도, 그 이상도 아니다.

1도 그냥 소수에 포함시키면 복잡해질 일이 없을 텐데 굳이 왜 소수와 구분 짓는 걸까? 이 질문에 대한 답은 다음 장에서 더 자세히 알아볼 테니 당장은 소수와 합성수의 차이에 집중해 보자. 소수와 합성수가 완전히 구분된 별개의 범주라면 자연수를 다음처럼 나타낼 수 있을 것이다.

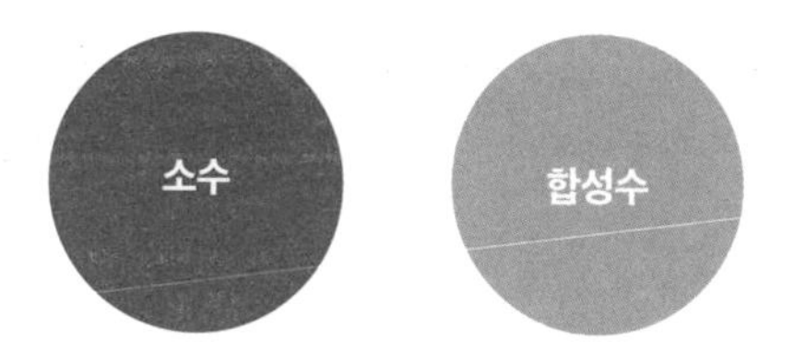

보다시피 겹치는 영역이 없는 별개의 범주다. 그런데 초반에 언급한 숫자 360은 수많은 인수를 가진다. 그 앞뒤 숫자들보다 더 많았다. 그렇다면 이렇게 단 두 개로 분류되기보다 다음처럼 좀 더 세밀하게 나뉠 것이다.

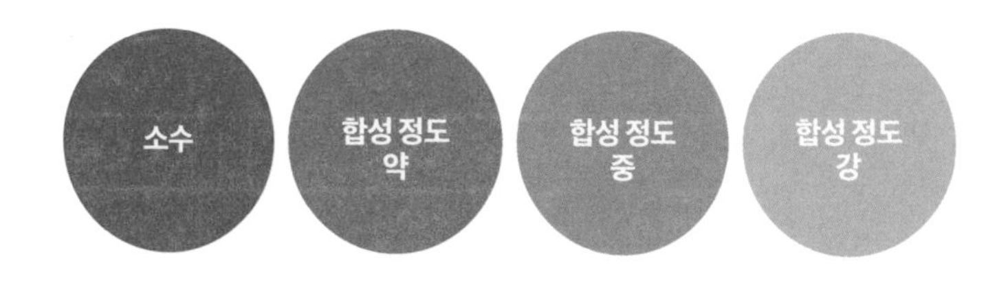

한마디로 수는 단순히 합성수냐 아니냐로 분류되는 것이 아니다. 그보다는 수마다 합성의 정도가 다르다는 점, 즉 (굳이 용어를 만들자면) 수의 합성도compositeness에 따라 분류할 수 있다. 수의 합성도를 판단하는 방법은 많지만 덧셈과 나눗셈만 할 줄 알아도 쉽게 구분이 가능하다.

1에서 20까지의 자연수 20개를 예로 들어 보자. 직접 해 봐도 좋다. 먼저 1에서 20까지 각 수의 인수를 모두 찾는다. 다시 말해 나머지 없이 깔끔하게 나누어떨어지는 수가 무엇인지 알아내야 한다. 그러면 다음과 같은 결과가 나올 것이다.

수	인수	수	인수
1	1	11	1, 11
2	1, 2	12	1, 2, 3, 4, 6, 12
3	1, 3	13	1, 13
4	1, 2, 4	14	1, 2, 7, 14
5	1, 5	15	1, 3, 5, 15
6	1, 2, 3, 6	16	1, 2, 4, 8, 16
7	1, 7	17	1, 17
8	1, 2, 4, 8	18	1, 2, 3, 6, 9, 18
9	1, 3, 9	19	1, 19
10	1, 2, 5, 10	20	1, 2, 4, 5, 10, 20

위 표를 보면 인수의 개수가 많은 수와 적은 수를 단번에 알 수 있다. 이 차이점을 한눈에 확인하고 싶다면 각 수의 인수들을 더해 합을 구하면 된다. 이를 표로 정리하면 다음과 같다.

수	인수의 합	수	인수의 합
1	1	11	12
2	3	12	28
3	4	13	14
4	7	14	24
5	6	15	24
6	12	16	31
7	8	17	18
8	15	18	39
9	13	19	20
10	18	20	42

인수의 개수가 많을수록 당연히 인수의 합도 커진다. 그런데 큰 수는 인수의 개수가 많지 않더라도 자연스레 합이 커진다. 모든 수는 자기 자신으로 나누어떨어지기 때문이다(가령 15는 15로 나눌 수 있다). 가령 19는 인수가 2개뿐이지만 인수의 합은 20이다. 6은 인수가 4개로 그보다 개수가 많지만 인수의 합은 12다.

수학자들은 이 문제를 해결하기 위해 과잉지수abundancy index를 고안했다. 과잉지수는 인수의 합을 구한 다음 이 합을 해당 수로 나누었을 때 얻어지는 값이다. 과잉지수를 백분율로 나타내면 이해하기가 더 쉽다. 18을 예로 들어 보자.

18의 인수: 1, 2, 3, 6, 9, 18

인수의 합: 1 + 2 + 3 + 6 + 9 + 18 = 39

18의 과잉지수 = 39 ÷ 18

= 2.16666…

= 216.666…% (백분율로 표시)

= 217% (소수점 첫째 자리에서 반올림)

1에서 20까지 과잉지수를 구하면 다음과 같다.

수	과잉지수	수	과잉지수
1	100%	11	109%
2	150%	12	233%
3	133%	13	108%
4	175%	14	171%
5	120%	15	160%
6	200%	16	194%
7	114%	17	106%
8	188%	18	217%
9	144%	19	105%
10	180%	20	210%

이 과잉지수를 기준으로 자연수 1에서 20의 순위를 매길 수 있다. 과잉지수가 가장 큰 수부터 가장 작은 수까지 나열하면 다음과 같은 순이 된다.

12, 18, 20, 6, 16, 8, 10, 4, 14,
15, 2, 9, 3, 5, 7, 11, 13, 17, 19, 1

여기서 몇 가지 중요한 특징이 보인다. 먼저 상위권인 윗줄에 나열된 수들, 즉 과잉지수가 높은 수들은 짝수다. 2를 제외하면 이 수들은 정확히 두 개의 범주로 나뉜다. 즉 윗줄은 짝수, 아랫줄은 홀수다. 게다가 아랫줄에는 중요한 사실이 하나 더 숨어 있다. 소수가 (맨 끝의 1을 제외하면) 3부터 오름차순으로 배열돼 있다는 것이다.

지금까지 과잉지수를 이용해 1에서 20까지의 수를 비교해 봤다. 과잉지수가 200퍼센트 이상인 수는 과잉수abundant number라고 부르고, 200퍼센트 이하인 수는 부족수deficient number라고 부른다. 이 기준에 따르면 1에서 20까지의 자연수 중 과잉수는 12, 18, 20뿐이다. 6은 과잉지수가 200퍼센트 이상도, 이하도 아닌 딱 200퍼센트라는 이유로 완전수perfect number라고 부른다. 인수를 기준으로 각 수가 어느 범주에 들어가는지를 다시 그림으로 나타내면 다음과 같다.

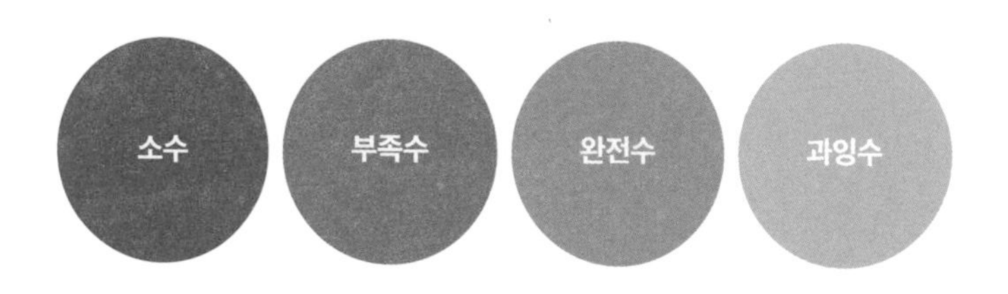

인수의 개수가 많고 적고에 따라 수를 나누는 방법을 알았으니 우리를 여기까지 이끈 360으로 다시 돌아가 보자. 360이 과잉수라는 사실은 분명하다. 그렇다면 얼마나 과잉인 걸까? 지금부터 한번 따져 보자. 우선 360의 인수를 모두 찾아 합을 구해야 한다.

$$1+2+3+4+5+6+8+9+10+12+15+18$$
$$+20+24+30+36+40+45+60+72+90$$
$$+120+180+360=1{,}170$$

그런 다음 인수의 합(1,170)을 해당 수(360)로 나눈다.

$$1{,}170 \div 360 = 325\%$$

놀랍지 않은가? 앞서 살펴본 1에서 20까지의 과잉지수들보다 훨씬 더 높은 수치다. 실제로 360은 1에서 1,000까지의 자연수 중 과잉지수가 가장 큰 것으로 밝혀졌다. 1에서 1,000까지의 자연수 중 단연 1위다. 만약 '어마어마한 과잉수'라는 범주가 있다면 360이 여기에 속하지 않을까?

17장

원소의 결합,
소수의 합성

족 주기	1	2	3		4	5	6	7	8	9	10	11	12	13	14	15	16	17	18
1	1 H																		2 He
2	3 Li	4 Be												5 B	6 C	7 N	8 O	9 F	10 Ne
3	11 Na	12 Mg												13 Al	14 Si	15 P	16 S	17 Cl	18 Ar
4	19 K	20 Ca	21 Sc		22 Ti	23 V	24 Cr	25 Mn	26 Fe	27 Co	28 Ni	29 Cu	30 Zn	31 Ga	32 Ge	33 As	34 Se	35 Br	36 Kr
5	37 Rb	38 Sr	39 Y		40 Zr	41 Nb	42 Mo	43 Tc	44 Ru	45 Rh	46 Pd	47 Ag	48 Cd	49 In	50 Sn	51 Sb	52 Te	53 I	54 Xe
6	55 Cs	56 Ba	57 La	*	72 Hf	73 Ta	74 W	75 Re	76 Os	77 Ir	78 Pt	79 Au	80 Hg	81 Tl	82 Pb	83 Bi	84 Po	85 At	86 Rn
7	87 Fr	88 Ra	89 Ac	**	104 Rf	105 Db	106 Sg	107 Bh	108 Hs	109 Mt	110 Ds	111 Rg	112 Cn	113 Nh	114 Fl	115 Mc	116 Lv	117 Ts	118 Og
				*	58 Ce	59 Pr	60 Nd	61 Pm	62 Sm	63 Eu	64 Gd	65 Tb	66 Dy	67 Ho	68 Er	69 Tm	70 Yb	71 Lu	
				**	90 Th	91 Pa	92 U	93 Np	94 Pu	95 Am	96 Cm	97 Bk	98 Cf	99 Es	100 Fm	101 Md	102 No	103 Lr	

화학자들에게 19세기는 흥미진진하면서도 혼란스러운 시대였다. 배터리나 분광기 같은 새로운 발명품의 등장으로 새로운 원소들을 잇달아 발견했고 화학 지식이 축적되면서 인류의 진보를 체감하기도 했지만 이 원소들이 뚜렷한 질서 없이 쌓이다 보니 혼란을 초래하기도 했다. 과학이란 질서정연하고 분명한 법칙을 특징으로 하는 분야임에도 화학은 어수선한 난장에 가까운 형국이었다.

드미트리 멘델레예프Dmitri Mendeleev는 1834년 시베리아의 작은 도시에 있는 한 마을에서 태어났다. 모스크바에서 약 1,900킬로미터 떨어진 이 마을은 천재 과학자로 성장하기에 적합한 곳은 아니었다. 하지만 어머니의 교육열과 그의 뛰어난 통찰력 덕에 인간을 둘러싼 물질들에 대한 사람들의 인식을 완전히 바꿔 놓은 화학자가 될 수 있었다.

그가 활동했던 시대의 화학자들은 대략 60개의 원소를 알고 있었다. 오늘날 알려진 원소의 절반 정도다. 하지만 특징이 저마다 다른 이유에 관해서는 의견이 엇갈렸다. 왜 어떤 원소들만 전기를 효과적으로 전도하는 걸까? 왜 어떤 원소들은 끓는점이 높고 어떤 원소들은 그렇지 않은 걸까? 축적된 데이터를 합리적으로 설명해 줄 만족스러운 답을 가진 이는 아무도 없었다.

멘델레예프가 그 실마리를 찾아냈다. 그는 원소를 질량 순으로 배열하면 유사한 성질을 가진 원소가 일정한 주기로 나타나는 패턴을 보인다는 사실을 발견했다. 당시에는 원자를 구성하는 입자까지 자세히 밝혀내지는 못했지만 원자핵에 대한 오늘날의 지식에 비춰 볼 때 그가 발견한 주기성이 무엇을 말하는지는 충분히 짐작 가능하다. 양성자가 3개인 리튬과

11개인 소듐, 19개인 포타슘은 모두 반응성이 매우 강력한 물질이라 물에 노출되기만 해도 폭발할 수 있다. 반면 양성자가 2개인 헬륨과 10개인 네온, 18개인 아르곤은 다른 물질에 대한 반응성이 없어 '비활성기체'라는 이름을 얻었다. 그는 이처럼 비슷한 성질을 가진 원소들 간 양성자 수가 8개씩 차이가 난다는 사실을 알아냈다. 원자들의 질량이 뒤로 갈수록 무거워지고 좀 더 복잡해지는 패턴을 보이긴 하지만 화학적 성질이 주기적으로 나타난다는 특징은 변함이 없었다. 그는 양성자를 더 많이 가진 원소는 그렇지 않은 원소와 달리 화학적 성질이 주기적으로 반복되는 패턴을 보이리라고 예측했다.

멘델레예프는 자신이 알고 있는 원소들을 성질이 비슷한 것들끼리 분류해 같은 열에 배열하고 표로 정리했다. 그는 이 표에 비어 있는 빈자리를 보고 자신이 만든 모델에 따라 또 다른 미지의 원소들이 존재하리라는 것을 깨달았다. 물론 그 원소들이 지닌 화학적 성질도 짐작할 수 있었다.

이렇게 오늘날 우리가 알고 있는 주기율표가 탄생했다.

화학은 수학의 통찰력에서 많은 영감을 얻는다. 각 원소가 지닌 양성자·중성자·전자의 개수부터 멘델레예프가 자신의 유명한 표를 통해 체계화한 원소의 화학적 성질에 따른 주기적 패턴에 이르기까지 화학에는 수학의 관점에서 볼 때 이해하기 쉬운 측면이 많다. 하지만 그 반대도 성립한다는 사실을 모르고 지나칠 때도 많다. 수학도 화학의 통찰력에서 많은 영감을 얻는다. 그중 하나가 원소와 소수의 유사성이다.

우리가 일상적으로 접하는 물질들은 대개 순수한 원소 그 자체가 아닌 화합물이다. 원소는 탄소나 산소, 수소 같은 것들을 말한다. 반면, 화합물은 물, 메탄, 에탄올처럼 여러 가지 원소들이 저마다 다른 비율과 배열로 결합돼 만들어진 것을 말한다. 잘 알려진 대로 물은 수소 원자 2개와 산소 원자 1개로 이루어진다. 메탄은 탄소 원자 1개, 수소 원자 4개로 이루어져 있다. '알코올'이라는 별칭을 가진 에탄올은 탄소 원자 2개, 산소 원자 1개, 수소 원자 6개로 이루어져 있다.

이름만 들어도 어떤 원소로 이루어져 있는지를 단숨에 알 수 있는 화합물들도 있다. 가령 악명 높은 온실가스인 이산화탄소(carbon dioxide)는 이름에서 알 수 있듯 탄소(carbon) 원자 1개와 산소(oxygen) 원자 2개(di-)로 이루어져 있다.

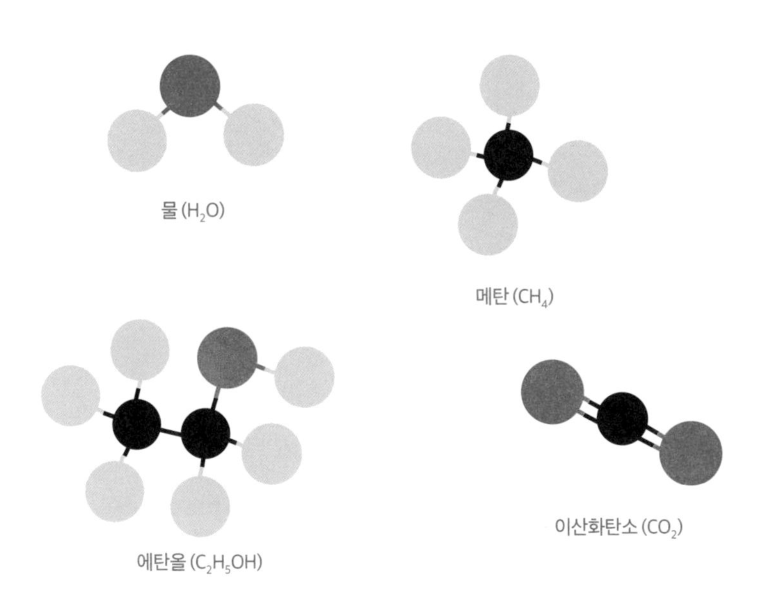

원소들이 결합하면 화합물이 만들어지듯
소수들이 결합하면 합성수가 만들어진다.

16장에서 인수를 세 개 이상 갖고 있는 수를 합성수라고 했다. 그런데 합성수를 이보다 간단하게 설명하는 방법이 있다. 합성수의 핵심을 꿰뚫는 이 설명은 흡사 화합물처럼 합성수도 수들이 결합한 것이라는 점이다. 요컨대 합성수란 소수들이 결합한 결과다.

좀 더 자세히 설명하자면 이렇다. 먼저 앞 장에서 살펴본 인수분해를 떠올려 보자. 가장 작은 합성수(4, 6, 8, 9, 10, 12, …)는 그보다 작은 소수들로 분해해 어떤 소수들의 곱으로 만들어졌는지 나타낼 수 있다(4=2×2, 6=2×3, 8=2×2×2, 9=3×3, …). 이를 소인수분해라 한다. 오른쪽 페이지에 제시된 1에서 20까지의 자연수로 이를 자세히 살펴보자.

각 화합물이 고유의 구조식(분자구조를 그림으로 나타낸 것)을 통해 어떤 원소들로 이루어져 있는지를 보여 주듯 각 합성수도 고유한 소인수분해를 통해 어떤 소수들로 이루어져 있는지를 보여 준다.

이 개념은 수학에서 너무도 중요한 나머지 '산술의 기본 정리'라는 특별한 이름을 얻었다. 이 명칭에 걸맞게 수학적으로 표현하자면 이렇게 바꿔 말할 수 있다.

1보다 큰 모든 정수는
소수 또는 소수들의 곱이다.

수	소인수분해	수	소인수분해
1	1	11	11
2	2	12	$2^2 \times 3$
3	3	13	13
4	2×2, 또는 2^2	14	2×7
5	5	15	3×5
6	2×3	16	2^4
7	7	17	17
8	$2 \times 2 \times 2$, 또는 2^3	18	2×3^2
9	3^2	19	19
10	2×5	20	$2^2 \times 5$

이는 2와 그 이상의 정수는 소수이거나 소수들의 곱으로 나타낼 수 있다는 뜻이다. 이때 소수들의 곱은 고유한 조합으로 나타난다.

이러한 소인수분해의 유일성은 핵심적인 동시에 뜻밖의 특징이기도 하다. 앞 장에서 살펴본 것처럼 합성수는 다양한 방식으로 인수분해되기 때문이다. 가령 84는 4×21, 6×14, 7×12 등으로 다양하게 나타낼 수 있다. 하지만 다음 도식에서 볼 수 있듯 합성수를 소수만 남을 때까지 계속 인수분해하다 보면 항상 같은 소수들을 얻게 된다. 예를 들어 84는

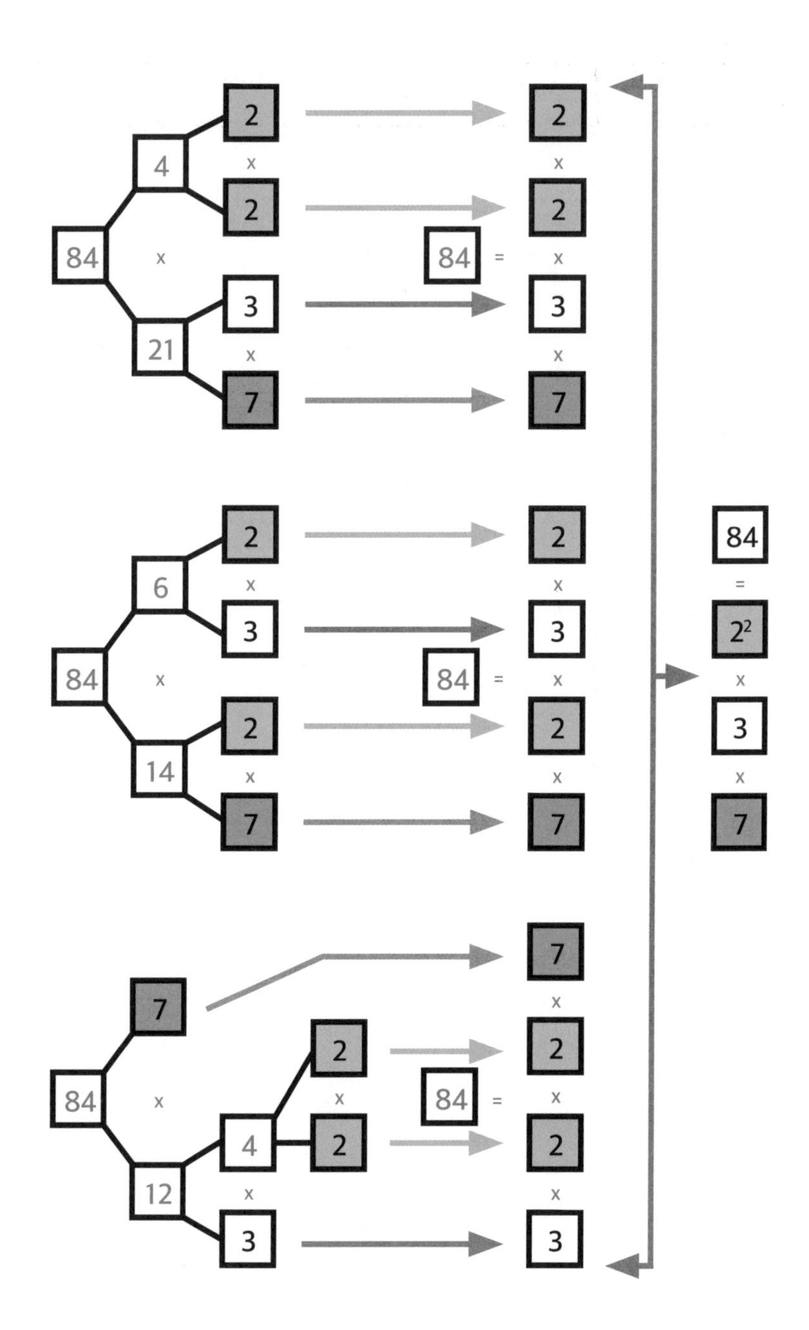
84
4
2
x
2
x
21
3
x
7
84
=
2
x
2
x
3
x
7
84
6
2
x
3
x
14
2
x
7
84
=
2
x
3
x
2
x
7
84
=
2^2
x
3
x
7
84
x
7
12
4
2
x
2
x
3
84
=
7
x
2
x
2
x
3

$84=4\times21$일 때 $4=2\times2$, $21=3\times7$이므로 $84=2\times2\times3\times7$로 소인수분해되거나 $84=6\times14$일 때 $6=2\times3$, $14=2\times7$이므로 $84=2\times3\times2\times7$로 소인수분해되거나 $84=7\times12$일 때 $7=7$, $12=4\times3$, $4=2\times2$이므로 $84=2\times3\times2\times7$로 소인수분해되며 이 모두에서 공통적으로 $2^2\times3\times7$을 얻게 된다. 모든 화합물이 고유한 분자구조를 갖고 있는 것처럼 모든 수는 고유한 조합으로 소인수분해되는 것이다.

1을 소수로 정의하지 않는 가장 중요한 이유가 바로 이것이다. 1이 소수라면 산술의 기본 정리가 성립되지 않는다. 소인수분해의 유일성이 사라지기 때문이다. 1을 소수라고 치면 84는 $2^2\times3\times7$뿐 아니라 $1\times2^2\times3\times7$, $1\times1\times2^2\times3\times7$ 등으로도 나타낼 수 있게 되고 그러면 소인수분해를 하는 방법도 무한히 늘어날 것이다.

1을 소수로 정의하지 않는 이유를 이 주기율표에 비유해 살펴보자. 원소 주기율표에서는 원소들을 서로 구분하기가 쉽다. 구분 기준은 양성자의 개수다. 가령 양성자가 6개인 원소는 탄소다. 탄소가 전자를 잃거나 얻어 전자의 개수가 달라지면 이온ion으로 변하지만 여전히 탄소다. 중성자를 잃거나 얻어 중성자의 개수가 달라지면 동위원소로 변하지만 그래도 여전히 탄소다.

그런데 양성자의 개수가 조금만 바뀌어도 상황이 완전히 달라진다. 한 개의 양성자를 얻으면 질소로 변해 탄소와는 매우 다른 성질을 갖게 된다. 두 개의 양성자를 얻으면 산소로 변한다. 이는 별의 중심부처럼 엄청난 온도와 압력이 가해지는 극단적인 조건이 갖춰졌을 때에나 일어나는 핵융합 현상에서 볼 수 있다.

이와 비슷하게, 정수론에 따르면 소수를 곱할 때 완전히 새로운 합성수가 생겨난다. 양성자를 추가하는 것만으로 탄소가 질소 또는 산소로 바뀌듯 3에 7을 곱하면 21이라는 수가 된다. 고유한 성질을 지닌 새로운 수가 생겨나는 것이다. 하지만 1이 소수라면 셈이 이상해진다. 3에 1을 몇 번이고 곱해도 여전히 같은 숫자, 즉 3을 얻게 된다. 몇 번을 곱했는데도 값이 바뀌지 않는다면 1은 '소수'라는 이름을 얻을 자격이 없는 것이다.

수의 세계는 무한하다. 다행인 건 새로운 수를 만들어 내는 데는 엄청난 압력과 온도 같은 극단적인 환경이 필요 없다는 점이다. 한 가지 필요한 게 있다면 원하는 만큼 많은 수를 만들어 내는 상상력뿐이다.

18장

혼돈 속의 질서

1970년대 초, 미국 정계를 집어삼킨 워터게이트 스캔들은 대통령을 바라보는 사람들의 시각을 단숨에 바꾸어 놓았다. 당시 대통령이었던 리처드 닉슨은 중대한 위법 행위를 저지르고 이를 은폐하기 위해 광범위한 공작을 지시한 것으로 밝혀졌다. 이 사건은 미국인들의 의식에 깊이 각인됐다. 새로운 사실이 속속 드러나면서 사건을 바라보는 대중의 시각이 그에 따라 급변했기 때문이다.

워터게이트 스캔들에 관한 뉴스가 처음 보도됐을 당시, 대다수 사람들은 매일매일 쏟아지는 사소한 사건사고들처럼 금방 신문 지면에서 사라지게 될 대수롭지 않은 일로 여기고 넘겨 버렸다. 수사가 확대되자 사건은 쉽게 사그라들지 않았고 사람들은 곧 근거 없는 마녀사냥이라고 생각하기 시작했다. 자유국가인 미국의 통치자가 반역 행위에 적극 가담해 사법을 방해하려는 의도로 직권을 남용한 범죄자라는 주장을 곧이곧대로 받아들이는 이는 많지 않았다. 한동안은 닉슨 대통령이 유죄라고 생각하는 극소수조차 말도 안 되는 황당한 소리를 지어내는 음모론자로 취급받을 정도였다.

그러나 사건의 전말이 드러나고 사람들이 가장 우려했던 일이 사실로 확인되자 상황이 하루아침에 급변했다. 경악할 만한 폭로가 이어지면서 할리우드 영화에 버금가는 반전에 반전이 펼쳐졌고 마침내 진실이 밝혀졌다. 믿을 수 없다고 치부했던 음모론자들의 말이 옳았던 것이다.

워터게이트 사건은 음모론의 시대를 열었다. 그전까지만 해도 암호나 비밀결사대, 정부의 은폐 공작을 믿는 이들은 미치광이 취급을 받기 일쑤였다. 하지만 이 사건을 겪으면서 사람들은 가장 믿기 힘든 헛소리가 진실로 밝혀질 때도 있다는 사실을 인정하지 않을 수 없었다.

수학은 음모론이란 과연 무엇인지, 음모론이 세계 방방곡곡에서 끊임없이 등장하고 퍼져 나가는 이유가 무엇인지에 관한 실마리를 제공한다. 놀랍게도 음모론에 불을 지피는 연료는 항상 마련돼 있다. 데이터가 모든 의사결정의 중심이 되는 데이터 기반 사회에서 우리는 쉬지 않고 어마어마한 양의 정보를 생산해 낸다. 그렇다 보니 사소한 증거라도 눈에 보이면 아니 땐 굴뚝에 연기 나랴는 식으로 음모론이 퍼져 나간다. 음모론자들이 수상쩍은 행위와 숨겨진 비밀의 '증거'로 우리 코앞에 들이미는 재료가 떨어질 날이 없는 것이다.

그 배경을 이해하려면 어린 시절에 누구나 한번쯤 갖고 놀았던 어린이용 퍼즐 게임을 생각해 보면 된다.

바로 단어 찾기 퍼즐이다.

나도 단어 찾기 퍼즐에 몇 시간이고 매달렸던 기억이 있다. 내게는 이런 퍼즐만 모아 엮은 책 한 권이 있었다(지금 생각하면 내가 퍼즐에 한눈팔고 있는 동안 조용히 혼자만의 시간을 보낼 심산이었던 엄마의 비장의 무기 중 하나가 아니었나 싶다).

다음 페이지에 제시된 영어 단어 찾기 퍼즐을 한번 살펴보자.

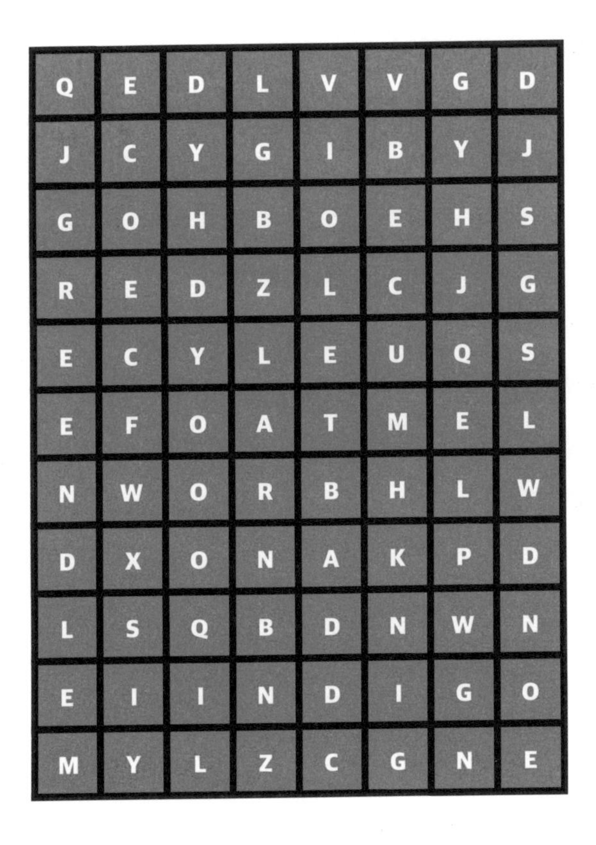

Q	E	D	L	V	V	G	D
J	C	Y	G	I	B	Y	J
G	O	H	B	O	E	H	S
R	E	D	Z	L	C	J	G
E	C	Y	L	E	U	Q	S
E	F	O	A	T	M	E	L
N	W	O	R	B	H	L	W
D	X	O	N	A	K	P	D
L	S	Q	B	D	N	W	N
E	I	I	N	D	I	G	O
M	Y	L	Z	C	G	N	E

이 퍼즐에는 7가지 무지개색의 각 이름을 뜻하는 영어 단어인 RED, ORANGE, YELLOW, GREEN, BLUE, INDIGO, VIOLET이 모두 들어 있다. 이들 단어는 가로 방향, 세로 방향, 대각선 방향으로 숨어 있다. 또는 (왼쪽에서 오른쪽이 아니라 오른쪽에서 왼쪽으로 쓰인) 반대 방향으로 나열돼 있을 수도 있다. 내가 언급하지 않은 또 다른 색깔 이름도 하나 더 숨어 있으니 한번 찾아보자.

누구나 자기만의 단어 찾기 퍼즐을 쉽게 만들 수 있다. 먼저 격자판을 그린 다음 숨기고 싶은 단어들을 빈칸에 적어 넣는다. 그러고 나서 남는 칸에 다른 글자들을 아무렇게나 되는대로 채워 넣는다. 그러면 단어 찾기 퍼즐이 뚝딱 완성된다.

그런데 첫 번째 단계를 생략하면 어떻게 될까? 숨기고 싶은 단어를 써 넣지 않고 그 다음 단계로 바로 넘어가면 어떻게 될까? 글자를 아무렇게나 무작위로 채워 넣어 단어 찾기 퍼즐을 만들었다면? 가령 3×3 격자판을 이런 식으로 완성했다고 해 보자.

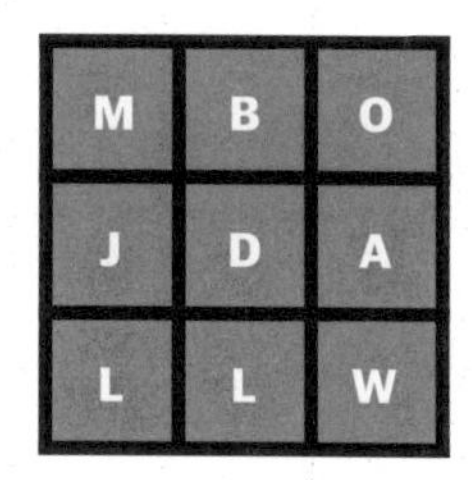

아니나 다를까 뭐가 뭔지 도무지 알 수 없는 퍼즐이 됐다. 이 퍼즐에서는 아무리 찾아도 온전한 영어 단어가 하나도 보이지 않는다. 여기에 행과 열을 하나씩 추가하면 어떻게 될까?

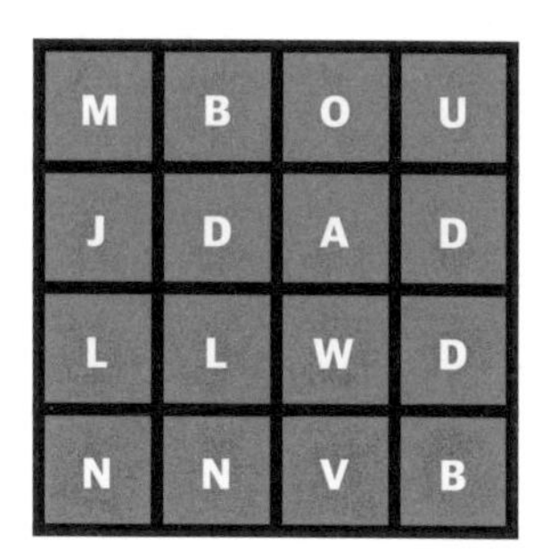

첫 번째 줄의 B에서 시작해 오른쪽 대각선 방향으로 내려가면 BAD라는 단어가 보인다. 그뿐만이 아니다. 두 번째 줄의 왼쪽 두 번째 글자에서 시작해 오른쪽으로 읽으면 또 다른 단어 DAD가 보인다. 이 무작위적인 글자들의 집합이 혹시 내가 형편없는 아빠라는 메시지를 전달하는 걸까?

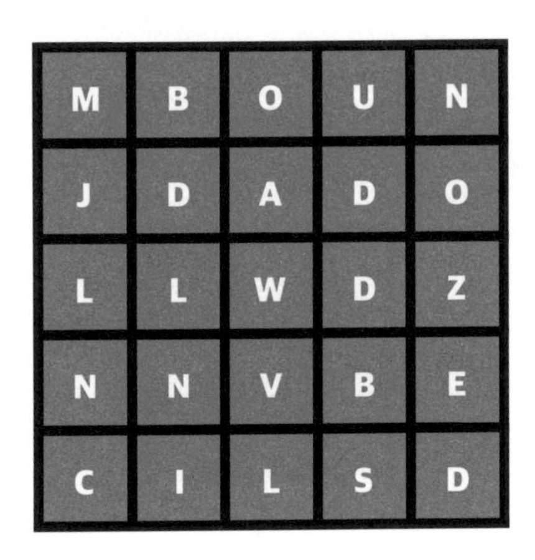

M	B	O	U	N
J	D	A	D	O
L	L	W	D	Z
N	N	V	B	E
C	I	L	S	D

여기에 행과 열을 하나씩 더 추가해 5×5 격자판으로 늘리면 자연스럽게 더 많은 단어가 나타나는 것을 볼 수 있다. BAD와 DAD에 더해 이번에는 IN, DO, NO, ZED, BE, BADE, ADO와 같은 단어들도 보인다. 단어가 몇 배로 늘어나고 있는 셈이다.

대체 어떻게 된 영문일까? 격자판을 조작하지도 않았고 아무도 몰래 단어를 써 넣은 것도 아닌데 도무지 알 수 없는 일이다. 오른쪽 페이지에는 이렇게 무작위로 만들어 낸 두 개의 퍼즐이 있다. 이 퍼즐에서도 여러 개의 단어를 찾아낼 수 있다.

O	N	B	Q	A
Y	N	O	P	J
Q	T	U	T	V
E	Y	U	M	S
G	O	L	P	H
X	Y	A	Y	U
R	F	U	V	E
L	V	C	J	R
K	A	B	Q	L
U	R	S	R	G

E	A	O	X	C
L	D	F	A	F
F	P	M	Z	J
E	O	O	D	U
G	X	K	Y	R
L	A	H	R	E
R	O	P	S	D
N	Y	Q	N	B
W	L	F	U	N
K	L	B	W	P

- 첫 번째 퍼즐에서는 PONY, OX, LOG, NOT, HUE, YAY, SPA를 찾을 수 있다.
- 두 번째 퍼즐에서는 ELF, OX(그것도 3번이나!), EX, DO, RED, FUN, GAP, OH, LO, NO를 찾을 수 있다.
- 웹브라우저에서 bit.ly/findaword라는 주소를 입력하면 이와 같은 '무작위' 단어 찾기 퍼즐을 얼마든지 만들어 낼 수 있다.
- 이 웹사이트에서 자신만의 퍼즐을 만들다 보면 단어를 전혀 찾아낼 수 없는 격자판을 만들기가 오히려 더 어렵다는 사실을 알게 될 것이다. 왜일까?

우리 눈앞에 펼쳐지고 있는 이 현상을 무질서의 불가능성impossibility of disorder, 충분한 데이터가 있다면 무작위성은 무한히 지속되지 않으며 종국에는 패턴이 드러난다는 개념이라 부른다.

혼돈의 바다라 할지라도 충분히 넓다면
질서라는 섬이 드러나기 마련이다.

우리는 알 수 없는 글자들로 이루어진 3×3 격자판에서 이 현상을 경험했다. 격자판의 크기가 점점 더 커지자 자연스럽게 단어들이 그 모습을 드러낸 것이다.

이러한 현상을 연구하는 수학 분야를 램지 이론Ramsey theory이라고 부른다. 영국의 수학자이자 경제학자였던 프랭크 P. 램지Frank P. Ramsey의 이름에서 그 명칭을 딴 이 개념이 대다수는 낯설 것이다. 영재교육에서나 접할 수 있는 '그래프 이론'에 해당하기 때문이다.

일반 교과과정에서 다루는 수학이 뉴욕시 관광이라면 대수학algebra은 엠파이어 스테이트 빌딩이라 할 수 있다. 뉴욕을 구경하러 온 이들에게 이 건물은 필수 관광 코스다. 반면, 그래프 이론은 동네 편의점이다. 유명 관광지와 달리 편의점은 아는 사람만 안다. 소수의 사람만 생활용품이 급히 필요할 때 찾기 때문이다. 그래프 이론을 극소수만 아는 이유는 사람들이 편의점을 찾는 이유와 다르지 않다.

램지 이론을 단적으로 보여 주는 사례가 이른바 파티 문제Party Problem다. 파티를 계획해 본 사람이라면 누구를 초대할지를 두고 골머리를 썩인 적이 있을 것이다. 파티에 누군가를 초대하는 것 자체는 어려운 일이 아니지만 누구나 만족할 만한 파티 분위기를 조성하기 위해 누가 누구와 아는 사이고 누가 누구와 처음 만나는 사이인지를 고려해 초대 손님을 세심하게 결정하는 것은 어려운 일이다. 여러분이 초대하려는 사람들은 당연히 여러분과는 아는 사이일 테지만, 그들이 서로 아는 사이인지 처음 만나는 사이인지는 알 수 없다. 그래프 이론은 이 연결성을 연구하는 수학 분야다. 따라서 철로로 연결된 지역들, 전선으로 연결된 주택들, 우정으로 연결된 사람들처럼 여러 대상이 서로 연결돼 있는 상황을 이해하는 데 유용하다.

여러분이 파티에 서로 친구 사이이거나 서로 전혀 모르는 사이인 사람을 최소 3명 이상 초대한다고 치자. 둘 중 어느 경우가 됐든 이야깃거리가 생기니 분명 순조롭게 대화를 나눌 것이다. 서로가 서로를 모두 알고 친하기까지 한 사이라면 편하게 대화를 나눌 것이고 서로 처음 만나는 사이라면 대화를 통해 서로를 알아가는 시간을 가질 수 있을 것이다. 두 경우 모두 분위기가 어색해질 일 없이 파티를 즐길 것이다.

그래프 이론은 이 문제를 도식으로 시각화해 더 쉽게 이해할 수 있게 해준다. 우리는 살면서 여러 문제와 맞닥뜨리고 개중에는 그저 상황 자체를 이해하기 어려워 해결책을 찾기 힘든 경우도 있다. 이때 중요한 정보만 골라내 도식으로 상황을 단순하게 표현하면 해결책이 쉽게 떠오를 수 있다.

다음에 제시된 A와 B는 파티에 참석한 두 사람을 나타낸다. 두 원 사이에 그은 실선은 서로 아는 사이임을 나타내고 점선은 서로 전혀 모르는 사이임을 나타낸다.

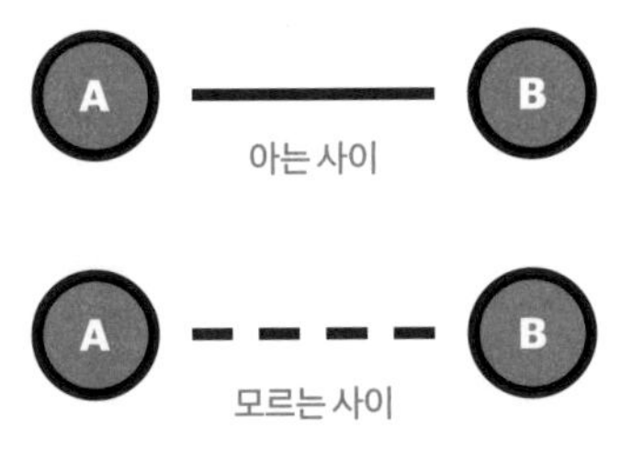

이렇게 선과 원을 이용하면 서로 아는 사이이거나 모르는 사이인 사람들이 참석하는 다양한 경우의 수를 도식으로 모두 나타낼 수 있다. 가령 오른쪽 페이지에 제시된 것처럼 파티에 6명을 초대한다면 그중 1명(A라고 하자)과 5명이 각각 어떻게 연결되어 있는지를 알 수 있는 12개의 조합으로 나타낼 수 있다. 각 조합에서 3명을 연결하는 붉은 점선과 실선은 서로 모두 아는 관계이거나 서로를 전혀 모르는 관계임을 나타낸다.

보다시피 파티에 최소 6명을 초대한다면 어떤 조합이 됐든 여러분이 원하는 대로 서로를 이미 아는 사이인 3명, 또는 서로가 모르는 사이인 3명이 포함될 것이다. 이런 도식을 어떻게 만드는지, 여러분이 원하는 조건을 충족하는 가장 작은 수가 왜 6명인지 증명하는 방법이 궁금하다면 20장으로 바로 건너뛰어도 좋다.

파티 문제가 앞서 본 단어 찾기 퍼즐이나 음모론자들과 대체 무슨 관련이 있는 걸까? 램지 이론은 이렇게 친구들로 이루어진 집단이든 단어 찾기 퍼즐이든 한 꼭지의 신문 기사든 조합적 구조combinatorial structure의 규모가 커지면 반드시 패턴이 나타난다는 사실을 보여 준다. 앞에서 퍼즐의 규모가 커지자 난데없이 없던 영어 단어들이 막 튀어나오는 것처럼 보였던 이유도 이 때문이다.

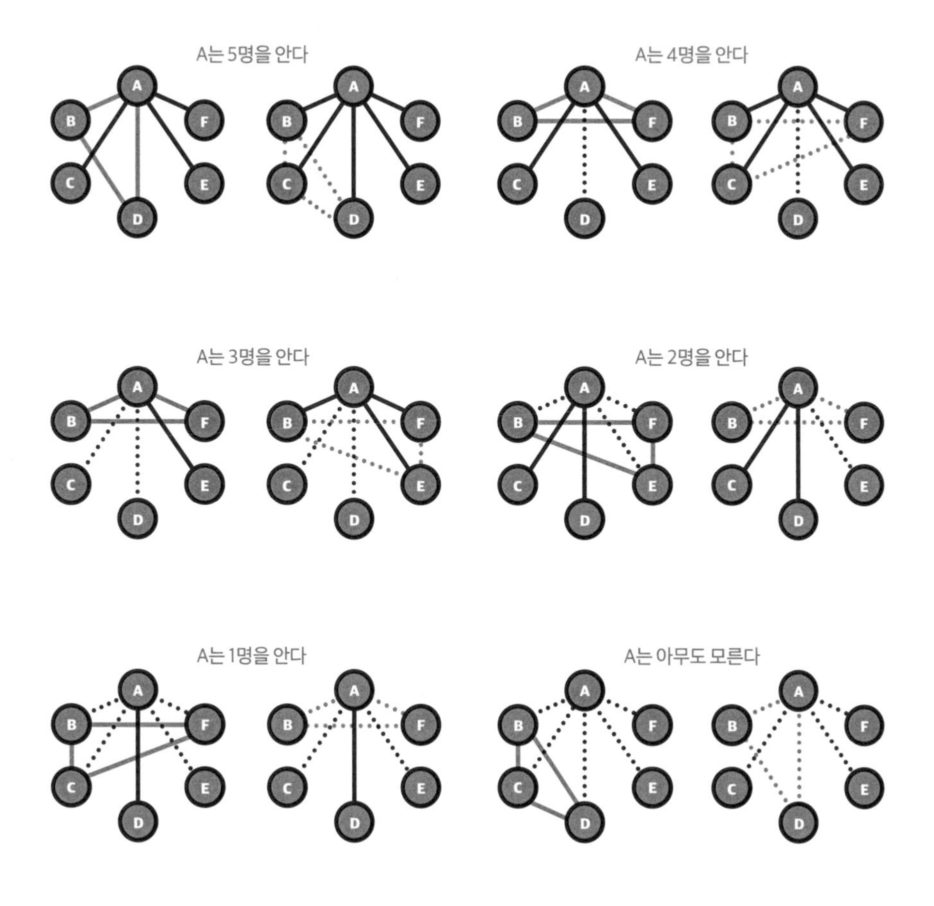

이는 또한 수많은 음모론이 시작되는 배경을 설명해 준다. 반복되는 패턴을 찾는 데 혈안이 되어 있는 음모론자들은 데이터 양이 충분히 많아지면 연결고리로 보이는 수상쩍은 낌새를 금세 알아차린다.

수비학자numerologist는 이처럼 숫자들 속에 숨은 패턴을 찾아내는 사람을 말한다. 이들은 특정 숫자들 간에 숨은 연결고리를 감지하고 그 안에 숨은 특별한 의미와 중요성을 찾아낸다. 2017년, 미국의 래퍼 제이지Jay-Z가

〈4:44〉라는 제목의 음반을 발매한 날은 수비학자들에게 축제일이나 다름없었다. 이들은 동명의 타이틀곡에 담긴 의미를 재빨리 간파했다. 제이지에 따르면 이 제목은 수비학자들의 풀이대로 그가 자다 일어나 그 곡을 쓴 시각이었다.

한 수비학자는 다음과 같이 말하며 노래 제목에 들어간 숫자 4가 제이지 개인의 삶에서 드러난 패턴과 깊은 관련이 있다고 분석하기도 했다. "그의 아내의 생일이 4일, 어머니 생일도 4일, 본인 생일도 4일이다. 게다가 그는 4일에 결혼했다." 이 패턴이 물론 의미를 담고 있는 것처럼 보이지만, 램지 이론은 이처럼 기막힌 우연의 일치가 70억 명이 살아가는 이 세상에서는 무작위로 일어날 가능성이 높다는 것을 보여 준다(1년에 4일은 12번이므로 살아 있는 사람 중 2억 3천만 명 이상이 4일에 태어났을 것이라 예측 가능하며 그중 일부는 4일에 태어난 사람과 결혼했을 가능성이 있다).

적당한 혼돈 상태에서는 자연스럽게 패턴이 나타난다는 램지 이론을 예기치 않은 상황에서 맞닥뜨릴 때가 많다. 한 가지 예가 애플이 제작했던 아이팟iPod이다. 휴대용 음악 플레이어는 그 전에도 있었지만 아이팟은 단순한 재생기가 아니라 자생적 구조spontaneous structure, 혼돈 속에서 자연스레 생겨나는 질서를 갖춘 개인 음악 자료실이었다. 아이팟이 출시되면서 사람들은 이제 앨범이 한 장만 들어가는 시디플레이어가 아니라 수백, 수천 곡의 원하는 음악을 골라 모아 놓은 자신만의 음악 자료실을 갖게 됐다.

이와 더불어 새롭게 선보인 아이팟의 셔플shuffle, '섞기'를 뜻함 기능이 큰 주목을 받았다. 이는 저장돼 있는 음악 중 일부를 무작위로 골라 재생시키는 기능이었다. 그런데 다음과 같은 이상 사례가 전 세계 곳곳에서 접수되기 시작했다. "아이팟이 이상해요. 수십 명의 음악을 저장해 뒀는데 한 가수의 음악만 네다섯 곡씩 연달아 재생돼요." 이용자들은 아이팟이 고장을 일으켜 '섞는' 기능이 광고대로 작동되지 않는다고 생각했다. 아이팟이 인간처럼 취향이 생겨 특정 가수를 기피하는 현상이 나타나는 것이라고 주장하는 이도 있었다. '왜 마돈나 노래는 한 번도 안 나오고 푸 파이터스 노래만 계속 나오는 거지?'

램지 이론을 알고 있는 사람이라면 고장이 아니라 자연스러운 일이 벌어진 것이라고 생각할 것이다. 수없이 많은 곡을 임의 재생 기능을 켜 둔 상태에서 오랫동안 듣다 보면 어느 시점에는 같은 가수의 음악이 연달아 재생될 수밖에 없다. 음악을 재생하는 시간이 길면 길수록 이런 패턴이 나타날 가능성도 덩달아 높아진다. 단어 찾기 퍼즐의 규모가 커질수록 무작위로 여러 단어가 만들어지는 것과 마찬가지다.

전설이 된 아이팟

우리가 무작위성에서 패턴을 발견하는 이유는 역설적으로 무작위성이 어떤 상태를 말하는지 정확히 모르기 때문이다. 무작위성이라고 하면 대상들이 균일하게 뒤섞여 반복되는 패턴이 나타나지 않는 상태라고 생각한다. 하지만 진정한 무작위성은 무작위적으로 일어나는 것처럼 보이지만 그 안에 반복 또는 연속이 나타나는 상태를 말한다. 가령 동전 던지기를 30번 했을 때 앞면(H)과 뒷면(T)이 나오는 횟수가 다음과 같이 나왔다고 치자.

1	H	11	T	21	H
2	H	12	T	22	H
3	H	13	H	23	T
4	T	14	H	24	H
5	H	15	H	25	T
6	T	16	H	26	T
7	H	17	T	27	T
8	H	18	T	28	T
9	T	19	H	29	H
10	H	20	T	30	H

위 표를 다음 표와 비교해 보자.

1	T	11	H	21	H
2	H	12	T	22	H
3	H	13	H	23	H
4	T	14	T	24	T
5	H	15	T	25	H
6	T	16	H	26	T
7	T	17	T	27	T
8	T	18	H	28	H
9	H	19	H	29	T
10	H	20	T	30	H

스포일러 경고. 둘 중 하나는 실제로 동전을 던져서 나온 결과가 아니다. 해 보지도 않고 만들어 낸 것이다. 어느 표가 진짜인지 알아챘는가?

수학이 그 답을 알려 준다. 동전 던지기는 앞 또는 뒤라는 두 가지 결과만 가능하므로 50대 50이라는 확률의 관점에서 보면 특정 조합(뒷면이 나온 다음 앞면이 나오거나 3번 연속 뒷면이 나오는 등등)이 나오는 빈도를 예측할 수 있다. 결론부터 말하면 첫 번째 표는 실제로 동전을 던져서 나온 결과이고 두 번째 표는 지어낸 것이다. 두 번째 표는 같은 면이 여러 번 연달아 나오는 경우가 거의 없다. 사람들은 가령 한 면이 네 번 연달아 나오는 것을

오히려 비정상이라고 생각하고 무작위성을 구현할 때 이런 상황을 피하려고 한다. 하지만 첫 번째 표처럼 일정 횟수 이상 계속해서 동전을 던지다 보면 어느 시점에는 연달아 나오는 경우를 피할 수 없다.

영국의 심리마술사인 데런 브라운Derren Brown은 이를 실제로 입증했다. 그는 자신의 마술쇼에서 동전을 던져 10회 연속으로 앞면이 나오는 극적인 결과를 선보였다. 특수 효과가 넘쳐나는 시대이다 보니 대다수는 카메라나 편집을 이용한 속임수일 거라 넘겨짚었다. 하지만 카메라 각도를 교묘하게 조정한다거나 편집을 이용한 술수는 전혀 없었던 것으로 밝혀졌다. 그는 카메라가 멈추지 않고 돌아가는 가운데 동전을 열 번 던졌고 모두 앞면이 나오는 장면이 카메라에 담겼다. 다만 이 한 장면을 잡아내기 위해 아홉 시간 넘게 동전을 던져야 했다. 극단적인 예처럼 들리겠지만 이렇게 오랫동안 동전을 던지다 보면 연속으로 같은 결과가 나타날 가능성이 매우 높다. 왼쪽 페이지에서 볼 수 있듯 동전을 2,025번 던지면 열 번이 아니라 열다섯 번 연속으로 같은 면이 나올 수도 있다.

이 수학적 사실은 심각한 결과를 낳기도 한다. 앞서 살펴본 것처럼 사람들은 동일한 결과가 연속으로 나올 가능성이 거의 없다고 생각하는 경향이 있다. 카지노에서 이런 직관에만 의존하면 자칫 재앙을 불러일으키기 쉽다. 도박에 빠진 사람들은 연속해서 여러 번 돈을 잃으면 한 번쯤은 이기게 돼 있다는 믿음에 사로잡힌다. '도박사의 오류'라고 부르는 이런 착각은 비극을 부를 뿐 아니라 사실과도 거리가 멀다. 도박사의 오류에 속아 넘어간 이들은 결국 빈털터리로 전락하고 만다. 그들의 직관이 결국 틀린 것으로 판명나기 때문이다.

램지 이론은 인간의 생리 작용에서도 발견된다. 우리가 익히 알고 있는 위약 효과는 생물학적 효능이 없는 약물을 복용하거나 가짜 처치를 받은 뒤에 건강이 좋아졌다고 생각하는 현상을 말한다. 위약 효과가 과학적으로 입증되면서 지금은 신약을 임상 시험할 때 반드시 위약대조군과 대조군, 실험군을 함께 비교한다. 대조군은 아무런 약도 복용하지 않는 집단, 실험군은 시험약을 복용하는 집단, 위약대조군은 유효 성분이 함유되지 않은 가짜 약을 진짜 약으로 알고 복용하는 집단을 말한다.

흥미롭게도 위약대조군 가운데 일부는 실제로는 해당 약물을 복용하지 않았는데도 그 덕분에 상태가 나아졌다고 말한다. 진짜 약을 복용하고 있다는 믿음만으로 상태가 호전된 것이다. 질병과 아무런 상관도 없는 가짜 약을 복용했는데도 어떻게 몸이 회복될 수 있는 걸까?

이것이 패턴의 힘이다. 현대인들은 어린 시절부터 약과 건강한 몸의 관련성을 경험으로 학습한다. 심리학에서는 이를 '고전적 조건 형성'이라고 부른다. 러시아의 생리학자 이반 파블로프Ivan Pavlov는 조건 형성이 생물학적 효과로 이어진다는 것을 자신의 유명한 실험으로 입증했다. 그는 종을 울린 다음 개에게 먹이를 주는 패턴을 실험했고 그 결과 종을 치기만 하면 먹이가 없는데도 개가 침을 흘린다는 사실을 밝혀냈다. 통계학적 관점에서 말하자면 파블로프는 개에게 먹이와 종소리의 상관관계를 알려 주는 데이터를 주입하고 있었던 것이다.

이제 파블로프 이론과 램지 이론을 결합해 보자. 여러분이 의학적 효능이 전혀 없는 설탕 알약을 만들어 '감기·독감 치료제'라는 이름을 붙여 판매한다고 치자. 감기나 독감에 걸린 사람들은 신약에 대한 기대감과 안 먹는 것보다야 낫지 않겠느냐는 생각으로 그 약을 살 것이다. 앞서 살펴봤듯 램지 이론에 따르면 이 약을 복용하는 사람이 많아질수록(데이터가 늘어날수록) 증상이 호전된 것처럼 느끼는 사람도 일부 나타날 것이다. 사실은 아무런 효능이 없는데도 스스로 조건을 형성한 결과 약이 실제로 효과가 있다는 믿음이 강화된 것이다.

패턴을 알아보는 방법을 이해하면 방대한 데이터라는 혼돈 속에 숨어 있던 질서가 여기저기서 섬처럼 모습을 드러낼 것이다. 하늘에 떠 있는 구름은 끊임없이 움직이며 무작위로 형태를 바꾸는 과정에서 어쩌다 한 번씩 특이한 모습으로 나타나기도 한다. 드물게 물고기 모양의 구름이 보이는 것도 이 때문이다. 일부러 물고기 모양으로 만들어 낸 것이 아니라 무작위적인 것에서 익숙한 형태를 찾아내는 우리의 심리 때문에 그렇게 보이는 것이다.

별들이 찬란하게 빛나는 밤이면 패턴을 찾아내려는 인간의 심리가 더 강해진다. 옛사람들이 그랬듯 우리가 별을 보고 익숙한 모양을 찾아내거나 온갖 이야기를 만들어 내는 것도 그 때문이 아닐까.

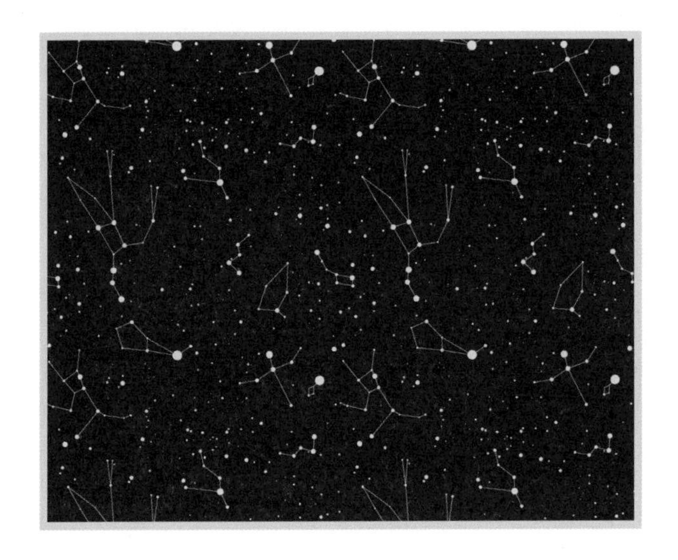

19장

수학적 증명이란 무엇인가

우리는 앞 장에서 그래프 이론과 파티 문제를 살펴보며 최소 6명을 초대해야 적어도 3명이 서로 아는 사이이거나 서로 모르는 사이라고 언급했는데, 이것이 참임을 어떻게 알 수 있을까? 5명은 부족하고 7명 이상은 필요 없다는 것을 어떻게 확신할 수 있을까?

이는 수학에서 매우 중요한 개념인 증명proof을 살펴보기에 안성맞춤인 예다.

'증명'이란
논거나 증거를 제시해
참인지 아닌지를 밝히는 것을 말한다.

물론 증명이 수학자의 전유물인 것은 아니다. 증명은 분야에 따라 여러 가지 의미로 쓰인다.

한 가지 예로 '과학적 증명'이 있다. 인류는 계몽주의 시대 이래로 과학적 증명을 통해 진보해 왔으며 과학적 증명 방법이 없었다면 우리는 아직도 암흑기를 살고 있을지도 모른다. 과학적 증명 방법은 실험과 반복 관찰이다. 가설을 세운 다음 특정 조건하에서 신뢰할 수 있는 실험을 진행해 결과를 도출하고 다른 사람들이 이 실험을 반복해 같은 결과를 도출할 수 있으면 과학적으로 증명됐다고 말한다.

하지만 세상에는 이렇게 검증할 수 없는 것들이 무수히 많다. 단적인 예가 역사다. 과거의 역사를 그대로 재현해 관찰할 수 없기 때문이다. 그렇다면 과거에 어떤 사건이 실제로 일어났는지 어떻게 증명할 수 있을까? 당연히 실험은 불가능하다. 그래서 사학자와 고고학자 들은 역사적 사건의 진위를 검증하기 위해 근거의 위계hierarchy of evidence를 정립했다. 이들은 기록물, 목격자 증언, 독립 증거independent source, 물리적 유물 등 다양한 근거로 설득력을 갖춰 가설을 증명하고자 한다.

하지만 과학적 증명과 역사적 증명에는 몇 가지 결정적인 한계가 있다. 이는 과학적·역사적 지식의 본질적인 성격과 관련돼 있어 불가피한 것으로 여겨진다. 그렇다 해도 중대한 문제임은 분명하다.

이 두 분야의 태생적 문제는 한마디로 아직 완전한 지식이 아니라는 것이다. 과학 분야에서는 도구의 한계로 인해 증명하기가 어려울 때가 많다. 열쇠 구멍으로 세상을 보려고 하는 격이기 때문이다. 열쇠 구멍으로는 저편에서 벌어지는 일들을 일부만 볼 수 있으니 전체 그림을 완전히 파악할 수 없다. 세상을 더 넓게 볼 수 있게 해 주는 신기술이 등장할 때라야 이를 이용해 실험을 재설계하고 이전의 믿음을 뒤집는 새로운 사실을 발견할 수 있다. 기술의 진보가 열쇠 구멍을 조금씩 넓히는 것이다. 때로는 기술이 이 문을 완전히 열어젖히기도 한다.

인류는 이런 과정을 거치며 과학적 진보를 이룩했다. 이를 잘 보여 주는 예가 오랜 세월에 걸쳐 축적해 온 원자에 관한 지식이다. '원자'를 뜻하는 영단어 atom은 '쪼갤 수 없는'을 의미한다. 원자를 더 이상 쪼갤 수 없는 가장 작은 입자라고 생각해 과학자들이 붙인 이름이다. 그러다 물리학자인 조지프 톰슨Joseph. J. Thomson이 오늘날 우리가 '전자'라고 부르는 입자의 질량을 측정하는 방법을 찾아내면서 과학자들은 이 새로운 지식을 바탕으로 기존 모델을 수정했다. 톰슨에 따르면 원자 속 전자는 다음처럼 분포돼 있다.

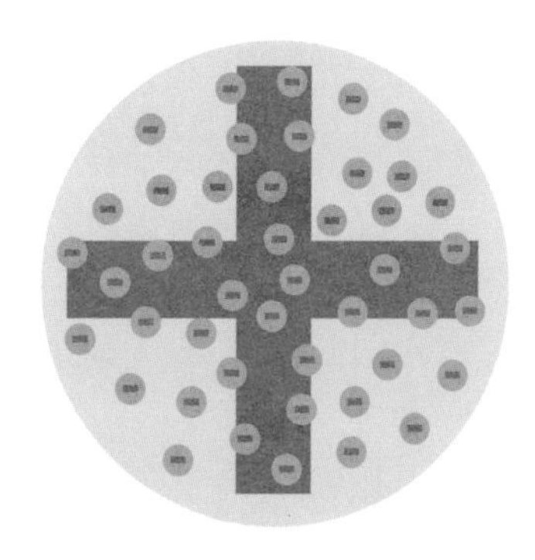

그는 원자 내부의 음전하가 흡사 푸딩에 건포도가 듬성듬성 박혀 있는 모습처럼 고르게 분포돼 있다고 생각했다. 덕분에 톰슨의 원자 모델은 '건포도 푸딩 모형'이라는 친근한 이름을 얻었다. 하지만 어니스트 러더퍼드Ernest Rutherford가 원자 중심에 질량이 밀집돼 있고 음전하가 그 주위를 돌고 있다는 사실을 실험을 통해 밝혀내면서 이 모델은 또 한 번 수정됐다. 그는 이 중심부에 '핵nucleus'이라는 이름을 붙였다. 이로써 그는 '핵물리학의 아버지'라는 영예와 더불어 훗날 과학적 발견의 상징이 될 원자 모형을 제시하는 혁혁한 공을 세웠다.

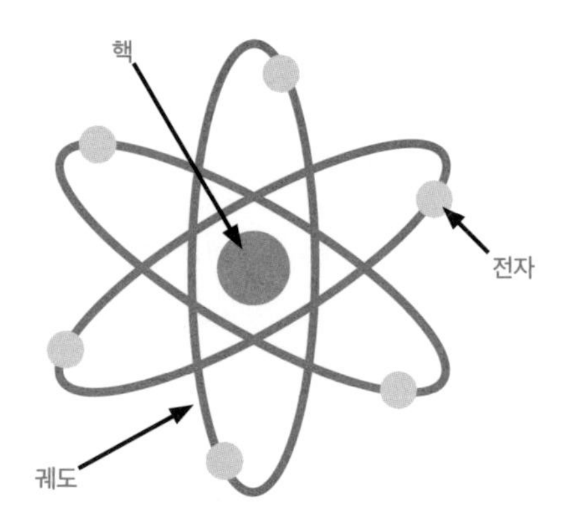

하지만 그보다 뛰어난 도구가 등장하면서 이 모델도 또다시 수정된다. 과학자들은 이처럼 전보다 성능이 더 뛰어난 도구를 이용해 원자에 대한 이해를 차츰 넓혀 왔으며 그 결과 오늘날 물리학자들은 전자가 자신의 에너지 준위energy level에 따라 원자핵 주위로 정해진 궤도orbital를 돌면서 원자 내부에 구름 모양으로 분포한다고 생각한다.

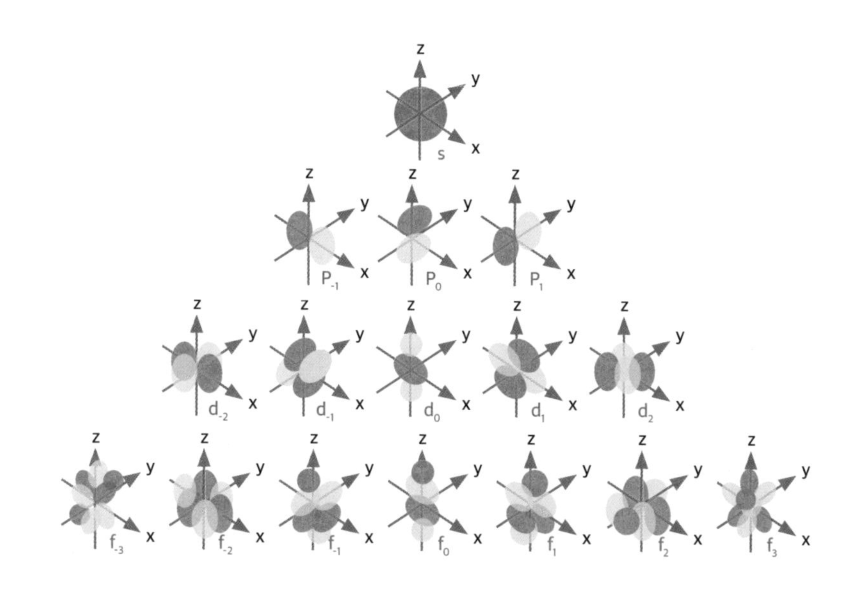

과학이 발전함에 따라 진보된 기술을 이용해 보다 정확한 과학적 원리를 밝혀낼 수 있게 되면서 인류는 새로운 지식을 반영해 한때 '증명된' 모델들을 끊임없이 수정해 왔다.

이유는 조금 다르지만 역사학자들 역시 비슷한 문제에 봉착해 있다. 역사에 대한 지식은 불완전하다. 증거가 이미 땅속에 묻혀 버렸거나 사라지기도 하고 목격자의 증언을 미처 기록하지 못하는 등의 이유로 역사적 진실은 여전히 가려져 있다. 그 와중에도 새로운 사실을 발견하면 한때 진실이라고 여겨졌던 것들을 수정하기도 한다. 대표적인 예가 1870년에 발굴된 트로이Troy 유적이다. 트로이는 원래 고대 그리스 작가 호메로스Homeros의 작품에 등장하는 허구적 신화로 여겨졌다. 하지만 고고학자들이 터키에서 당시의 유물을 발굴하면서 트로이는 단순한 허구가 아니라 실재한 도시였다는 사실이 뒤늦게 밝혀졌다.

두 사례만 봐도 증명이라는 개념이 매우 유연하다는 것을 알 수 있다. 증명은 어떻게 보면 '더 정확한 사실을 밝혀내기 전까지는 가장 정확한 지식'을 정립하는 작업이다. 아직 완전하지 않더라도 증거가 있는 이상 미신보다는 낫지 않은가. 하나의 종에 불과한 인류는 증명을 바탕으로 지금껏 놀라운 것들을 이룩해 냈다.

하지만 수학적 증명은 과학적 증명이나 역사적 증명보다 훨씬 더 깊이 파고든다. 과학은 실험에, 역사학은 사료에 의존한다면 수학은 논리라는 도구를 이용한다. 바로 이 점이 다른 학문 분야들과 차별화되는 핵심적 특징이다. 우선 수학적 증명은 누구나 할 수 있다. 오늘날에는 값비싼 실험실을 갖춘 대규모 연구팀이 과학적 혁신을 대부분 독점하고 있다. 이런 막대한 자원은 아무나 누릴 수 없다. 반면, 수학은 누구나 새로운 지평을 열 수 있다. 연필과 종이 몇 장만 있으면 그만이다.

둘째로 수학적 증명은 영원하다. 과학 이론들은 더 뛰어나고 더 정확한 실험이 등장하면 다시 수정되지만 수학적 진실은 세월이 흘러도 변하지 않는다. 피타고라스와 유클리드 같은 아득한 옛 인물들을 학창 시절에 접하는 이유도 그 때문이다. 이들이 제창한 이론들은 처음 등장했던 그때나

지금이나 여전히 진리로 받아들여지고 있다. 어떤 명제가 수학적 증명을 통해 참으로 밝혀지면 영구한 진리로 남는다.

셋째로 수학적 증명은 폭넓게 응용 가능하다. 매우 다양한 상황에 적용할 수 있는 진리로 여겨진다는 말이다. 한 가지 논리가 정립되면 하나의 상황뿐만 아니라 그와 비슷한 모든 상황에 대입할 수 있다. 가령 '직각삼각형의 제일 긴 빗변의 길이의 제곱은 직각을 낀 나머지 두 변의 제곱의 합과 같다'는 피타고라스의 정리는 직각삼각형의 세 변의 관계를 정의한다. 이는 특정 직각삼각형만을 두고 도출한 결론이 아니다. 이 세상에 존재하는 모든 직각삼각형에 보편적으로 적용되는 진리다.

파티 문제를 풀 때는 이를 염두에 두는 것이 중요하다. 사실 파티에 초대할 사람들의 관계만 고려한다면 만들어 낼 수 있는 조합은 무한하다. 그런 점에서 3명이 서로 친구 사이이거나 서로를 모르는 사이임을 보장하는 인원이 최소한 6명이라고 단언하는 것은 논리적 비약처럼 들릴 수 있다. 지

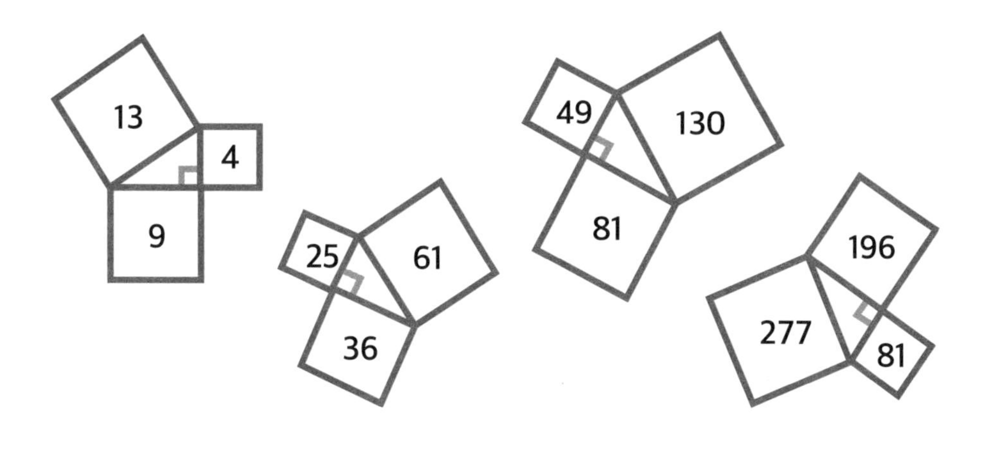

구상의 모든 사람들을 대상으로 하면 만들어 낼 수 있는 조합이 끝없이 늘어날 테니 말이다.

바로 이때 수학적 논리가 빛을 발한다. 이제 이어지는 장에서 이와 관련된 논쟁을 살펴보며 이 문제의 이면에 놓인 수학적 논리가 어떻게 증명되는지 자세히 알아보자.

20장

법정에 선 수학

"일어서 주십시오!"

법정에 모인 사람들이 저마다 범인을 추정하며 귓속말로 속삭이던 때, 집행관의 외침이 소음을 뚫고 울려 퍼진다. 모두들 일제히 입을 다문다. 당신은 방청석에 앉은 사람들의 표정을 읽어 보려 하지만 그들의 시선은 딴 곳을 향하고 있다. 피고인이 들어설 문을 찾는 것이다.

자리에서 일어나자 또 다른 등장인물들이 법정을 채워 나가기 시작한다. 판사와 배심원들이 각자 제자리를 찾아가고 있다. 앞쪽 책상에는 누군지 모를 사람이 초조한 표정으로 필기 내용을 훑고 있다. 피고를 찾아 눈을 돌리는 순간 특이한 광경이 펼쳐진다. 피고가 한 명이 아니다. 피고인과 변호사가 한 명씩 짝을 이루어 늘어선 줄이 법정 출입문 바깥까지 길게 이어져 있다. 피고인들은 하나같이 주황색 셔츠를 입었고 등에는 새까만 글씨의 숫자가 박혀 있다.

판사가 재판을 진행한다. "오늘 우리는 이 사건의 진상을 밝히기 위해 모였습니다. 이제 이중 누가 범인인지 밝혀내려 합니다. 파티에 참석한 사람 중 최소한 3명이 서로 아는 사이이거나 3명이 서로 모르는 사이일 때 최소 참석자 수는 얼마입니까?" 그는 줄지어 선 피고인들을 하나씩 뚫어지게 바라본다.

그는 이어서 말한다. "배심원 여러분, 여러분이 할 일은 증거를 따져 보고 결정을 내리는 것입니다. 여기 피고인들이 줄지어 나와 있습니다. 세상의 모든 자연수를 재판정에 세우는 한이 있더라도 기필고 밝혀낼 것입니다. 파티에 참석한 이들 중 3명이 서로가 아는 사이이거나 3명이 전혀 모르는 사이라면 파티 참석자는 최소 몇 명이 되어야 합니까? 그 수는 이들 중 과연 누구입니까?"

피고인들은 일렬로 선 채 서로 불안한 시선을 교환한다. 바로 그 순간, 당신은 이들이 순서대로 서 있다는 사실을 알아챈다. 셔츠에 1이라고 적혀 있는 피고인이 판사와 가장 가까운 줄 맨 앞에 서 있고 그 뒤를 이어 2, 3, 4,… 가 서 있다. 창밖을 내다보니 줄지어 선 피고인들이 건물 바깥 시선이 닿지 않는 곳까지 길게 늘어서 있어 끝이 안 보일 지경이다.

한 변호사가 앞으로 나와 판사에게 말한다. "재판장님, 제 의뢰인은 1과 2입니다. 허락해 주신다면 두 의뢰인 중 한 명은 유죄라는 의혹을 속히 잠재우고 싶습니다."

판사가 고개를 끄덕이며 말한다. "변론하세요." 변호사는 목을 가다듬는다. "재판장님, 이 재판은 아는 사이인 3명, 또는 모르는 사이인 3명이 참석해야 하는 파티에 관한 것이므로 서로 모르는 사이든 아는 사이든 최소 3명은 있어야 합니다. 제 의뢰인 1과 2는 이에 해당하지 않으니 무죄를 선고해 주시기 바랍니다."

배심원들이 동의의 뜻으로 조용히 중얼대는 소리가 들린다. "알겠습니다." 판사도 인정한다. "1과 2, 두 사람은 명백한 수학적 논리에 따라 무죄임이 입증되었습니다. 나가도 좋습니다." 맨 앞에 서 있던 두 피고인이 재빨리 서로 얼싸안은 뒤 변호사와 함께 걸어 나간다.

그러자 앞쪽 책상에 앉아 있던 사람이 앞으로 나선다. 외모를 보아 하니 아무래도 신출내기 같지만 재판에 진지한 자세로 임하고 있다는 듯 눈빛은 결의에 차 있다. 당신은 속으로 생각한다. '검사인가 보군.'

그는 노트에 시선을 고정한 채 말한다. "판사님, 유력한 용의자가 아직 많이 남아 있으니 범인을 밝혀낼 수 있으리라고 자신합니다." 그는 맨 앞에 서 있는 그 다음 피고인에게 시선을 옮기고는 이렇게 말한다. "3의 유죄를 입증하는 증거물 A를 봐 주시기 바랍니다."

그러자 집행관이 커다란 증거물 보드를 들고 와 앞쪽에 놓인 이젤 위에 올려놓는다.

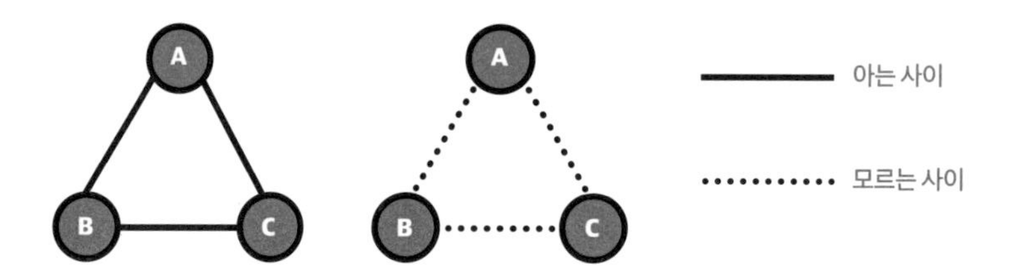

검사가 이어서 말한다. "보시는 바와 같이 이 두 예시는 3에게 범죄를 저지를 능력이 있음을 분명히 보여 줍니다. 3은 3명 다 서로 아는 사이이거나 3명 다 서로 모르는 사이로 만들 수 있는 수단과 동기가 있습니다. 이보다 더 명백한 증거가 있을까요?" 3이 불안해하며 자세를 고쳐 앉는 모습이 보인다.

"이의 있습니다!" 3의 변호사가 외친다. "검사의 추측에 불과합니다. 총을 쥘 수 있다고 해서 그가 범죄자임이 입증되는 건 아닙니다. 서로를 아는 3명의 사람을 초대하거나 서로를 모르는 3명의 사람을 파티에 초대할 수 있다고 해서 제 의뢰인이 범죄자임이 저절로 입증되는 건 아닙니다. 그것만으로는 제 의뢰인의 유죄를 입증하는 증거라고 보긴 어렵습니다." 그는 검사를 향해 돌아선다. "검사의 추측에 불과합니다."

판사가 천천히 턱을 쓰다듬는다. "인정합니다. 검사, 그걸로는 부족합니다. 확실한 증거를 가지고 증명하세요." 검사가 무어라 답하기도 전에 3의 변호사가 다시 입을 연다.

"재판장님, 허락해 주신다면 제 의뢰인의 혐의를 벗기고 무죄를 증명해 줄 증거를 제시하고자 합니다. 증거물 B를 봐 주시기 바랍니다."

집행관이 또 다른 그림을 이젤 위에 올려놓는다.

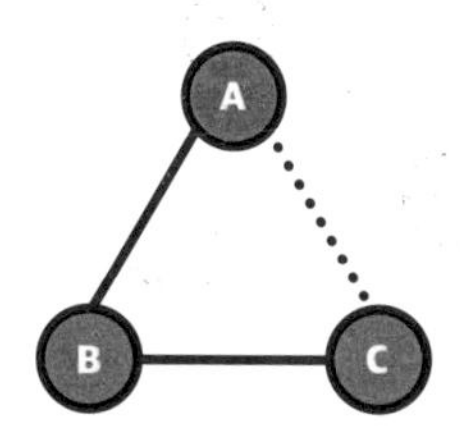

3의 변호사는 잠시 뜸을 들이며 배심원들이 눈앞의 증거를 살펴볼 시간을 준다. "재판장님, 검사 측은 자신들이 기소한 내용을 제대로 이해하지 못하고 있습니다. 그들은 한 단어를 간과했습니다. 바로 '반드시'입니다."

3의 변호사가 열변을 토한다. "재판장님, 제 의뢰인은 유죄가 아닙니다. 3명이 있다고 해서 3명 모두 서로 모르는 사이이거나 서로 아는 사이임이 반드시 보장되는 것은 아니기 때문입니다. 지금 보고 계신 예는 이 조건에 들어맞지 않습니다. 보시는 것처럼 3명 모두 서로 아는 사이이거나 서로 모르는 사이라고 단정할 수 없기 때문이지요. 이는 검사가 말하는 '반드시'라는 조건과 배치됩니다."

판사가 안경 너머로 당황한 표정의 검사를 바라보며 말한다. "그러고 보니 검사가 말한 주장과 명백히 모순되는군요. 피고인 3은 무죄입니다."

3의 변호사가 의뢰인을 데리고 법정 밖으로 사라진다. 이번에는 또 다른 변호사가 앞으로 나온다. 한 명이 아닌 두 명의 피고인과 함께다.

변호사가 말한다. "저는 4와 5의 변호인입니다. 허락해 주신다면 검사가 더는 시간을 낭비하지 않도록 바로 증거물 C를 제시하겠습니다."

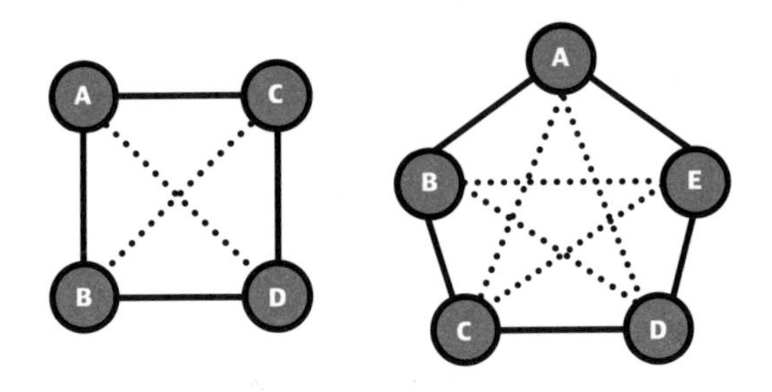

증거물 C가 이젤 위에 놓이자 변호사가 이어서 말한다. "배심원 여러분, 보시다시피 제 의뢰인들 역시 결백합니다. 두 그림은 3명이 모두 아는 사이이거나 3명이 모두 모르는 사이가 반드시 포함되지 않을 수 있음을 보여줍니다. 3과 마찬가지로 검사의 기소 내용과 모순되며 이 두 사람을 바로 석방해야 합니다!"

판사가 고개를 끄덕이며 검사를 바라본다. "검사, 상황이 당신에게 불리하게 돌아가는 것 같군요. 이 피고인 중 한 명이라도 정당하게 기소한 게 맞습니까?"

이쯤 되니 검사가 측은하게 느껴진다. 법정에 들어설 때는 단 한 올도 헝클어지지 않았던 머리가 어느새 엉망이 돼 있다. 패배를 직감하는 모양새다. 책상 위에 어지럽게 뒤섞인 서류 뭉치와 구겨진 메모지는 의기양양하게 법정에 들어온 피고와 변호인 들에게 제대로 맞서지 못한 채 참패한 흔적처럼 보인다.

그런데 판사의 마지막 말이 귓가에 울리는 순간, 당신은 곁눈질로 무언가를 포착한다. 또 다른 피고인인 6이 앞쪽으로 천천히 걸어 나오고 있다.

6은 앞서 법정에 선 피고인들과는 달라 보인다. 얼굴이 빨갛게 상기됐고 이마에는 굵은 땀방울이 흘러 내리고 있다. 변호사 옆자리에 앉은 그에게서 불편한 기색이 엿보인다. 변호사의 서류 가방은 직접 그린 도표가 가득한 종이들로 터져 나갈 지경이다.

검사가 자세를 고쳐 앉았다. 이 피고인은 볼 것도 없이 불안감에 사로잡혀 있다. 검사의 눈에 희망이 스친다. 그는 책상 위의 서류를 정리하더니 몇 장을 추려 재빨리 메모한 후 나머지 서류를 반듯하게 정리한다. 그런 다음 잠시 동작을 멈추고 눈앞에 놓인 서류를 쳐다보며 사건을 다시 검토해 본다. 그는 깊게 숨을 마신 뒤 판사에게 말한다.

"재판장님, 오늘 제 변론을 상기해 볼 때 못 미더우실 수도 있습니다만, 우리 앞에 서 있는 저 피고인의 유죄를 명백하게 입증할 증거가 있습니다." 검사는 피고 6을 정면으로 바라보며 이어서 말한다. "모든 가능성을 검토했으니 이제 배심원 여러분 앞에서 변론을 펼치고자 합니다."

"계속하세요." 판사가 말한다.

"저는 이 법정이 엄정한 증명을 요구한다는 것을 잘 알고 있습니다. 따라서 일말의 의혹 없이 제 주장을 완벽하게 증명하기 위해 일반적인 상황이 아닌 현 상황에서의 특정 관계들을 좀 더 자세히 살펴봐 주시길 요청하는 바입니다." 그 사이 집행관이 증거물 D를 이젤 위에 올려놓는다. "파티에 6명이 참석할 경우 각 참석자는 나머지 참석자들과 각각 고유한 관계를 맺는다는 점에 주목해야 합니다. 즉, 파티에 참석한 사람들 간에는 다음과 같이 총 15가지 관계가 나타납니다."

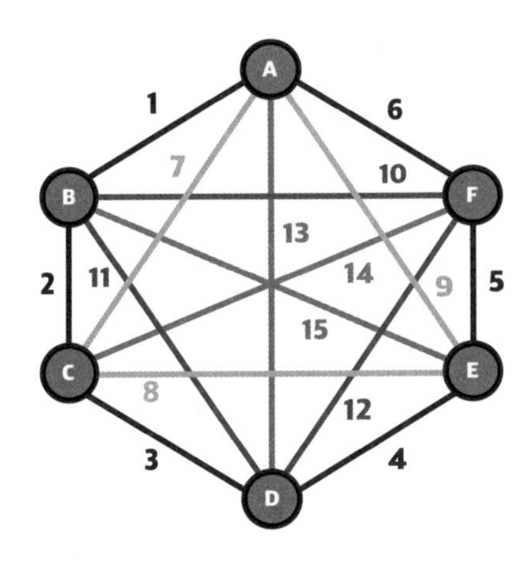

"각 참석자들은 나머지 참석자들과 이전에 만난 사이일 수도, 파티에서 처음 만난 사이일 수도 있습니다. 다시 말해 15가지의 관계가 각각 두 가지 값을 가질 수 있습니다. 서로 아는 사이이거나 서로 모르는 사이라는 두 개의 값이지요. 따라서 피고인 6의 경우 참석자들이 서로 아는 사이인지 모르는 사이인지에 따라 2^{15}의 조합이 가능해집니다. 피고가 유죄임을 밝히기 위해 이 법정에서 제가 이 32,768가지 조합을 하나하나 설명하기를 바라거나 요구하실 분은 없으시겠지요."

배심원들의 표정을 보니 답은 이미 정해진 듯했다. 그들은 피고인들만큼이나 이 법정을 어서 떠나고 싶어 하는 눈치다.

"이를 증명하기 위해 가능한 조합을 하나하나 따져 볼 필요는 없지만, 그래도 이 파티에 참석한 사람들 간에 나타난 몇몇 핵심적인 관계를 살펴볼 필요가 있습니다."

검사는 몸을 돌려 배심원들을 똑바로 바라본다. 때마침 집행관이 증거물 E를 들고 온다. "파티 참석자 중 단 한 명, 즉 A에 주목해 봅시다. A를 기준으로 하면 파티에는 5명의 참석자가 더 있고 A는 이들 5명과 아는 사이이거나 처음 만난 사이일 것입니다. 다시 말해 A의 친구가 가장 많은 경우라면 5명, 가장 적은 경우라면 0명이 됩니다."

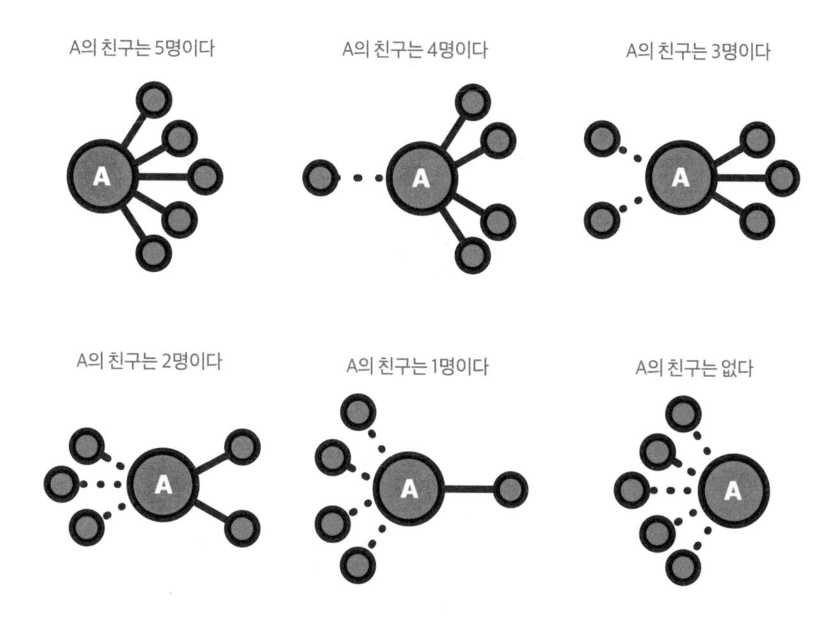

"재판장님, 그리고 배심원 여러분, 이는 A와 아는 사이가 0~5명, 모르는 사이가 0~5명이라는 뜻입니다. 두 경우에서 관계를 하나씩 따져 보면 결국 A는 아는 사람도 최소 3명, 모르는 사람도 최소 3명이 되는 것이지요. 이 패턴을 벗어날 수는 없습니다."

"검사, 지금까지는 타당한 주장처럼 들리긴 합니다만" 판사가 말한다.

"그 정도로는 6이 유죄임을 입증하기는 어렵군요."

"재판장님, 옳은 말씀입니다." 검사가 이어서 말한다. "A가 아는 사람 또는 모르는 사람이 최소 3명이라는 것을 자세히 따져 보겠습니다. 이 3명이 모두 A와 아는 사이라고 가정하고 각각을 B, C, D로 부르기로 하지요."

배심원들을 설득하기 위한 또 다른 증거가 이젤 위에 놓인다.

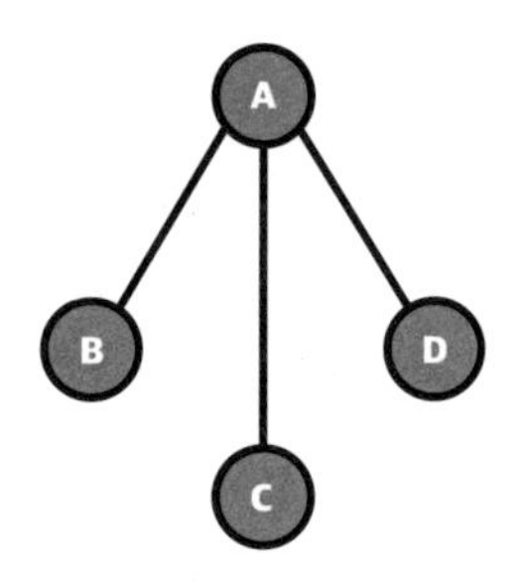

"6이 결백하다면 C는 B와 D 중 한 사람과 친구 사이일 수 없습니다."

"왜 그렇죠?" 판사가 묻는다.

검사는 일말의 망설임도 없이 답한다. "C가 B의 친구라면 A, B, C 3명은 서로 아는 사이가 됩니다. 마찬가지로 C가 D의 친구라면 A, C, D 3명도 모두 아는 사이가 되고요. 5명 중 A가 아는 사람이 3명이라면 모르는 사람은 2명이 되겠지요. 재판장님, 피고인 6이 피하려 한 상황이 이처럼 최소한 3명이 반드시 친구 사이인 경우입니다."

6이 초조함을 감추지 못한다.

"계속하세요." 판사가 말한다.

집행관이 또 다른 증거를 내온다.

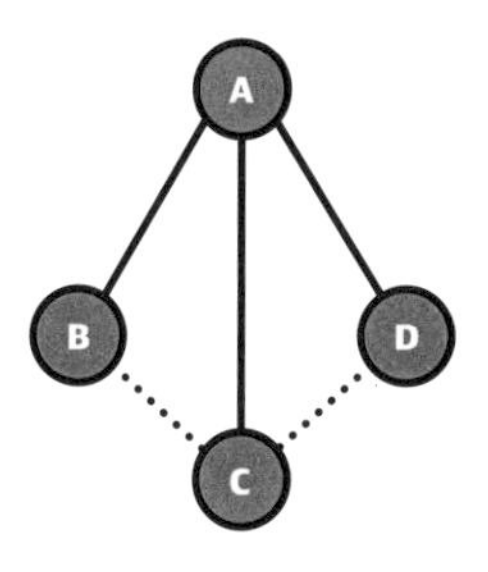

"C가 B, D와 모두 모르는 사이라면 한 가지 관계만 남습니다. 바로 B와 D의 관계입니다. 이것이 마지막 퍼즐 조각입니다. 재판장님, B와 D가 아는 사이든 처음 만난 사이든 두 경우 모두 6이 범인입니다."

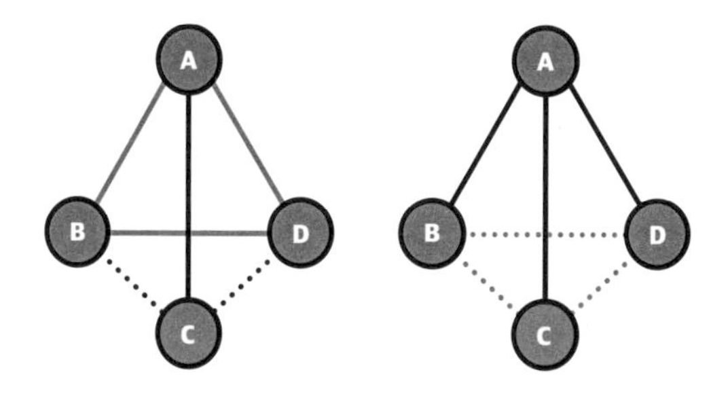

판사가 눈썹을 치켜올린다. "왜 그렇게 확신하는 거죠?"

검사는 집행관이 마지막으로 들고 온 증거를 가리키며 미소를 띤 채 이어서 말한다. "재판장님, B와 D가 아는 사이라면 A, B, D 3명은 서로를 모두 아는 사이입니다. B와 D가 모르는 사이라면 B, C, D 3명 역시 서로를 모두 모르는 사이입니다. 아는 사이든 처음 만난 사이든 반드시 최소 3명이 된다는 말입니다. 재판장님, 6은 우리가 찾던 범인입니다!"

피고 측 변호사는 패배를 완전히 인정하는 것인지 굳이 이의를 제기하려 하지 않는다. 그사이 당신은 검사의 주장에 주의를 집중한 나머지 미처 배심원들을 살펴보지 못했다. 지금 그들은 하나같이 고개를 끄덕인다. 평결을 내리기 위해 고심할 필요도 없어 보인다. 방금 눈앞에 놓여 있던 증거가 6이야말로 자신들이 찾고 있던 숫자라는 확신을 심어 주었기 때문이다. 판사 역시 이런 분위기를 감지한다. 법정 안에 속삭이는 목소리들이 높아지기 시작하자 그는 의사봉을 내려치며 "정숙하세요, 정숙하세요!"라고 외친다. "검사 측이 제시한 증거를 바탕으로 본 법정은 6에게 유죄 판결을 내리는 바입니다. 6은 파티에 아는 사이인 사람이 3명, 또는 모르는 사이인 사람이 3명이 있다는 것을 보장하는 최소한의 수입니다. 다른 피고인들은 모두 무죄입니다!"

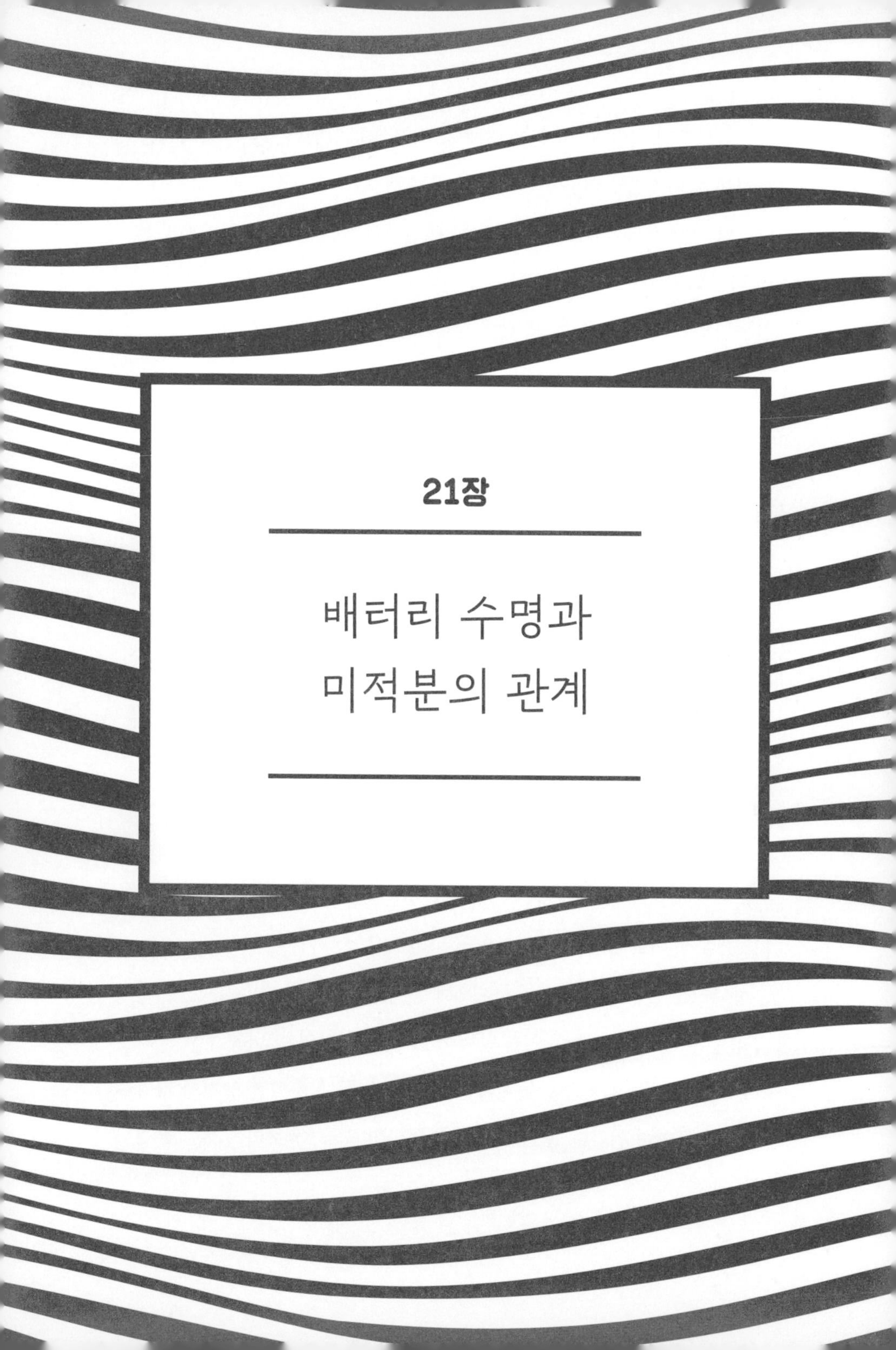

21장

배터리 수명과 미적분의 관계

스마트폰이 지난 몇 년 동안 내게 앙심을 품고 있었던 걸까? 이 녀석은 확신에 찬 거짓말로 나를 곤경에 빠뜨리는 재주가 뛰어나다. '배터리는 넉넉하니 걱정 마세요!'라고 의기양양하게 선언하고는 겨우 몇 분 뒤에 방전이 되곤 하기 때문이다. 그것도 하필이면 내가 일일 사진작가라는 막중한 임무를 맡은 아들의 생일파티 같은 결정적 순간에만 전원이 꺼졌다.

"그게 무슨 말이야? 애가 촛불을 꺼뜨리는 순간을 놓쳤다고?"

"스마트폰 배터리가 분명 20퍼센트나 남아 있었단 말이야."

희한하게 배터리가 고작 2퍼센트 남았는데도 몇 시간이나 질기게 버티는 정반대 현상이 나타날 때도 있었다. 대체 왜 그런 걸까? 나를 곤경에 빠뜨렸던 시간들을 그렇게라도 만회하려는 걸까?

스마트폰 화면 상단 모서리에 있는 조그마한 배터리 아이콘 옆에는 백분율이 표시돼 있다. 이 백분율은 언뜻 단순해 보여도 복잡한 수학 원리가 숨어 있어 오해를 불러일으킬 때가 많다. 그 이유를 이해하려면 배터리 수명이란 무엇이고, 어떻게 측정하는지부터 알아야 한다.

배터리는 자신이 감당할 수 있는 용량에 맞게 일정량의 전기를 저장한다. '용량'이란 용기 안에 들어갈 수 있는 분량을 뜻하므로 정해진 크기에 따라 일정량의 물을 저장하는 항아리에 비유하곤 한다. 배터리가 전기를 저장하는 용기와 유사하다고 생각하는 것이다.

항아리는 겉면에 줄을 그어 간편하게 분량을 표시할 수 있다. 반면 배터리 용량은 쉽게 측정할 수 있는 방법이 없다. 그렇다면 이 비유가 과연 타당한 걸까? 배터리는 속을 들여다볼 수 없게 만든 불투명한 용기에 가깝다. 속에 무엇이 얼마나 들었는지 알 수 없다면, 즉 눈에 보이지 않는 물질의 양을 측정하려면 어떻게 해야 할까? 바로 여기서 수학의 가장 강력한 무기 가운데 하나가 등장한다. 바로 미적분이다.

학창 시절에 수학을 배운 사람이라면 대부분 '미적분'이라는 말만 들어도 덜컥 겁을 낼 것이다. 일반인은 도무지 이해할 수 없는 낯선 개념과 복잡한 법칙이 떠오르기 때문이다. 나는 《땡땡Tintin의 모험》벨기에 출신 탐방 기자가 반려견과 함께 세계를 누비며 겪는 모험을 그린 만화에 등장하는 미치광이 과학자 커스버트 캘컬러스Cuthbert Calculus 교수를 통해 미적분이라는 말을 처음 접했다'캘컬러스'는 영어로 '미적분'을 뜻한다. 그는 겉모습뿐만 아니라 정신세계도 미적분 그 자체였다. 일반인은 도무지 이해할 수 없는 황당하고 생경한 기인이었던 그의 모습이 미적분과 너무도 닮아 보였던 것이다.

수학에서 다루는 개념들은 우리가 사는 세계를 구성하고 있는 본질적인 요소 중 하나다. 수학 개념들이 동서고금을 막론하고 역사적으로 전 세계 곳곳에서 여러 인물들에 의해 거듭 발견돼 온 것도 그 때문이다. 그중에서도 미적분의 '발명'은 뜨거운 논쟁거리였다. 17세기에는 미적분의 최초 발명자가 누구인지를 두고 수학자 고트프리트 라이프니츠Gottfried Leibniz와 아이작 뉴턴이 격론을 벌이기도 했다. 미적분의 창시자가 누구인지에 대해서는 오늘날까지도 의견이 분분하다.

그럼에도 한 가지 분명한 것은 미적분이 아주 간단한 문제를 해결하기 위해 만들어졌다는 것이다. 그 문제란 바로 '양은 어떻게 변화하는가?'이다. 우리는 변화하는 두 가지 양 사이의 관계에서 하나의 양이 변할 때 그에 따라 다른 양이 변하는 비율이 얼마인지를 알아내기 위해 미적분을 이용한다. 예를 들어 차로 이동하는 거리와 그 거리를 이동하는 데 걸리는 시간이라는 두 개의 변화하는 양이 있을 때 한 시간 동안 몇 킬로미터를 이동하는지, 즉 시간당 거리를 알고 싶으면 미적분을 쓴다.

시간당 거리를 묻는 질문인 경우, 이를테면 '시간당 60킬로미터'처럼 답을 쉽게 계산할 수 있다. '시간에 대한 거리'라는 비율의 개념을 자세히 살펴보면 흔히 오해하는 수학 용어들에 대한 실마리를 얻을 수 있다('시간에 대한 거리'는 수학자들이 자주 쓰는 매우 중요한 개념이라 흔히 '속도'라는 이름으로 불린다). 그런데도 우리는 그 의미를 이해하지 못한 채 이런 수학 용어와 기호들을 무턱대고 외운다.

수학을 잘하려면 우리가 일상적으로 쓰는 표현이 연산 법칙을 그대로 나타내는 경우가 많다는 것을 알아야 한다. 가령 '그리고[와/과]And'는 덧셈을 뜻한다. "숟가락 다섯 개랑 포크 세 개를 가져다주겠니?"라고 말하면 3 + 5를 뜻하므로 총 8개를 가져다줄 것이다. 횟수를 의미하는 '~번Times'은 곱셈을 의미한다. 가령 "오늘은 3점 슛을 7번이나 넣었어"라고 말한다면 3×7을 뜻하므로 총 21점을 득점한 것이다. 이 두 사례보다는 덜 알려지긴 했지만 '~당[마다/각각]Per'은 나눗셈을 뜻한다. 예를 들어 네 캔 한 묶음당 12달러라면 12 ÷ 4이므로 한 캔은 3달러다.

따라서 '시간당 킬로미터'는 '시간으로 나눈 킬로미터'를 다르게 표현한 말이고, 더 자세히 풀이하면 '시간의 변화량으로 나눈 거리의 변화량'을 의미한다. 수학자들은 양의 변화를 비교하는 일이 많기 때문에 편의상 '변화량'을 로마자 알파벳 d로 줄여서 나타낸다(d는 그리스 알파벳 '델타delta'에서 가져온 것으로, 이과 분야에서 '변화량'을 가리키는 기호로 흔히 쓰이고 있다). 쉽게 말해 d(거리)는 '거리의 변화량'의 줄임말이다.

수학자들은 무엇이든 간단히 표현하는 것을 좋아한다(더 효율적으로 일을 처리할 수 있는 방법을 찾기 때문이다). 그래서 시간(time)이나 거리(distance) 같은 양을 나타낼 때도 한 글자로 줄여서 표현하는데, 이렇게 줄여서 표현한 것이 변수pronumeral다. 수학을 어려워하는 사람들은 변수를 나타내는 기호가 나오면 겁부터 집어먹는다. 무슨 의미인지 단숨에 이해하지 못하기 때문이다. 비유하자면 변수는 대명사와 비슷하다.

대명사(그, 그녀, 그것, …)가
명사(남자, 여자, 책, …)를 대신하는 말이라면
변수(x, y, a, ø, …)는 숫자를 대신하는 기호다.

우리가 수학에서 가장 자주 만나는 변수는 x와 y다. 시간을 x로, 거리를 y라고 할 때 (거리의 변화량)/(시간의 변화량)은 dy/dx로 간단히 줄여서 표현할 수 있다. 이 네 글자가 미적분에서 '수리 수리 마수리'와 같은 마법의 주문처럼 여겨져서인지 이 글자들이 무엇을 의미하는지 정확히 모른 채 무의미하게 반복 암기한다. dy/dx는 마법의 주문이 아니다. 두 가지 양이 서로에 대해 어떻게 변화하는지를 나타내는 한 가지 표현법일 뿐이다.

배터리 얘기로 돌아가기 전에 알아 둬야 할 것이 하나 더 있다. 두 개의 변화량을 비교할 때는 대개 그래프나 도표로 표현한다는 것이다. 우리는 그래프로 무엇이든 나타낼 수 있다. 예를 들어 기상도는 연중 일일 기온의 변화를 보여 준다. 기업의 연간 매출도 그래프로 나타낼 수 있다. 우리 부부는 첫 아이를 가졌을 때 병원에서 성장도표가 들어 있는 조그마한 책자를 받은 적이 있다. 이는 아이의 연령에 따른 신장과 체중 등의 신체계측치 분포를 통해 표준치와 비교해 볼 수 있도록 나타낸 그래프다.

그래프로 나타낼 때는 보통 수평축에 x, 수직축에 y라는 기호를 붙인다. 수직축은 y의 변화량을 뜻하며, 말 그대로 수직 방향으로 얼마나 변화하는지를 보여 준다. 즉, y축을 보면 위로 얼마나 상승했는지를 쉽게 알 수 있으며, 이를 '오르기(rise)'라고 표현한다. 반면 x의 변화량은 수평 방향에서 얼마나 많은 변화가 일어났는지를 보여 준다. 즉, x축을 보면 가로로 얼마나 진행하는지를 알 수 있으며, 이를 '달리기(run)'라고 표현한다. 이 때문에 dy/dx는 수직 변화량(오르기)을 수평 변화량(달리기)으로 나눈 '기울기rise over run(달리기 분의 오르기)'로 배운다.

지금까지 변화량을 표현하는 다양한 방법들에 대해 살펴봤다. 같은 개념을 이렇게 여러 가지 용어를 써서 표현하는 이유는 무엇일까? 무언가가 변화하는 비율을 일상 속에서 늘 마주치기 때문이다. 그리고 우리는 이런 현상을 목격할 때 그 이유를 궁금해한다. 지금껏 살펴본 용어들을 도식으로 정리하면 다음과 같다.

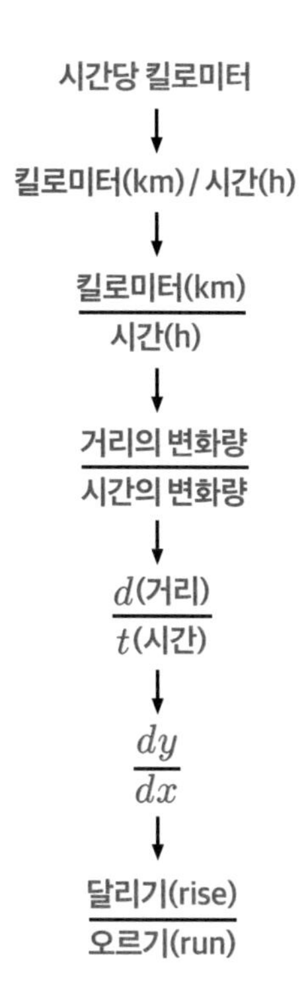

이 개념들은 미적분이라는 수학 분야의 체계를 이루는 톱니바퀴다.

그런데 이 용어와 기호 들이 스마트폰 배터리와 무슨 관계가 있다는 걸까?

이 장 초반에서 언급한 문제로 다시 돌아가 보자. 우리가 궁금한 건 눈에 보이지 않는 양을 측정하는 방법이다. 배터리에 남아 있는 양을 측정하는 방법 말이다. 배터리는 안을 들여다볼 수 없는 항아리다. 불투명한 항아리에 내용물이 얼마나 차 있는지는 어떻게 알 수 있을까?

쉽게 이해할 수 있도록 예를 하나 들어 보자. 나는 학창 시절에 종종 캠프에 참가했다. 한 오두막집에 10~12명의 학생들이 다함께 지내는 캠프였는데, 같이 생활하는 학생 수에 비해 시설이 부족했던 탓에 우리는 샤워를 할 때도 차례를 정해야 했다. 하루를 마감할 때면 밤마다 욕실까지 광란의 질주가 펼쳐졌다. 친구 사이는 안중에도 없었고 오로지 제일 먼저 욕실에 도착해 누구보다 먼저 씻는 것만이 중요했다.

보통 캠프장에서는 큰 물탱크를 공유해 쓰는데, 욕실에 공급되는 온수량도 그만큼 제한이 있었다. 물탱크의 수위가 낮아질수록 샤워기에서 나오는 물의 온도와 수압도 떨어졌다. 재빨리 욕실에 골인한 아이들(또는 감독 선생님이 먼저 샤워를 해도 좋다는 허락을 받은 아이들)만 콸콸 쏟아지는 온수 샤워를 즐길 수 있었고 늦게 도착한 아이들은 수도꼭지에서 졸졸 흐르는 냉수를 참고 견뎌야 했다. 캠프의 의도인지는 모르겠지만 우리는 그 보상으로(?) 달리기 실력과 혹독한 추위를 참고 견디는 힘을 키울 수 있었다.

배터리도 캠프장의 온수 탱크와 비슷하다. 물탱크의 수위가 높아질수록 온수가 더 빨리 쏟아지듯 충전량이 높으면 배터리는 전기를 더 빨리 방출한다. 따라서 특정 시점에 배터리에 전기가 얼마나 충전돼 있는지는 알 수 없더라도 배터리에서 전기가 방출되는 비율을 측정하면 배터리에 남은 전기가 대략 얼마인지 알 수 있다. 이는 결국 시간의 경과에 따른 변화량을 알아내는 것이므로 미적분이 등장하는 것이다.

스마트폰 제조업체는 배터리를 수백, 수천 번 실험하면서 전류가 흐르는 속도에 따라 배터리 잔량이 어떻게 달라지는지를 예측한다. 스마트폰 단말기에는 속도를 인식하는 기능이 내장돼 있어 이 속도에 따라 예측되는 배터리 잔량을 백분율로 알려준다. 그렇다면 무엇이 문제인 걸까? 이렇게 간단히 배터리 잔량을 측정할 수 있는데 예상치가 틀리는 때가 왜 더 많은 걸까?

여기에는 다양한 요인이 작용한다. 우선 배터리가 모든 조건에서 동일하게 효율적으로 작동하는 건 아니다. 온도가 매우 높거나 매우 낮을 때처럼 극단적인 기온 변화 속에서는 배터리가 전기를 오래 저장하지 못한다. 배터리가 방전되는 속도 또한 늘 일정하지 않다. 온수 샤워를 하는 사람이 많을수록 물탱크의 물이 더 빨리 고갈되듯 모바일 데이터 같은 일부 기능이나 영상 편집기 같은 몇몇 앱은 전기를 더 많이 잡아먹어 배터리 소모량이 더 많아진다. 게다가 배터리의 전기 저장 능력은 시간이 경과할수록 떨어진다. 오래 쓴 스마트폰이 예전보다 빨리 방전된다는 느낌이 드는 것은 결코 착각이 아니다.

스마트폰에 내장된 프로그램은 배터리 수명에 영향을 끼치는 이들 요인을 고려해 수학적 알고리듬으로 남은 배터리양을 예측하려 갖은 애를 쓰지만 이 역시 어디까지나 예측에 불과하다. 스마트폰 화면 상단 모서리에 나와 있는 백분율이 정확하다고 생각하는가? 실제로 남아 있는 배터리양을 정확히 알려 준다고 생각하는가? 천만에, 여러분의 스마트폰은 거짓말을 하고 있다.

물론 여러분의 스마트폰이 일부러 거짓말을 하는 것은 아니다. 여러분의 스마트폰은 수학적 모델을 사용해 배터리의 수명을 계산하고 예측한다. 영국의 수학자 조지 박스George Box는 이런 말을 남겼다. "모든 모형은 틀렸다. 그래도 일부는 쓸모가 있다." 스마트폰에 쓰인 모형도 마찬가지다. 배터리 잔량을 완벽하게 예측하지는 못하지만 나름 요긴하게 쓰이고 있기 때문이다.

22장

실패 확률이 0퍼센트인 마술

나는 단순한 눈속임으로 상대방을 어리둥절하게 하는 마술보다 확신을 무너뜨리고 의구심을 품게 하는 마술이 좋은 마술이라고 생각한다. 그래서 현존하는 뛰어난 마술사들이 펼치는 공연을 관람할 때마다 궁금증을 한가득 안고 공연장을 나서곤 했다.

대부분의 마술은 특별 제작한 값비싼 소품이나 상대방의 눈을 속이는 현란한 손동작을 수년간 연습하는 노력이 필요하다. 하지만 지금부터 내가 보여 주려는 마술은 카드 한 벌만 있으면 된다. 특별한 소품이나 눈속임이 필요 없이 수학만으로 그 묘미를 느낄 수 있는 간단한 마술이다.

카드 한 벌을 준비한 후 조커를 빼고 총 52장으로 만든 다음 잘 섞는다. 이 마술을 보여 주는 경우라면 상대방에게 카드를 섞게 한다. 섞은 카드를 앞면이 보이지 않도록 뒤집고 다음 단계를 거쳐 네 묶음으로 분류한다.

1. 첫 번째 카드를 뒤집어서 확인한다. 붉은색이면 무늬가 있는 앞면이 보이는 상태로 왼쪽에 둔다. 검은색이면 앞면이 보이는 상태로 오른쪽에 둔다.
2. 그런 다음 두 번째 카드를 뒤집지 않은 상태로 가져와 첫 번째 카드 위쪽에 따로 둔다. 이제 앞면이 보이는 묶음과 어떤 카드인지 알 수 없는 비밀 카드 묶음이 생겼다.
3. 세 번째 카드를 뒤집어서 확인하고 첫 번째 카드와 같은 방식으로 분류한다. 무늬가 붉은색이면 왼쪽에, 검은색이면 오른쪽에 앞면이 위로 오도록 둔다.
4. 네 번째 카드를 가져와서 두 번째 카드와 같은 방식으로 분류한다. 뒤집지 말고 뒷면이 위를 본 상태에서 세 번째 카드 위쪽에 따로 둔다.

이 과정을 반복해 한 벌의 카드를 남김없이 분류한다.

여기까지 따라왔다면 지금쯤 네 개의 카드 묶음이 눈앞에 놓여 있을 것이다. 앞면이 보이는 붉은색 카드 묶음, 앞면이 보이는 검은색 카드 묶음이 있고, 어떤 카드인지 알 수 없는 비밀 카드 두 묶음이 붉은색 카드 묶음과 검은색 카드 묶음 상단에 놓여 있다.

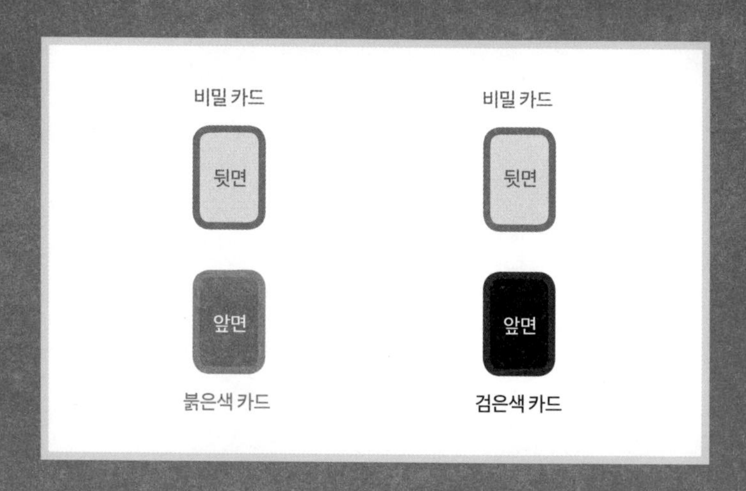

다음 단계로 넘어가기 전에 비밀 카드 묶음에 관해 두 가지를 알아 두자. 첫째, 아마도 두 묶음의 높이가 다를 텐데, 이는 카드의 개수가 다르기 때문이다. 여러분은 각 묶음에 몇 개의 카드가 쌓여 있는지 정확히 모른다. 둘째, 이 카드들의 색깔과 무늬를 모른다. 그래서 '비밀' 카드다. 어떤 카드인지 전혀 모른 채 쌓아 두기만 했기 때문이다. 중요한 건 여러분에게 두 개의 비밀 카드 묶음에 대한 정보가 전혀 없다는 것이다. 이 점을 확실히 알아 두자.

다음 단계들을 거치고 나서도 이 카드들의 정체는 수수께끼처럼 점점 더 오리무중에 빠질 것이다. 이 마술을 다른 사람에게 보여 주는 경우라면 도움을 얻어 다음 세 단계를 진행한다.

1. 상대방에게 1~6 중에서 아무 숫자나 골라 말해 달라고 한다. 주사위가 있으면 주사위를 던져서 무작위로 숫자를 골라도 된다.
2. 상대가 5를 골랐다고 치자. 고른 숫자에 맞게 두 개의 비밀 카드 묶음 중 한 묶음에서 카드 5장을 무작위로 고르게 한다.
3. 상대방이 고른 카드 5장을 확인하지 않은 상태에서 또 다른 비밀 카드 묶음에서 카드 5장을 무작위로 고르게 한 다음 2단계의 카드 5장과 뒤바꾸게 한다.

각 비밀 카드 묶음에서 5장씩 골라 뒤바꾸기까지 했으니 여러분은 이 비밀 카드들의 정체를 더더욱 알 수 없게 됐다.

정말 그럴까? 이제 마술을 공개한다. 여러분을 지켜보고 있는 상대방에게 이제 이 비밀 카드들을 정확히 맞혀 보겠다고 한 뒤 이렇게 말하는 것이다.

"왼쪽 비밀 카드 묶음에 들어 있는 붉은색 카드의 개수와
오른쪽 비밀 카드 묶음에 들어 있는 검은색 카드의 개수는 같다."

이제 비밀 카드 묶음 두 개를 모두 뒤집어서 카드를 확인해 보자. 여러분의 예측이 정확히 들어맞을 것이다. 이 마술을 여러 번 반복하다 보면 한 묶음당 카드 개수가 달라지거나 주사위를 던졌을 때 나오는 숫자도 달라지겠지만 결과는 늘 같다. 소품도 필요 없고 눈속임도 필요 없는 마술이다.

도대체 어떻게 된 걸까? 그 비밀을 밝히려면 각 단계를 처음부터 낱낱이 살펴봐야 한다. 4개의 카드 묶음을 하나씩 살펴보고, 마술을 공개하기 직전에 카드를 무작위로 뒤바꾸는 단계에서 어떤 일이 일어났는지 알아볼 것이다.

이 카드 마술에 눈속임은 없지만 보는 사람의 착각을 유도하는 한 가지 기법이 숨어 있다. 우리는 두 비밀 카드 묶음에 관한 정보가 전혀 없다고 생각하지만 실은 놀랄 만큼 많은 정보를 알고 있다. 이 마술의 원리에 수학적 논리를 적용해 보면 예측이 들어맞을 수밖에 없는 이유를 이미 알고 있었다는 것을 깨닫게 될 것이다.

첫 번째 핵심은 카드 한 벌에는 붉은색과 검은색 카드만 있다는 것이다. 두 가지 경우밖에 없다는 말이다. 따라서 조커를 제외한 카드 한 벌의 정확히 절반인 26장은 붉은색, 26장은 검은색이다. 이 점을 먼저 기억해 두자.

이제 카드를 네 묶음으로 분류하는 단계로 돌아가 보자. 눈치챘겠지만 카드를 분류할 때 앞면을 확인하지 않은 붉은색 카드와 검은색 카드의 최종 개수는 얼마가 될지 모른다. 그래도 앞면을 확인한 카드와 확인하지 않은 카드를 번갈아 가며 분류했기 때문에 다음과 같은 사실을 알 수 있다.

- 정확히 절반인 26장의 카드는 색깔과 무늬를 알고 있고, 나머지 절반인 26장의 카드는 알 수 없다.
- 앞면이 보이는 붉은색 카드 묶음의 카드 개수와 그 위쪽에 놓인 비밀 묶음의 카드 개수는 같다.
- 앞면이 보이는 검은색 카드 묶음의 카드 개수와 그 위쪽에 놓인 비밀 묶음의 카드 개수는 같다.

사실 이 세 가지만 알면 된다. 이제 카드의 개수를 세어 보면서 왜 항상 예측이 들어맞는지 그 이유를 알아보자.

앞서 설명한 단계에 따라 카드를 네 묶음으로 분류하면 다음과 같은 그림이 된다. 각 카드 묶음의 개수를 보라. 우리가 추론한 위의 세 가지 사실에 정확히 들어맞는다.

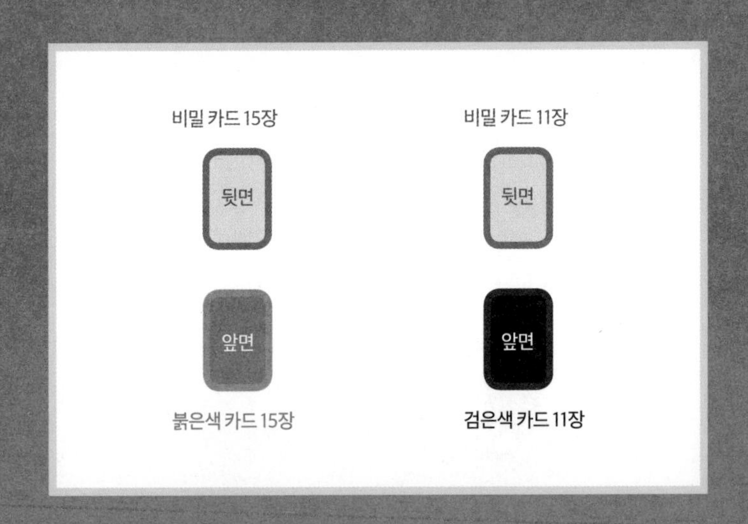

이 마술의 핵심은 두 개의 비밀 카드 묶음에 들어 있는 붉은색 카드와 검은색 카드다. 실제로 이 비밀 카드 묶음에는 어떤 카드가 들어 있는지 모른다. 이 마술에 숨은 비밀을 밝히려면 어쩔 수 없이 각 묶음의 카드를 뒤집어 직접 확인해 봐야 한다. 그중 한 묶음을 확인해 보면 다음과 같은 결과가 나올 것이다.

두 번째 비밀 카드 묶음도 뒤집어 확인하면 붉은색 카드와 검은색 카드의 개수를 알 수 있지만, 그렇게 하면 추론없이 결과를 곧바로 확인하는 셈이 될 테니 먼저 수학의 논리를 적용해 이런 결과가 나오는 이유부터 알아보자.

앞서 언급했듯 가장 핵심적인 정보는 카드 한 벌에 붉은색 카드와 검은색 카드가 정확히 26장씩 있다는 것이다. 우리는 총 26장의 붉은색 카드 중 21장이 어느 묶음에 있는지 이미 확인했다. 따라서 나머지 붉은색 카드 5장은 분명 두 번째 비밀 카드 묶음에 들어 있을 것이다. 이 비밀 묶음 중 5장이 붉은색 카드라면 나머지 6장은 검은색 카드일 것이다.

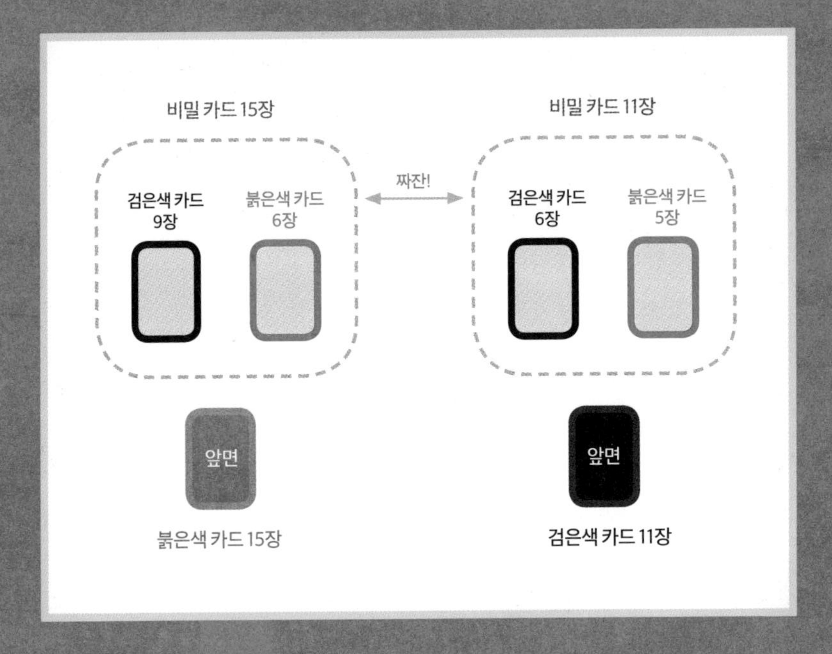

왼쪽 비밀 카드 묶음에 붉은색 카드가 6장, 오른쪽 비밀 카드 묶음에 검은색 카드가 6장 있다. 마술 성공이다! 이 마술은 여러 번 반복해도 항상 똑같은 결과가 나온다. 앞면을 알 수 없는 붉은색 카드와 검은색 카드의 개수가 다르거나 비밀 카드 묶음 두 개에 섞여 있는 붉은색 카드와 검은색 카드의 개수가 달라질 수는 있다. 하지만 세어 보면 왼쪽 비밀 카드 묶음의 붉은색 카드 개수와 오른쪽 비밀 카드 묶음의 검은색 카드 개수가 늘 똑같은 마술이 펼쳐질 것이다.

실은 이것이 우리가 학창 시절에 대수학을 배우는 이유다. 신기한 카드 마술의 비밀을 파헤치기 위해서가 아니라 값이나 수를 정확히 모르더라도 대수학을 이용하면 값을 구할 수 있다는 말이다. 앞 장에서 살펴본 것처럼 정확한 수를 모를 때 이를 x나 y 같은 기호(글자), 즉 변수로 나타내 계산하는 방식이 바로 대수학이다.

왼쪽 페이지의 그림에서 알 수 있듯 이 마술에서 카드를 뒤집어 앞면을 확인한 붉은색 카드는 15장, 그 위쪽에 놓은 비밀 카드 중 붉은색 카드는 6장이다. 대수학에서는 이 15와 6을 각기 다른 변수로, 이를테면 각각 x와 y로 나타낼 수 있다. 이 변수 자리에는 12, 8, 23 등 원하는 수를 얼마든지 넣을 수 있다. 이 카드 마술의 비밀을 대수학으로 어떻게 증명할 수 있는지 궁금하다면 곧장 다음 페이지로 넘어가서 확인해 보라.

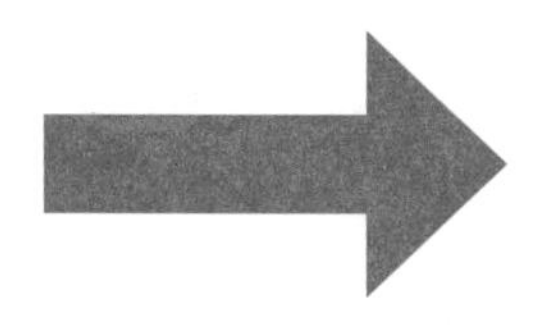

이쯤에서 이런 의구심이 들 것이다. '가만, 마지막에 카드를 서로 뒤바꾸는 건 뭐였지?' 좋은 지적이다. 그 전에 한 가지 알려 줄 게 있다. 사실 이 마술이 늘 성공하는 이유는 수학 원리 자체는 어렵지 않지만 보는 사람이 각 단계를 따라잡기가 쉽지 않기 때문이다. 하지만 카드를 분류하고 뒤바꾸는 단계를 가만히 살펴보면(카드 한 벌을 가져와 지금부터 설명하는 단계를 그대로 따라 해 보길 권한다) 금세 이해가 될 것이다.

우선 앞면을 확인한 카드 묶음은 무시하고 비밀 카드 묶음 두 개에만 집중하자. 앞선 마술에서 했던 것처럼 두 묶음에서 무작위로 각각 5장씩 골라낸다.

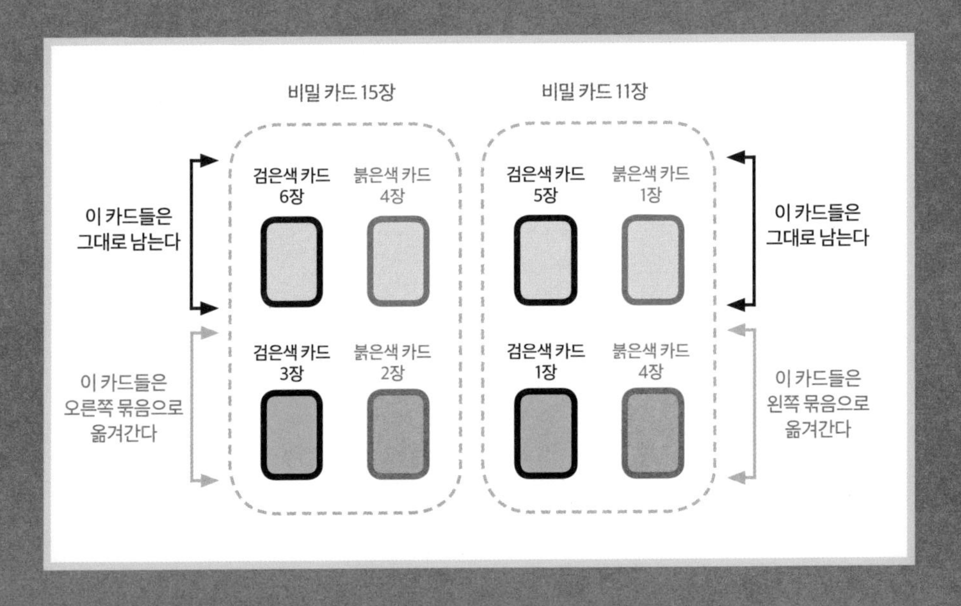

두 비밀 카드 묶음에서 카드를 각각 5장씩 무작위로 골라 아래쪽에 따로 둔다. 골라낸 카드의 색깔을 봐 두자. 그래야 카드를 뒤바꾼 다음에 색상별로 카드가 몇 개인지 알 수 있다. 보다시피 이 카드들은 두 색상이 섞여 있다. 즉, 왼쪽 묶음의 카드 5장과 오른쪽 묶음의 카드 5장은 색상별 개수가 다르다(위 그림은 예시다).

모든 카드는 아직 제자리에 놓여 있다는 말이다. 이제 뒤바꿔 보자.

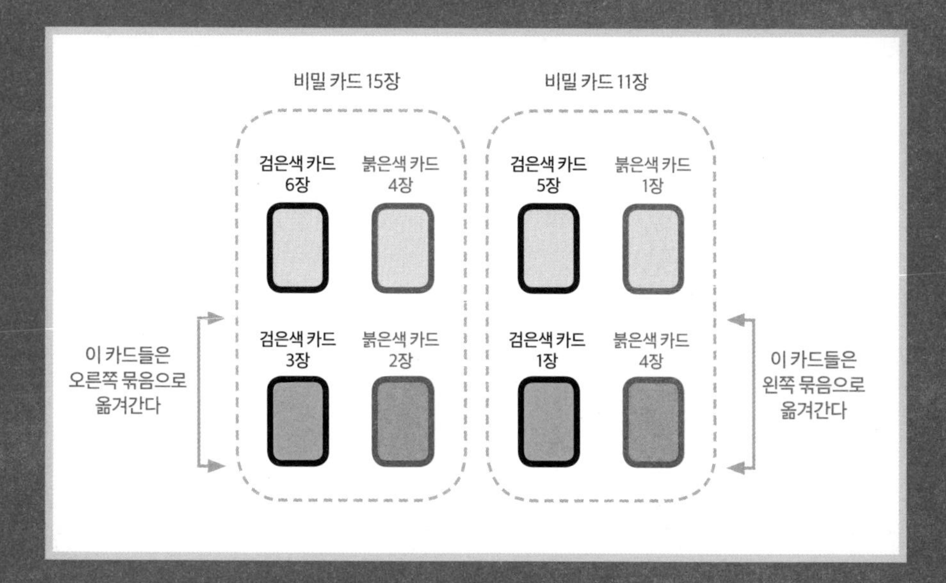

무작위로 고른 카드 5장을 서로 뒤바꿨다. 뒤바꾼 카드를 다시 잘 정리한 다음 색상별로 카드의 최종 개수를 확인해 보자.

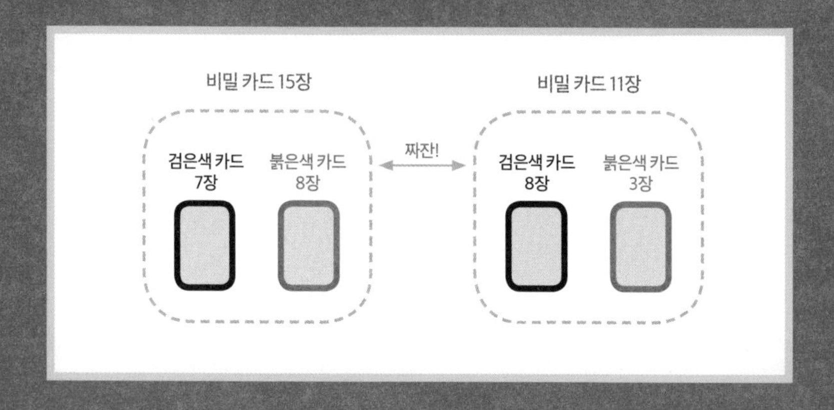

이럴 수가! 검은색 카드의 개수와 붉은색 카드의 개수가 그대로 넘어갔다!

카드를 섞으면 개수가 달라져야 할 텐데, 왜 개수가 그대로 옮겨간 걸까? 다시 수학적 논리를 적용하면 그 이유가 분명히 드러난다.

이해를 돕기 위해 앞서 언급한 기법을 써 보자. 문제가 복잡해 보일 때는 규모를 줄여 단순화하면 된다. 그러면 복잡한 문제의 원리를 더 쉽게 이해할 수 있다. 가령 카드를 5장이 아닌 1장만 골라내 뒤바꾼다면 어떻게 될까?

골라낸 2장의 카드가 같은 색이라고 치자. 여기서 중요한 건 카드에 쓰인 숫자나 인물, 무늬가 아니라 색깔이다. 가령 둘 다 검은색이라면 뒤바꿔도 달라지는 건 없다. 두 묶음에 들어 있는 붉은색 카드와 검은색 카드의 개수는 여전히 같다는 말이다.

둘 다 붉은색 카드일 경우에도 마찬가지로 두 카드의 개수는 변함이 없을 것이다.

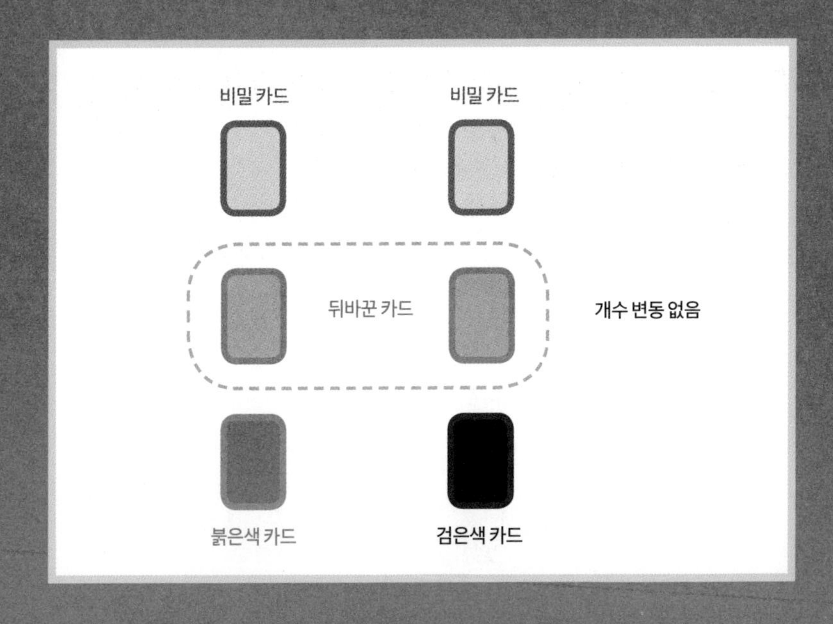

그런데 각 묶음에서 골라낸 카드의 색깔이 서로 다르다면 어떻게 될까? 역시나 결과를 예측하는 건 어렵지 않다. 왼쪽에 있는 비밀 카드 묶음에서 붉은색 카드를 하나 골라 오른쪽 묶음으로 옮겼다면 왼쪽 묶음에 있던 붉은색 카드가 한 장 줄어들 것이다. 동시에 오른쪽 묶음에 있던 검은색 카드가 왼쪽 묶음으로 옮겨가면 오른쪽 비밀 카드 묶음에 있던 검은색 카드의 개수도 하나 줄어들 것이다. 각 묶음에서 색상별 개수는 바뀌겠지만 중요한 건 왼쪽 묶음에 있는 붉은색 카드와 오른쪽 묶음에 있는 검은색 카드가 서로 교환된 셈이니 색깔별 전체 개수는 여전히 같다는 사실이다.

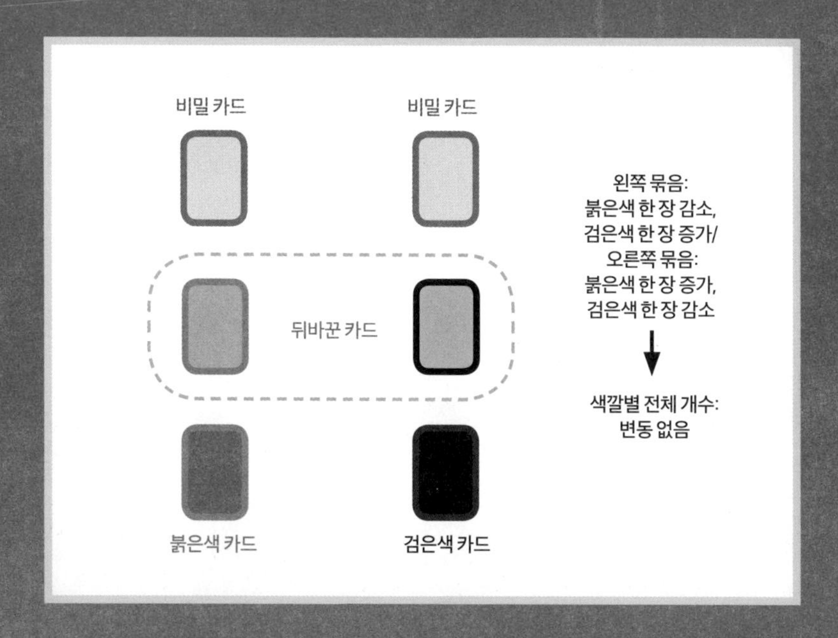

반대 경우에도 결과는 마찬가지다. 각각 붉은색 카드와 검은색 카드가 하나씩 더 늘겠지만 색깔별 전체 개수는 변함이 없다.

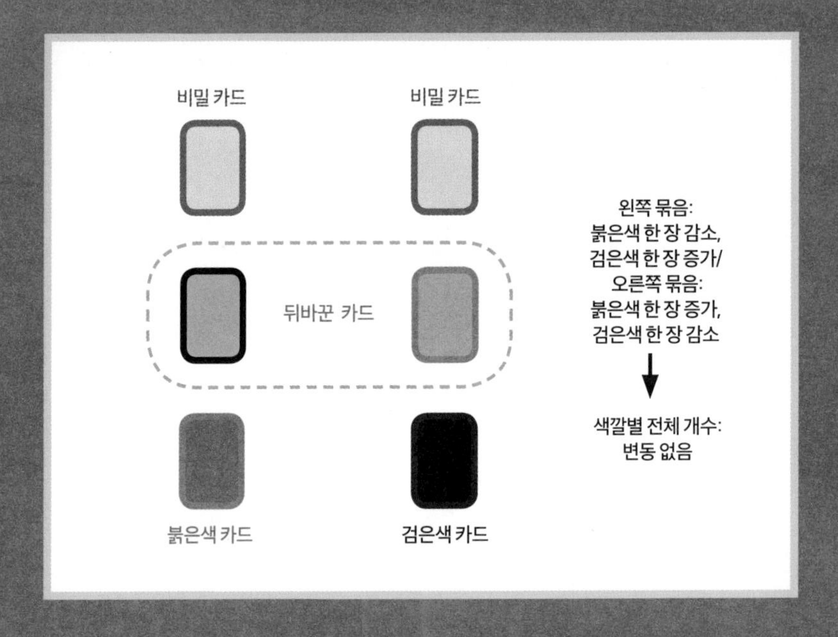

결과적으로 서로 다른 색깔의 카드를 한 장씩 뒤바꾼다면 두 경우 모두 잃은 카드의 개수와 얻은 카드의 개수가 같아 색깔별 개수는 변함이 없음을 알 수 있다. 이렇게 단순화한 문제에서 답을 얻었으니 이제 좀 더 복잡한 문제에 적용해 보자. 5장의 카드를 한꺼번에 뒤바꾸는 것은 1장의 카드를 5번 연속으로 뒤바꾸는 것과 같다. 1장의 카드를 뒤바꿔도 검은색 카드와 붉은색 카드의 전체 개수가 변함이 없다면 여러 번 연속으로 뒤바꾸더라도 결과는 항상 예측 가능할 것이다.

이런 마술을 왜 하는 걸까? 무엇보다 재미가 있기 때문이다. 나는 보잘것없어 보이는 이 마술을 많은 사람들 앞에서 여러 번 선보였고 어른, 아이 할 것 없이 모두들 즐거워하며 감탄을 표했다. 숨은 원리를 완벽하게 이해하지 못하더라도 누구나 이 마술을 따라할 수 있다는 장점도 있다. 왜 그런 일이 일어나는지 이유를 모를 때 답답한 경우도 있지만 몰라도 상관없는 경우도 많다. 가령 차를 몰다가 가속 페달을 밟으면 내가 원하는 만큼 속도가 붙는다. 차를 구성하는 수많은 부품의 작동 원리나 가속을 가능하게 하는 복잡한 물리적·화학적 작용을 몰라도 아무런 영향이 없다. 자동차 내부기관이 어떻게 작동하는지 정확히 모르더라도 고속도로에서 시속 110킬로미터로 속도를 낼 수 있다. 이것이 공학의 힘이다. 우리의 공학 지식과는 무관하게 자연스러운 공학의 원리대로 움직이는 것이다. 수학도 이와 다르지 않다. 수학의 원리나 공식을 완벽하게 이해하지는 못하더라도 적당히 활용할 줄 알면 이면에 숨은 원리에 따라 답이 자연스럽게 구해진다.

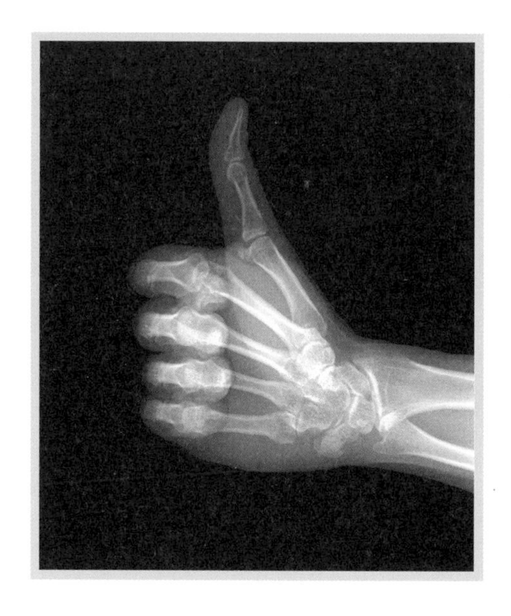

하지만 그 원리와 논리를 이해하려고 노력하면 다른 사람의 눈에는 보이지 않는 현상이 마치 엑스레이로 꿰뚫어 보듯 분명

하게 드러날 것이다. 원리를 파악하면 더 깊은 통찰력을 얻을 수 있다. 자연이 만들어 낸 패턴이든 인간이 만들어 낸 패턴이든 대다수에게는 보이지 않는 수학적 원리가 그 기저에 놓여 있다. 체계적이고 논리적으로 이해하고 사고하는 노력을 기울인다면 수학의 이면에 놓인 본질이 여러분의 눈앞에 펼쳐질 것이며 이 카드 마술처럼 쉽게 그 답을 찾게 될 것이다.

23장

변수의 쓸모

앞 장에서는 겉으로 무작위적인 것처럼 보여도 그 안에 구조나 규칙성이 조금이라도 숨어 있다면 패턴으로 드러난다는 것과 이 패턴을 알아내면 어떤 일의 결과를 예측할 수 있다는 것을 카드 마술을 통해 살펴봤다.

비밀 묶음의 카드를 서로 뒤바꿔도 개수가 여전히 같은 이유를 수학적 기법으로 알아내려면, 미리 경고하는데 대수학의 개념을 알아야 한다.

'대수학'이라는 말만 꺼내도 아마 화들짝 놀라는 사람들이 많을 것이다. 내가 대수학을 접했을 때 받은 인상도 비디오 게임의 마지막 판에서 만난 무적의 상대와 비슷했다. 도저히 무찌를 수 없는 상대를 만나 좌절을 맛보면 재미있기만 하던 게임도 단숨에 흥미가 사라지는 법이다. '아, 그렇지. 메트로이드Metroid, 닌텐도 사의 고전 액션 어드벤처 게임 게임이 진짜 재미있었는데. 마지막 판에서 이빨인지 눈인지가 여기저기 박혀 있던 그 무시무시한 놈을 만나기 전까지는 말이야. 아무리 공격해도 죽을 생각도 안 하니 나도 흥미가 싹 가셨지.' 파티나 연회장에서 사람들과 인사를 나눌 때 내가 수학 교사라고 말하면 상대방은 대수학을 마치 게임 마지막 판에서 만난 괴물이나 되는 것처럼 말한다. "수학도 나름 재미있었어요. 온갖 기호들이 등장하기 전까지는 말이죠."

하지만 대수학은 인류가 눈앞에 봉착한 난제를 풀기 위해 개발한 가장 강력한 도구 중 하나다. 특히 미지의 수나 변화하는 수를 다룰 때 안성맞춤이다. 우리가 미지의 수 앞에서 어쩔 줄 모를 때 대수학은 짠, 하고 나타나 이렇게 말한다.

'아직도 그 수가 뭔지 모르겠다고? 걱정 마. 일단 대타로 쓸 글자 하나를 넣어 보자고. 그 수를 찾으면 다시 바꿔 넣으면 돼.'

대수학에게,
너의 x*를 찾아달라는 부탁은 이제 하지 말아 줘.
그 사람은 절대 돌아오지 않아.
y는 묻지 마.**

*'전 애인'을 뜻하는 ex와 영문자 x의 발음이 같은 것을 이용한 말장난
**이유를 가리키는 의문사 why와 알파벳 y의 발음이 같은 것을 이용한 말장난

이 대타가 바로 변수다. 카드 마술을 다시 떠올려 보면 변수가 왜 유용한지 단번에 알 수 있다. 우리도 카드 마술에서 앞면이 공개된 붉은색 카드가 몇 장인지는 개수를 세 보기 전까지는 알 수 없었다. 게다가 마술을 할 때마다 그 개수도 매번 달라진다. 각 카드 묶음에 들어 있는 붉은색 카드의 개수는 정확히 모르지만 이 개수는 마술의 성공을 좌우하는 결정적인 요소다. 이럴 때 변수를 이용하면 된다. 다시 앞선 마술을 살펴보자.

먼저 앞 장에서 설명한 단계에 따라 카드 한 벌을 모두 분류하자(마지막에 카드를 뒤바꾸는 단계에 대해서는 나중에 설명할 테니 우선 앞 단계에 집중해 보자). 그러면 다음과 같은 네 묶음이 생긴다.

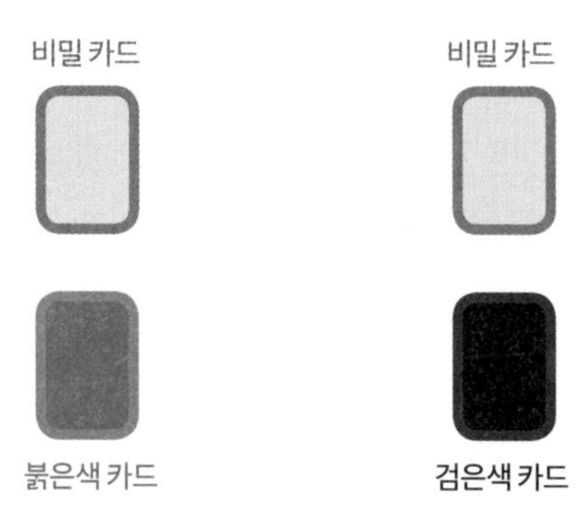

수학의 핵심 원칙 중 하나는 간단명료하게 표현한다는 것이다. 특히 대수학은 더 그렇다. 이를 두고 문법 전문가들은 수학자들이 '어휘의 밀도를 극대화'하는 것을 선호한다고 에둘러 표현할 것이다. 많은 의미를 단 몇 마디에 압축시킨다는 말이다. 그런 의미에서 우리도 이 네 묶음에 간단한 이름을 붙여 보자. 왼쪽에 있는 두 묶음은 붉은색Red 카드를 뜻하는 R1과 R2, 오른쪽에 있는 두 묶음은 검은색Black 카드를 뜻하는 B1과 B2다.

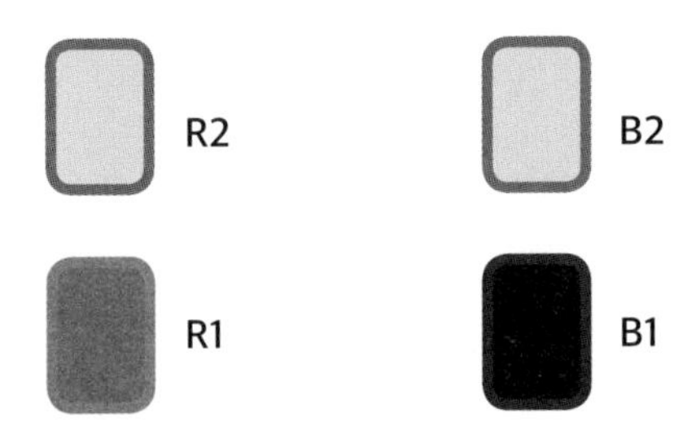

여기서 핵심은 각 카드 묶음에 들어 있는 카드 개수가 서로 연관돼 있다는 점이다. 서로가 서로의 개수에 영향을 끼친다는 말이다. 물론 이 관계는 단번에 눈에 띄지 않는다. 그 상관관계를 알아내려면 대수학을 이용해야 한다. 먼저 R1의 카드 개수를 기호로 바꿔 보자. R1에는 15개의 카드가 있지만 이 개수는 마술을 할 때마다 달라진다. 즉, 변수이므로 x라고 한다.

변수(x)는 수를 대신하는 역할을 하므로 수가 있던 자리에 이 변수를 그대로 대입한다. 가령 'R1에는 15장의 카드가 있다'는 'R1에는 x개의 카드가 있다'로 표시한다. 이렇게 하면 네 묶음의 관계를 알아내기가 좀 더 쉬워진다. 앞 장의 결론을 다시 정리하면 다음과 같다.

- ‘26장(카드의 절반)은 색을 알고 26장(나머지 절반)은 색을 모른다.’ → R1과 B1의 관계: R1의 카드가 x개일 때, B1에 있는 카드 개수와 x를 더하면 26이 되어야 한다. 즉, B1에는 26-x개의 카드가 있다. 앞 장에서 살펴봤듯 R1에 있는 카드는 15개, B1에 있는 카드는 26-15 = 11개이다.
- ‘앞면을 위로 둔 붉은색 카드 묶음의 카드 개수와 그 위쪽에 놓인 비밀 카드 묶음의 카드 개수는 같다.’ → R1과 R2의 관계: R1에 카드 1장을 놓을 때마다 R2에도 카드 1장을 놓았다. 따라서 두 묶음의 최종 개수는 항상 같다. 즉, R1과 R2에는 각각 x개의 카드가 있다는 말이다.
- ‘앞면을 위로 둔 검은색 카드 묶음의 카드 개수와 그 위쪽에 놓인 비밀 카드 묶음의 카드 개수는 같다.’ → B1과 B2의 관계: 위와 똑같은 논리로 추론하면 B1에는 카드가 26-x개 있고 B2에도 카드가 26-x개 있다.

이렇게 각 묶음 간의 관계를 정리하면 이 마술의 핵심을 이해하기 쉽다.

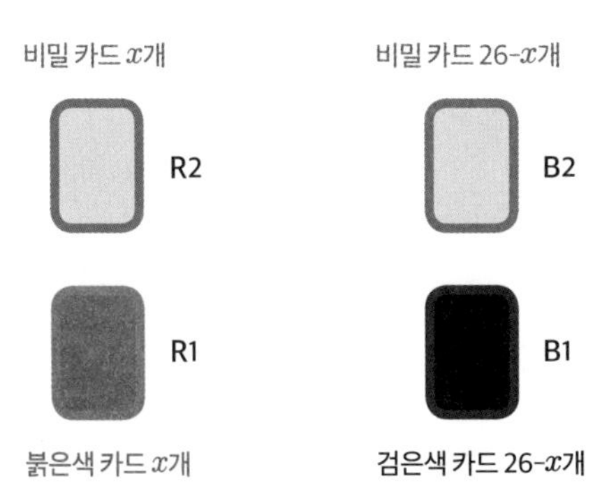

이제 계산해 보자. 네 묶음의 카드 개수를 모두 더하면 x는 없어지고 총합이 52가 되므로 개수가 정확히 들어맞는다는 것을 알 수 있다.

다음으로 R2를 살펴보자. 우리가 알고 싶은 건 R2에 있는 붉은색 카드의 개수다. x와 마찬가지로 마술을 할 때마다 이 개수도 매번 변하므로 이 수는 y라고 하자.

우리는 카드 한 벌에 붉은색 카드가 몇 장인지 처음부터 알고 있었다. 전체 카드 개수의 정확히 절반인 26장이다. R1에는 붉은색 카드가 x장 있고, R2에는 붉은색 카드가 y장 있다. 반면 B1에는 검은색 카드만 있을 테니 나머지 붉은색 카드는 B2에 있을 것이다.

이 부분은 카드 마술의 결정적 요소이므로 꼼꼼히 살펴봐야 한다. B1에는 검은색 카드만 있으므로 26장의 붉은색 카드는 R1, R2, B2에 분산돼 있을 것이다. R1과 R2에 들어 있는 붉은색 카드의 개수는 이미 알고 있다(앞서 변수로 나타냈다). B2에 들어 있는 붉은색 카드의 개수는 과연 몇 개일까?

붉은색 카드는 총 26장이므로 B2에 들어 있는 붉은색 카드는 $26-x-y$의 값이다. 여기서 x는 R1에 들어 있는 붉은색 카드의 개수, y는 R2에 들어 있는 붉은색 카드의 개수다. B2, R1, R2의 붉은색 카드를 모두 더하면 총 26장이 되고 이는 카드 한 벌에 들어 있는 붉은색 카드의 개수다.

이 마술의 핵심은 결과를 정확히 예측하는 것이었다. 그 결과란 R2에 들어 있는 붉은색 카드의 개수가 B2에 있는 검은색 카드의 개수와 같다는 것이다. 이제 이를 증명해 보자. 여기서는 대수학을 이용하면 개수를 일일이 세어 보지 않고도 B2에 검은색 카드가 몇 개인지 알아낼 수 있다.

이때 등장하는 대수학의 무기는 바로 방정식이다. B2에 있는 카드의 개수는 다음과 같은 방정식으로 구할 수 있다.

B2에 있는 검은색 카드의 수 = (B2에 들어 있는 총 카드 개수)

- (B2에 들어 있는 붉은색 카드의 개수)

= (26-x)-(26-x-y)

= 26-x-26+x+y

(음수를 빼는 것은 양수를 더하는 것과 같다)

이를 계산하면 B2에 들어 있는 검은색 카드의 개수는 y이고 B2에 들어 있는 검은색 카드의 개수는 R2에 들어 있는 붉은색 카드의 개수와 같다. 예상 적중이다! 이를 간단히 그림으로 나타내면 다음과 같다.

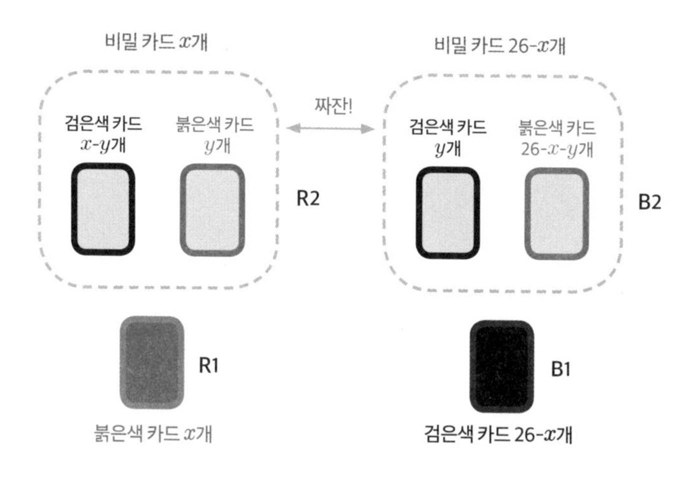

어디서 본 것 같다고? 그렇다. 앞 장에서 본 그림의 대수학 버전이다.

이제 우리를 헷갈리게 만든 카드 뒤바꾸기 단계를 살펴보자. 이는 앞 단계들에 비해 좀 더 까다로워 보인다. 상대방이 섞을 카드를 직접 고르면 예측이 어려워질 것이라고 생각하기 쉽기 때문이다. 하지만 주의를 집중해 이 단계를 분석해 보면 이 역시 예측이 어렵지 않다.

이 단계에서는 비밀 카드 묶음 R2와 B2만 생각하면 된다. 여기서 상대방이 카드의 개수를 마음대로 고를 테니 이 개수는 n이라고 하자.

n개의 카드가 붉은색 카드일지 검은색 카드일지는 알 수 없다. 따라서 몇 가지 변수를 더 동원해야 한다. 단, 정말 중요한 수만 변수로 표현해 변수의 개수를 최소화해야 한다. 우리가 알고 싶은 건 R2에 있는 붉은색 카드의 개수이므로 R2에서 B2로 넘어가는 붉은색 카드의 개수는 a라고 하자. 그러면 R2에는 붉은색 카드가 y-a개 남는다. 총 n개의 카드를 교환하므로 B2로 넘어가는 검은색 카드는 $n-a$개다.

B2에서도 우리가 알고 싶은 건 검은색 카드의 개수이므로 B2에서 R2로 넘어가는 검은색 카드의 개수를 b로 나타낸다. 그러면 B2에 남는 검은색 카드는 y-b개다. 동시에 R2로 넘어가는 붉은색 카드는 n-b개다.

카드를 뒤바꾸기 전은 다음과 같다.

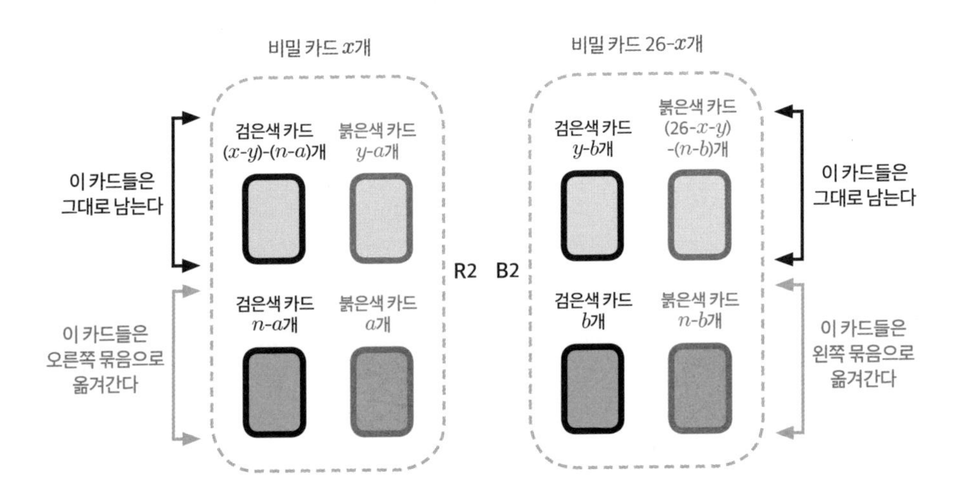

뒤바꾼 다음에는 이렇게 된다.

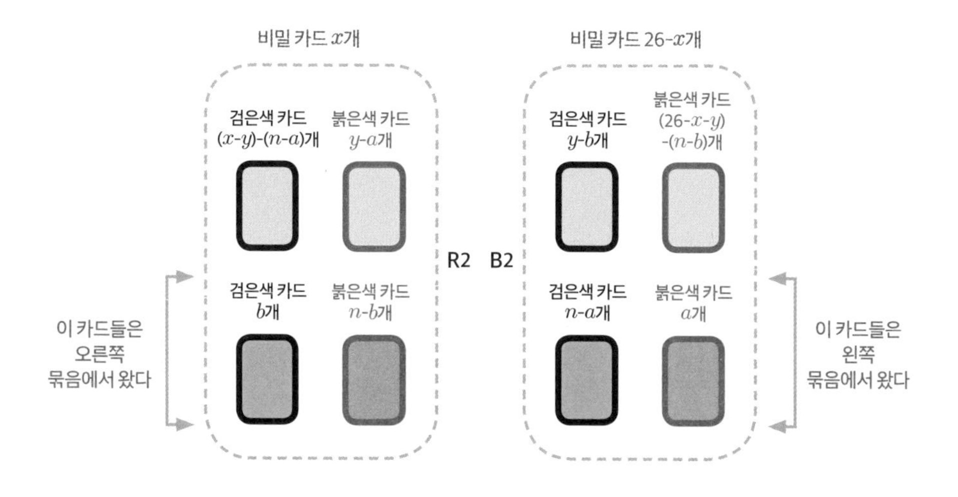

새롭게 옮겨간 카드와 기존 카드를 섞어서 나란히 배열하면 다음과 같은 그림이 된다.

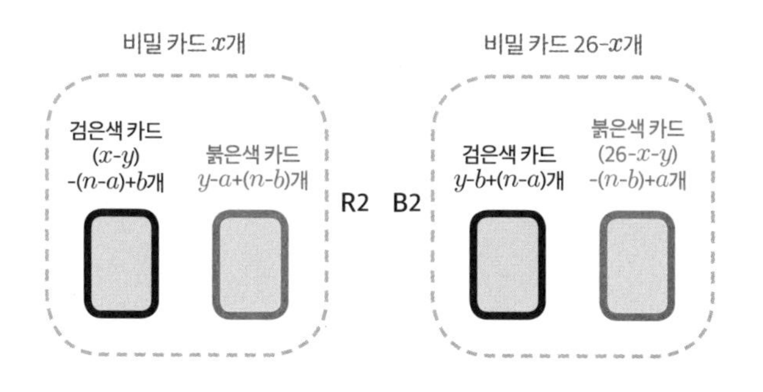

여기서 괄호를 없애고 R2에 있는 붉은색 카드의 개수와 B2에 있는 검은색 카드의 개수를 살펴보자. 거짓말처럼 둘의 개수가 정확히 맞아떨어진다는 것을 알 수 있다.

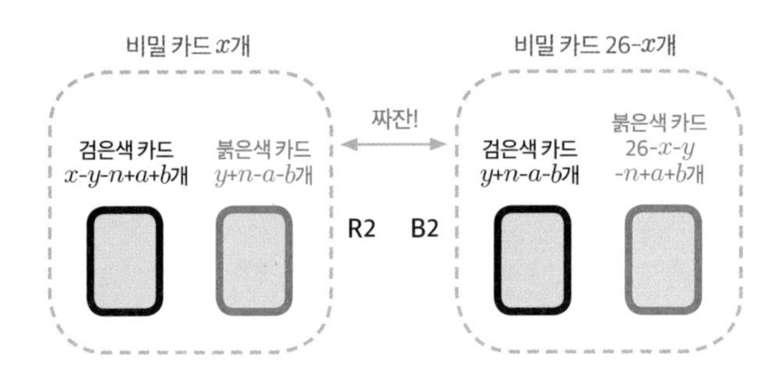

여기서 우리가 알 수 있는 것은 무작위 속의 질서다. 살다 보면 세상의 많은 것들이 뚜렷한 이유 없이 혼란스러워 보일 때가 있다. 이러한 무작위적인 현상 이면에는 놀랍게도 일정한 패턴과 논리가 숨어 있다. 수학은 우리를 둘러싼 세상에서 흔히 마주치는 수많은 패턴을 이해하기 위해 만들어 낸 위대한 도구 중 하나다. 눈에 잘 보이지 않는 관계와 연관성을 알아보게 해 주는 핵심적인 도구라는 말이다. 카드 마술에 숨은 수학이 그저 재미를 위한 수학이라면 주식이나 건강 관리법, 기상 예측과 같은 분야에서는 수학이 훨씬 더 중요한 역할을 한다. 쉽게 답을 찾을 수 없는 문제를 수학이라는 렌즈로 바라보면 뜻밖의 통찰력을 얻을 수 있다. 심지어 생사를 가르는 문제에서도 수학은 큰 힘을 발휘한다.

24장

분할 나눗셈과
등분 나눗셈

우리는 앞선 장들에서 해바라기와 황금 비율, 피보나치 수열을 통해 곱셈과 나눗셈의 원리를 자세히 살펴보며 이 기본적인 연산 법칙을 이용하면 놀라운 패턴과 특징이 나타난다는 것을 알게 됐다. 이 장에서는 나눗셈에 대해 좀 더 자세히 살펴보며 등장 이래 줄곧 전 세계인들을 혼란에 빠뜨린 가장 오래된 수학 난제 중 하나에 대한 답을 찾아보려 한다. 그 질문은 바로 왜 0으로는 나눌 수 없을까?이다.

이 수수께끼를 해결하려면 먼저 그 기원으로 거슬러 올라가야 한다. 그 시작은 다름 아닌 오벨루스obelus라 불리는 나눗셈 기호다. 여러분도 이 기호를 수없이 보고 썼을 테지만 이 기호가 나누는 행위 자체를 시각적으로 나타낸다는 사실은 아마 몰랐을 것이다.

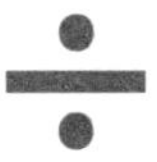

obelus는 고대 그리스어로 '날카롭게 깎은 나무 막대'를 뜻한다. 고대 이집트 시대 때 세워진 네모난 돌기둥을 뜻하는 말인 obelisk방첨탑와 어원이 같다. 나눗셈 기호에서 중요한 것은 이 기호의 중간에 자리한 선이다. 이 가로막대가 말 그대로 두 개의 영역을 '나누고' 있다. 기호 자체가 두 개로 나누는 행위를 시각적으로 보여 주고 있는 것이다.

누구나 어린 시절에 무언가를 균등하게 나눠 본 경험이 있을 것이다. 이때 우리는 '나누기'라는 개념을 처음 접한다. 똑같은 물건이 여러 개 있을 때 이를 여러 사람에게 동등하게 나누려면 이 물건들을 같은 개수의 여러 묶음으로 분류해 모두가 똑같은 몫을 갖게 해야 한다. 가령 초콜릿칩 쿠키 24개를 3명에게 나눠 준다고 치자. 그러면 다음과 같이 세 묶음으로 나누면 된다.

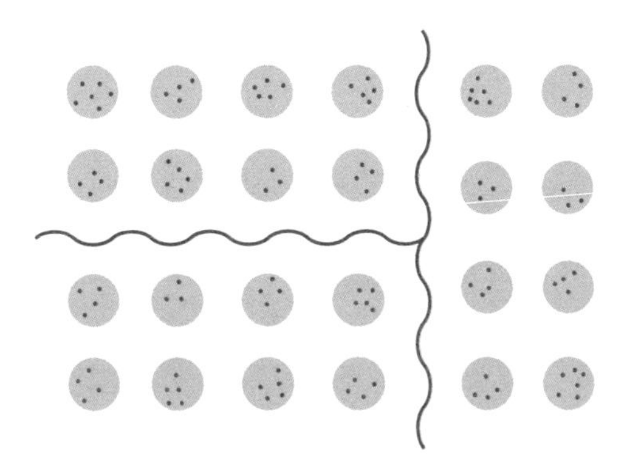

이 그림은 24 ÷ 3 = 8을 시각적으로 나타낸 것이다. 이때 8은 한 사람에게 돌아가는 쿠키의 수, 즉 한 묶음을 이루는 물건의 수를 나타낸다.

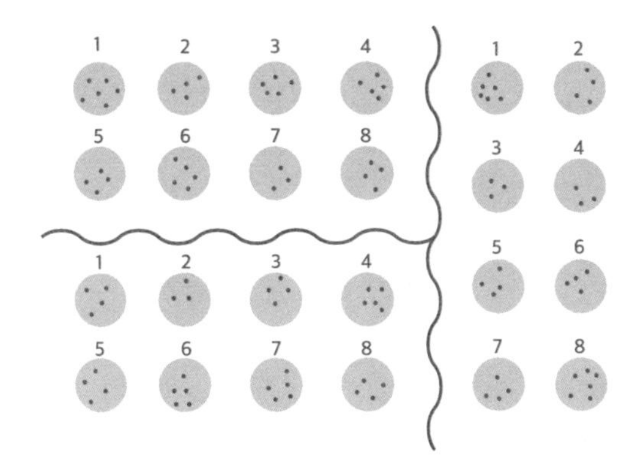

이런 나누기는 일정한 개수를 균등한 '부분들parts'로 나눈다는 의미에서 분할 나눗셈partition division이라고 한다. 여기서 숫자 8은 각자에게 떨어지는 몫의 크기를 의미한다. 그런데 무언가를 나누는 방식은 이것 말고도 또 있다.

여기 마찬가지로 24개의 쿠키가 있다. 이번에는 다른 질문을 던져 보자. 이 쿠키를 여러 묶음으로 포장해서 팔고 싶다면 어떻게 해야 할까? 만약 3개씩 한 묶음으로 포장하면 총 몇 묶음이 나올까? 이를 그림으로 나타내면 다음과 같다.

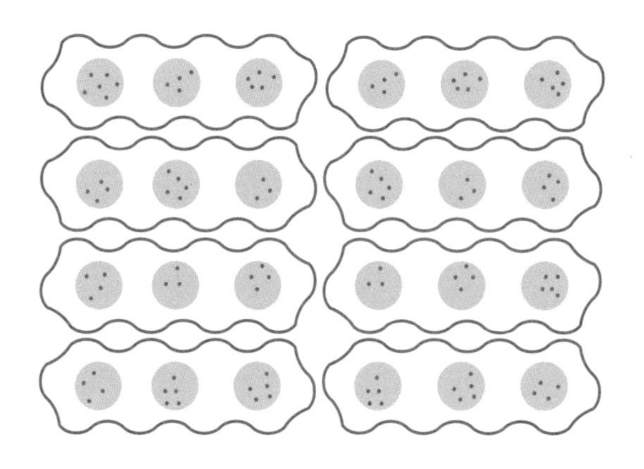

이런 나누기 방식을 등분 나눗셈quotition division이라고 한다. 영어 이름은 '얼마나 많은'을 뜻하는 라틴어 quot에서 따온 것이다('해야 할 일을 분담한 것'을 가리키는 quota할당량와 '어떤 일을 하는 데 드는 예상 비용'을 뜻하는 quote견적도 이 말에서 유래했다). 여기서 '얼마나 많은'은 '수량이 똑같은 묶음을 얼마나 많이 만들어 내는가?'를 뜻한다.

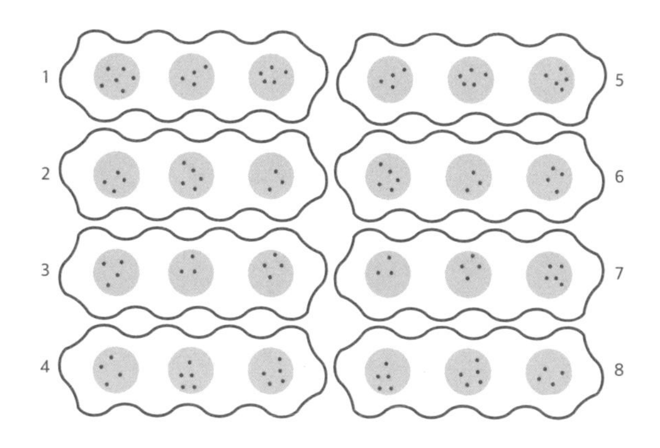

분할 나눗셈과 결과는 같지만 의미는 다르다. 분할 나눗셈에서 24 ÷ 3 = 8은 8개씩 나눈 세 묶음이 있다는 의미로 사실상 3 × 8 = 24와 의미가 같다. 등분 나눗셈에서 24 ÷ 3 = 8은 3개씩 나눈 여덟 묶음이 있다는 의미로 8 × 3 = 24와 의미가 같다. 묶음의 개수가 달라지지만 답은 24로 같다. 이처럼 두 수의 순서를 바꿔 곱해도 결과가 같을 때 '곱셈의 교환법칙이 성립한다'고 표현한다.

등분 나눗셈은 조금 까다롭지만 매우 유용하게 쓰일 수 있다. 가령 등분 나눗셈을 알면 '24 ÷ ½은 얼마인가?' 같은 질문의 답을 구할 수 있다.

이 질문에 대한 답을 분할 나눗셈으로 구하려고 하면 머리가 아파진다. 하나의 쿠키를 어떻게 더 나눌 수 있단 말인가? 하지만 등분 나눗셈으로 이 문제를 풀면 답이 자연스레 구해진다. 쿠키를 잘라 반쪽씩 포장하면 되기 때문이다(인원이 많으면 콩 한 쪽도 사이좋게 나눠 먹어야 하는 법이다). 그러면 질문은 이렇게 바뀐다. 한 묶음에 쿠키가 반쪽씩 들어간다면 몇 봉지나 만들 수 있는가?

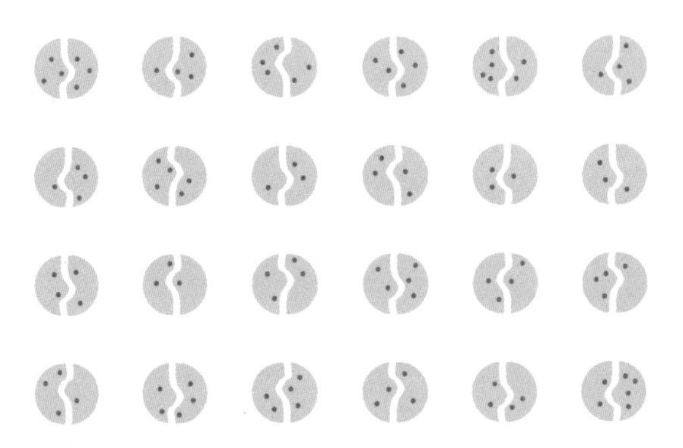

애석하게 됐지만(쿠키 반쪽으로 만족하는 사람도 있단 말인가?) 이 질문의 답은 간단히 구해진다. 바로 $24 \div \frac{1}{2} = 48$이다.

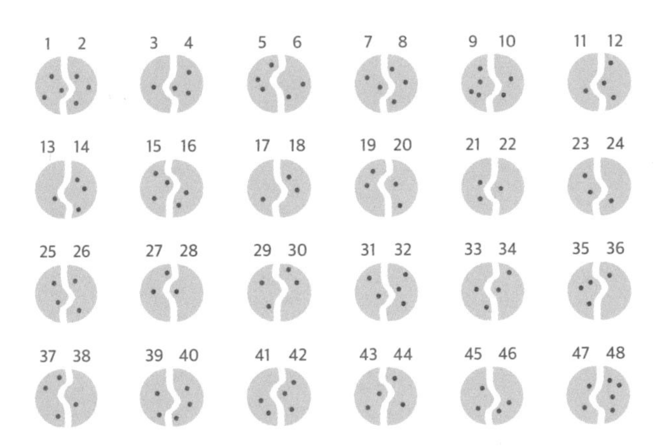

간단하게만 보였던 나눗셈이

이렇게 복잡할지 누가 알았겠는가?

이제 맨 처음 수수께끼로 돌아가 보자. 왜 0으로는 나눌 수 없을까? 수학을 배운 어른들이나 수학을 배우는 학생들이나 하나같이 '원래 0으로는 나눌 수 없다'는 원칙을 무턱대고 믿고 있다. 원래 그렇다고 하니 당연히 그 이유를 아는 사람도 찾아볼 수 없다. 덮어놓고 암기해야 하는 뜬금없는 법칙처럼 느껴지지만 기억하기는 쉽다. 그래도 찜찜한 기분이 든다. 계산기로 아무 숫자나 0으로 나눠 보면 항상 '계산 오류'가 뜬다는 사실을 근거로 내세우는 이들도 있다. 누군가는 계산기가 틀릴 리가 있겠느냐며 넘어가겠지만 '계산기에 그런 메시지가 뜨게 만든 사람은 대체 누굴까'라는 의문을 갖는 사람도 있을 것이다.

앞서 설명한 내용을 떠올리면 이 수수께끼를 풀 수 있다. 이 문제를 분할 나눗셈으로 생각해 보자. 0명에게 쿠키를 나눠 준다면 각자 몇 개씩 갖게 될까? 나눠 줄 사람이 없으니 0개라는 논리적 결론에 도달할 것이다. 쿠키를 받을 사람이 아무도 없으니 나눠 가진 쿠키도 0개라는 말이다.

그런데 등분 나눗셈으로 생각하면 답이 간단하게 나오지 않는다. 한 묶음에 쿠키를 0개씩 넣으면 몇 봉지를 만들 수 있을까? 한 봉지에 들어가는 쿠키가 0개라면 이론상 원하는 만큼 한없이 만들 수 있다. 쿠키가 동날 일이 없기 때문이다. 그렇다면 답은 무한대infinity인 걸까? 무한대라면 앞서 분할 나눗셈으로 얻은 답(0)과 모순된다. 논리에 일관성이 없다는 말이다.

이 문제를 해결하는 실마리는 나눗셈과 곱셈의 상관성에 있다. 앞서 살펴봤듯 $24 \div 3 = 8$은 $24 = 8 \times 3$이기도 하다. 나눗셈을 뒤집으면 곱셈이 되고(÷ 3이 오른쪽 변으로 옮겨가면서 × 3으로 뒤집힌다) 곱셈을 뒤집으면 나눗셈이 되는 것이다.

카드 마술을 대수학으로 푼 것처럼 여기서도 대수학을 이용해 0으로 나눴을 때 어떤 일이 일어나는지 알아보자. 값은 알 수 없으니 x라고 표시한다. 그러면 이런 등식이 나온다.

$$24 \div 0 = x$$

같은 논리를 이 등식에도 적용해 보자. 나눗셈을 곱셈으로 뒤집어 오른쪽 변으로 옮기면 다음과 같은 등식이 나온다.

$$24 = x \times 0$$

우리가 알고 있는 사실은 어떤 수든 0을 곱하면 항상 0이 나온다는 것이다. 따라서 x에 어떤 수가 오더라도 답이 0이 되므로 위 등식은 성립하지 않는다.

수학자들은 0으로 나누는 것이 '정의되지 않는다undefined'라고 말한다. 수학 법칙에 합치하는 정의를 내릴 수 없다는 뜻으로, 쉽게 말해 0으로 나누는 것은 불가능하다는 의미다.

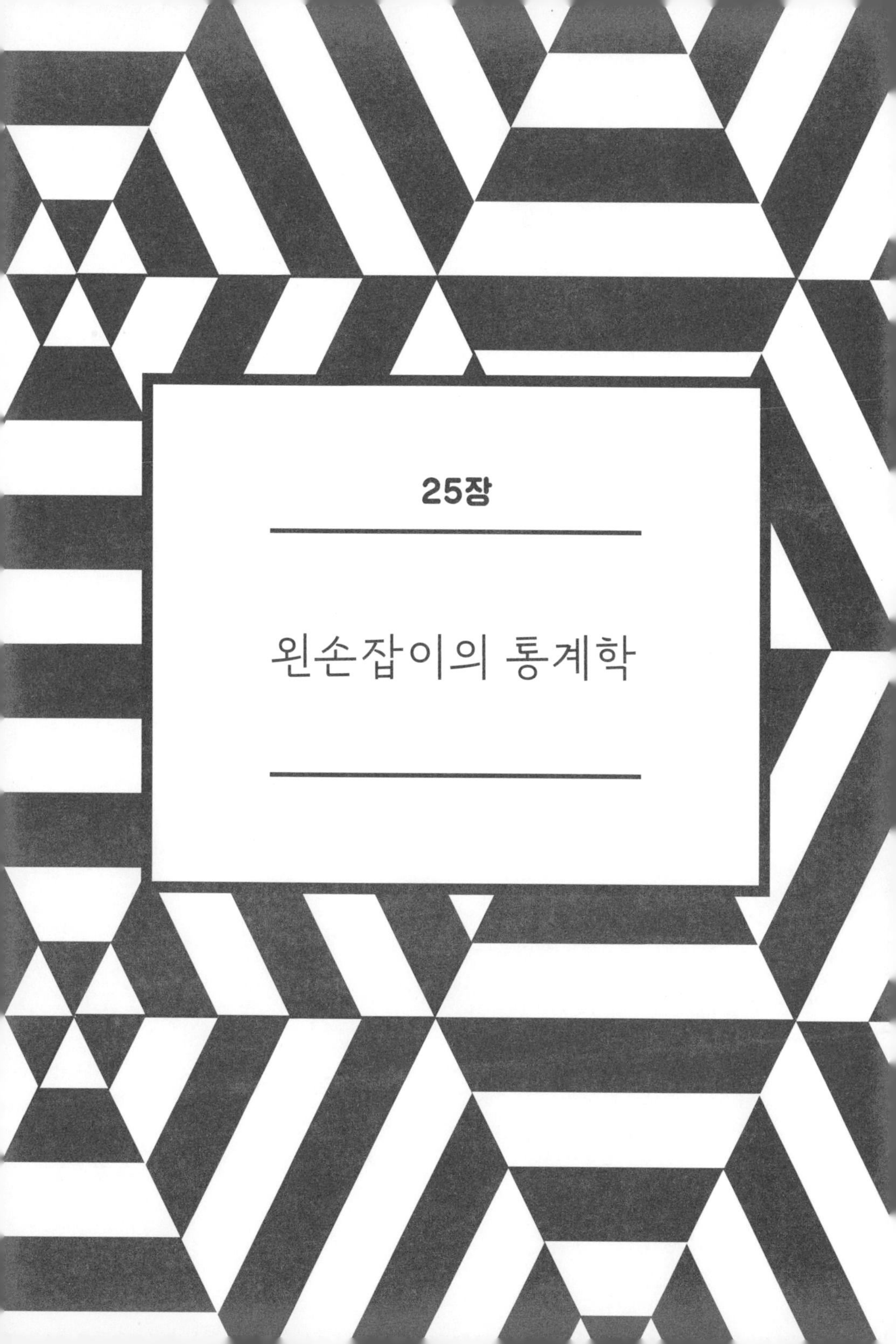

25장

왼손잡이의 통계학

내 남동생은 왼손잡이다. 사소해 보이는 이 사실은 잊을 수 없는 어린 시절의 기억을 환기시킨다. 남동생과 나는 저녁 식사 때마다 어느 쪽에 앉아야 할지를 두고 늘 신경전을 펼쳤다. 남동생 왼편에 앉으면 서로 팔꿈치를 부딪혀 가며 식사를 해야 하니 괜히 짜증을 내곤 했다. 그런 소소한 일로 투닥거리던 어느 날 왼손으로 가위질을 하면 종이가 잘리지 않고 접힌다는 걸 알게 된 나는 이를 계기로 왼손잡이의 고충을 조금씩 이해하게 됐다.

음악에 관심을 갖게 되면서 통기타 연주에 재미를 붙이기 시작했을 때는 기타가 좌우 대칭인 외양과는 달리 오른손잡이에 최적화된 악기임을 알게 됐다(왼손잡이용 기타는 따로 제작해야 한다). 남동생은 왼쪽에서 오른쪽으로 쓰는 서양식 필기법도 실은 오른손잡이에 최적화된 방식이라는 사실을 알려 주었다. 왼손잡이들이 그렇게 글씨를 썼다가는 글자가 계속 번질 수밖에 없기 때문이다.

우리 아버지도 한때는 왼손잡이었다. '한때'라고 말한 이유는 아버지가 왼손잡이를 비정상으로 취급했던 시대에 자라 학교를 다니면서부터는 주로 쓰던 왼손이 아닌 오른손으로 쓰는 법을 다시 배워야 했기 때문이다. 어린 시절부터 왼손잡이와 함께 생활하다 보니 왼손잡이에 대한 내 호기심도 자연스레 커졌다. 초등학교 때는 남동생을 시기하기도 했다. '평범한' 오른손잡이로 사는 건 너무 따분한 일이라고 생각했기 때문이다. 하지만 남동생은 왼손잡이의 삶에 조금도 낭만적인 환상을 품지 않았고, 오른손잡이를 위한 세상에서 사는 것은 힘든 일이라는 사실을 일깨워 주곤 했다. 나는 대학에 입학하고 한참이 지나서야 왼손잡이가 존재하는 이유를 알게 됐다. 그것도 우연히 말이다. 그 배경에는 우리에게 매우 익숙한 개념이 자리하고 있었다. 바로 적자適者 생존이다.

찰스 다윈은《종의 기원》을 출간해 과학계에 일대 혁명을 일으켰다. 지금은 너무도 당연시되고 있는 사실이라 우리는 이 책에 담긴 사상이 얼마나 대단한 것인지를 쉽게 잊곤 한다. 다윈의 핵심 통찰은 살아남을 확률이 큰 형질, 즉 후대에 전달될 가능성이 큰 형질을 보유하면 생존 경쟁에서 우위를 점한다는 것이다. 가령 동물이 주변 환경과 비슷한 보호색으로 위장하는 것은 천적에게 잡아 먹힐 확률을 줄이기 위함이다. 하루라도 더 살아남으면 번식 가능성도 그만큼 커진다. 보금자리가 잘 보일수록 포식자의 눈에 더 잘 띄어 잡아 먹히기 쉽고, 결국 유전자 풀gene pool에서도 자취를 감추게 된다. 보호색 외에 힘이나 속도 같은 형질이 생존을 보장하기도 한다. 즉, 환경에 성공적으로 적응한 자만 살아남고 나머지는 멸종한다는 것이 적자 생존이다. 생존에 바람직하지 않은 형질은 진화의 역사를 거치며 점차 사라지고 바람직한 형질만 계속 살아남는다는 말이다.

적자 생존의 법칙이 왼손잡이에도 해당된다는 발상은 언뜻 엉뚱하게 들

린다. 생존을 보장해 주는 바람직한 형질이라고 보기는 어렵기 때문이다. 근육질이라거나 날씬한 몸매라면 모를까 데이트 앱 프로필에 잠재적 반려자의 시선을 끌기 위한 매력으로 왼손잡이를 내세우는 사람은 많지 않다. 내 동생의 말처럼 오른손잡이 세상에서 왼손잡이로 사는 건 불편함 그 자체다. 심리학자인 존 W. 샌트록John W. Santrock도 이렇게 말하지 않았던가. "왼손잡이들은 오른손잡이에 최적화된 세상에서 수백 년 동안 부당한 차별을 받으며 핍박받아 왔다."

인류사에서 왼손잡이들을 늘 사회의 조롱거리였다. 사람들은 이들을 의심의 눈초리로 바라봤고 때로는 적대감을 표출하기도 했다. 왼손잡이들은 우리 아버지처럼 억지로 오른손잡이가 돼야 했으며 남들과 다르다는 이유로 악인, 불운한 사람, 마녀로 취급받는 일이 허다했다. 오늘날에는 이런 차별적 관습이 대부분 사라졌지만 언어에는 여전히 혐오가 묻어 있다. 영어에서 '오른쪽'을 뜻하는 right은 '옳은'을 뜻하기도 한다. '손재주'를 뜻하는 dexterity, '손재주가 뛰어난'을 뜻하는 dexterous는 '오른쪽의'이라는 의미의 라틴어에서, '사악한'을 뜻하는 sinister는 '왼쪽의'를 뜻하는 라틴어에서 유래했다.

옛사람들의 입장에서 보면 왼손잡이에 대한 이 같은 혐오가 모두 미신에서 비롯된 것만은 아니었다. 가령 무사가 오른손으로 칼을 빼기 쉽도록 칼집을 왼쪽 다리에 매달아 두는 전통은 다양한 문화권에서 볼 수 있다(오늘날 오른손을 내미는 것이 우정과 평화를 뜻하는 제스처가 된 것도 오른손을 내민 동시에 칼을 휘두를 수 없다는 이유 때문이다. 요즘에는 평소 칼을 가지고 다니는 사람이 없지만 친근한 제스처로서 악수를 하는 전통은 여전히 남아 있다). 반면 왼손잡이들은 오른쪽 다리에 은밀히 무기를 숨길 수 있었다. 이는 구약성경의 판관기判官記에 등장하는 왼손잡이 이스라엘 전사 에훗Ehud의 이야기에서 중요한 장치로 쓰이기도 했다.

> 그때 이스라엘 백성들이 하느님에게 절규하니 하느님이 그들을 위해 베냐민 지파 게라Gera의 아들 왼손잡이 에훗을 구원자로 세우셨다. 이스라엘 백성들은 그에게 공물을 들려 모아브Moab의 왕 에글론Eglon에게 보냈다. 에훗은 1큐빗*짜리 양날 검을 직접 만들어 오른쪽 허벅지에 묶고 옷 아래에 감추었다. 그리고 모아브의 왕 에글론에게 공물을 바쳤다. … (중략) … 에훗은 왼손을 뻗어 오른쪽 허벅지에 있는 검을 빼 들고 [에글론의] 배에 찔러 넣었다.
>
> – 판관기 3:15~17, 21
>
> * cubit - 팔꿈치에서 가운뎃손가락 끝까지의 길이를 기준으로 하는 고대의 길이 단위

그런 점에서 고대인들이 왼손잡이들을 불신했던 이유가 어느 정도는 이해가 된다. 그래도 의문이 완전히 가시는 건 아니다. 왼손잡이를 업신여기는 문화가 전 세계에 보편적으로 존재하고 바람직하지 않은 특성으로 여겨진다면 이들은 어떻게 적자 생존의 법칙에서 벗어날 수 있었던 걸까?

왼손잡이가 불리한 형질이라면 왜 세상에서 사라지지 않은 걸까?

다음 두 가지 사실은 왼손잡이가 지난 수백 년간 존속할 수 있었던 이유를 설명해 준다. 첫 번째는 '적자'의 의미가 환경에 따라 완전히 달라진다는 점이다. 보호색이 생존과 번식에 매우 유리하다는 건 분명하다. 하지만 이와 반대되는 전략을 진화시킨 동물도 매우 많다. 일부 동물은 (보통은 이성의) 이목을 끌기 위해 일부러 화려한 색채와 패턴을 과시하기도 한다. 잠재적 짝짓기 대상에게 눈에 띄는 것이야말로 번식의 핵심적 형질이다. 그렇게 비춰 보면 주변 환경에 잘 뒤섞이는 형질은 영리한 전략이라기보다 유전적 자살 행위다.

하지만 왼손잡이가 살아남은 데는 분명 이점이 작용했을 것이다. 문제는 그 이점이 과연 무엇이냐는 것이다. 흥미롭게도 스포츠에서 그 실마리를 찾을 수 있다. 야구나 크리켓 종목에서는 왼손잡이가 우위를 점한다. 왼손잡이가 드물다는 사실 자체 때문이다. 타자들은 왼손잡이 투수를 낯설게 느낀다. 왼손잡이 투수가 공을 던졌을 때 공이 날아오는 각도에 익숙하지 않은 타자는 순간 당황한다. 이는 타자에게만 불리한 일방적 약점이다.

관심을 즐기는 공작새

왼손잡이 투수는 평생 오른손잡이 타자를 향해 공을 던졌을 테니 불편함을 느낄 일이 없다.

권투 경기장에서도 비슷한 현상이 나타난다. 권투 선수들은 경기에 임할 때 똑바로 서지 않고 비스듬하게 선다. 이유는 단순하다. 선수들의 몸 자체가 불균형하기 때문이다. 보통은 한쪽 손만 주로 쓰다 보니 한쪽 팔만 더 강해져 몸도 그쪽으로 쏠린다. 시합에서는 이것이 큰 차이를 낳는다.

가장 일반적인 권투 자세 중 하나인 ('오른쪽'을 뜻하는 그리스어에서 가져온) 오서독스orthodox는 (오른손잡이) 선수의 왼발과 왼손이 앞으로 나와 있는 자세를 말한다. 이 자세로 상대적으로 약한 왼손이 먼저 나가 ('잽jab'이라 부르는) 첫 타격을 날린 다음 곧이어 주로 쓰는 오른손으로 ('훅hook'이라 부르는) 강력한 타격을 날린다. 오른손잡이 선수가 압도적으로 많기 때문에 선수들은 왼손으로 날리는 잽과 연이어 오른손으로 날리는 훅을 방어하는 자세를 집중적으로 훈련하기도 한다.

왼손잡이 권투 선수는 흡사 거울 이미지처럼 오서독스 자세의 반대 자세를 취해 상대방의 예상을 뒤엎는다. 이 자세를 사우스포southpaw라고 한다. 왼손잡이 상대를 만날 일이 드문 상대 선수는 순간 당황해 방어에 애를 먹는다. 효과가 탁월한 전략이다 보니 기량이 뛰어난 오른손잡이 선수들도 경기에서 이기기 위해 자신의 강점에 반하는 사우스포 자세를 연습하기도 한다.

이에 비춰 보면 왼손잡이들이 생존할 수 있었던 이유를 짐작할 수 있다.

적자 생존은 경쟁을 전제로 한다.

경쟁적인 환경에서는 적을 물리쳐 자기 자신과 후손을 보호할 수 있느냐 없느냐가 생존과 번식을 좌우한다. 진화의 관점에서 보면 방어하기 어려운 권투 자세 같은 비밀 무기가 분명 유용한 이점이다. 보기 드문 자세일수록 상대가 대적해 본 경험도 적기 때문에 더 효과적이기도 하다. 하지만 이 유전적 형질이 흔해지면 독보적인 위상을 잃게 돼 경쟁적 우위도 사라진다.

이런 현상을 빈도 의존성frequency dependence이라 부른다. 군집 내에서 왼손잡이 개체가 적을수록 더 큰 경쟁적 우위를 점하게 된다. 개체수가 적다는 것은 일반적으로 해당 군집의 특정 유전 형질이 소멸할 것임을 보여 주는 징후다. 그런데 개체수가 적다는 점 때문에 역설적으로 더 번성하는 것이다. 반대로 왼손잡이의 수가 전에 없이 높은 비율로 폭증하면 경쟁우위가

사우스포 자세

사라져 개체수 역시 감소한다. 그 과정에서 결국 군집 내 왼손잡이와 오른손잡이의 비율이 평형 상태equilibrium를 이루게 되는데, 이 때문에 오늘날 왼손잡이 인구는 세계 각국에서 약 10퍼센트라는 비등한 비율을 보인다.

적자 생존과 왼손잡이의 연관성을 연구한 대표적인 연구자가 프랑스의 샤를로트 포리Charlotte Faurie와 미셸 레몽Michel Raymond이다. 이들은 왼손잡이가 오른손잡이보다 싸움에 유리하다는 '싸움 가설Fighting Hypothesis'을 세우고 이를 검증하기 위해 통계 분석을 수행했다.

이 가설은 어떻게 검증할 수 있을까? 가설이 옳은지 과학적으로 검증하는 방법은 대개 실험을 여러 차례 반복하면서 같은 결과가 변함 없이 도출되는지를 확인하는 것이다. 컵 안에 화장지 한 장을 넣고 컵을 뒤집어 물속에 넣어도 젖지 않는다는 가설을 세웠다면 직접 여러 차례 실험을 해 보면서 결과를 확인해야 한다. 하지만 싸움 가설이라면 어떨까? 이를 검증하기

란 그리 쉽지 않다. 이 가설이 옳은지 확인하려면 어떤 실험을 설계해야 할까? 두 사람은 연구자들의 가장 효과적인 개념 도구 중 하나를 이용하기로 했다. 바로 통계적 상관관계두 변수가 서로 관련을 맺고 있는 정도다.

확률적 독립probabilistic independence, 두 사건이 서로의 발생 확률에 영향을 주지 않는 것이나 상관계수correlation coefficient, 상관관계를 측정한 수치 같은 전문 용어를 들어본 적이 없다 하더라도 살면서 이 현상을 접해 본 적이 있을 것이다. 가령 "초콜릿을 먹으면 더 오래 산다는 연구 결과 나와", "욕을 하는 사람이 더 정직한 이유" 같은 기사 제목은 통계적 상관관계를 암시한다. 선의의 제목으로 읽힐 수도 있지만 이목을 끌기 위한 흥미 위주의 제목으로도 읽힐 수 있다. 이 통계적 상관관계는 어떻게 확인할까?

예를 들어 여러분이 국민 건강 개선 정책을 담당하는 정부 기관에서 일한다고 치자. 여러분은 비만 인구 증가 현상의 해결 방안을 강구하는 대책을 고심하는 중이다. 유의미한 변화를 효과적으로 이끌어 내려면 어느 지역의 비만율이 가장 높은지를 보여 주는 데이터부터 수집해야 한다. 이 정보는 어느 지역부터 공략해야 하는지 방향을 잡는 데 유용할 것이다. 각 지역의 데이터를 수집한 결과 다음과 같은 표가 도출됐다고 치자.

표 1

지역	비만율
베리빌	3.5%
셰익스피어힐스	3.8%
칸타운	23.0%
웨스트하인리히슨	16.3%
노스세인즈버리	8.8%
도티브룩	22.3%
몽크스필즈	19.7%
라스쿠에바스	8.1%

어느 지역의 비만율이 가장 높은지를 확인했다면 이런 의문을 갖게 될 것이다. '왜 어떤 지역은 다른 지역보다 비만율이 높을까?' 해당 지역에서 근본적인 원인이 무엇인지 알아낸다면 상황을 개선시킬 효과적인 전략을 설계하는 데 도움이 될 것이다. 이제 위 표에 등장한 지역들의 다른 통계 수치들과 위 수치를 비교해 보자. 그러면 패턴이 보일지도 모른다.

표 2

지역	비만율	지역민 평균 연령	평균 기온 (℃)	가구당 평균 TV 대수
베리빌	3.5%	39.4	26.5	0.9
셰익스피어힐스	3.8%	36.1	28.1	1.2
칸타운	23.0%	34.7	26.4	6.4
웨스트하인리히슨	16.3%	32.3	27.2	4.4
노스세인즈버리	8.8%	37.3	23.5	2.7
도티브룩	22.3%	35.6	25.0	6.0
몽크스필즈	19.7%	31.0	22.7	5.1
라스쿠에바스	8.1%	30.9	27.4	2.4

아직 패턴이 안 보인다고? 그러고 보니 특별한 기준 없이 무작위로 나열된 정보처럼 보인다. 이 데이터를 다시 배열해 보자. 그 결과가 표 3이다.

표 3

지역	비만율	지역민 평균 연령	평균 기온 (℃)	가구당 평균 TV 대수
칸타운	23.0%	34.7	26.4	6.4
도티브룩	22.3%	35.6	25.0	6.0
몽크스필즈	19.7%	31.0	22.7	5.1
웨스트하인리히슨	16.3%	32.3	27.2	4.4
노스세인즈버리	8.8%	37.3	23.5	2.7
라스쿠에바스	8.1%	30.9	27.4	2.4
셰익스피어힐스	3.8%	36.1	28.1	1.2
베리빌	3.5%	39.4	26.5	0.9

우리의 관심사인 비만율을 중심에 두고 같은 데이터를 비만율이 높은 지역에서 낮은 지역의 순서로 다시 배열했다. 다른 데이터에서도 이와 같은 순위가 나타났다면 이 패턴을 면밀히 살펴볼 필요가 있다.

통계 수치를 다루는 전문가들은 이 과정을 분석analysis이라고 부른다. 우리가 흔히 접하는 '데이터 분석가'는 어수선하게 늘어놓은 대량의 데이터를 살펴보고 한눈에 드러나지 않는 숨은 구조를 찾아내 질서 있게 배열하는 일을 하는 사람을 말한다.

이쯤에서 통계 공구함에 들어 있는 또 다른 도구를 꺼내 보자. 이는 바로 시각화 기법이다. 인간의 사고는 시각의 지배적인 영향을 받는다. 시각 정보를 처리하는 뇌 내 신경전달물질은 촉각 정보를 처리하는 물질보다 4배 더 많고 청각 정보를 처리하는 물질보다 10배 더 많은 것으로 알려져 있다. 신경 조직의 약 절반이 시각에 관여하며 이는 여타 감각을 전부 합친 것보다도 많다. 이 때문에 우리는 눈으로 정보를 받아들일 때 현상을 더 잘 이해할 수 있다.

이 데이터를 시각화하는 방법은 수없이 많지만, 여기서는 통계학자들이 가장 즐겨 쓰는 방법 중 하나인 산점도scatter plot로 나타내 보자. 산점도는 데이터를 2차원인 좌표평면에 표시해 두 변수의 관계를 보여 주는 그래프를 말한다.

여기서 점은 각 지역을 나타낸다. 첫 번째 그래프의 x축은 비만율을 나타내고 y축은 지역민의 평균 연령을 나타낸다. 이 그래프에서는 평균 연령과 비만율 사이의 뚜렷한 연관성이 보이지 않는다.

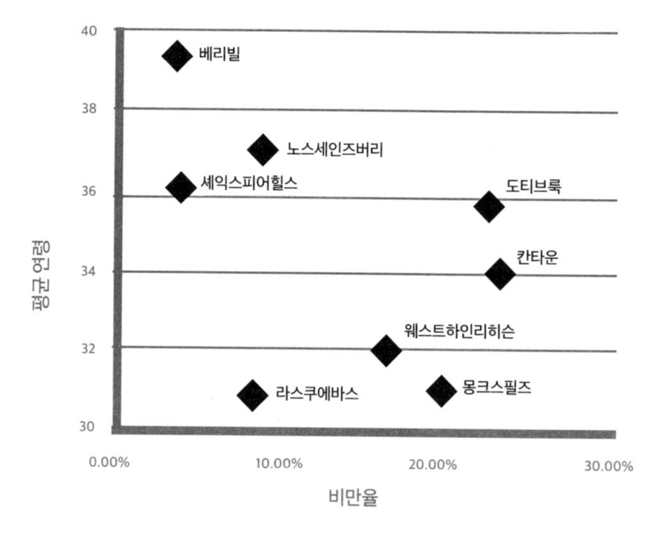

아래는 비만율과 기온을 비교한 그래프다. 비만율과 평균 기온이 비례하는가? 이번에도 두 변수 간 뚜렷한 패턴이나 관계는 보이지 않는다.

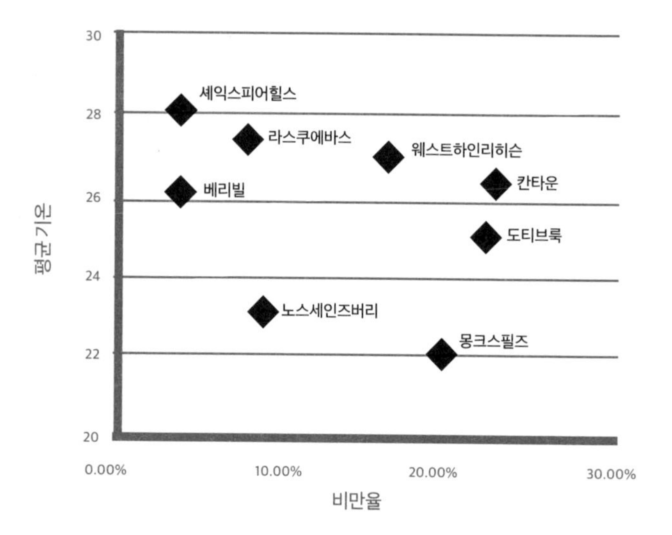

다음 그래프는 어떨까?

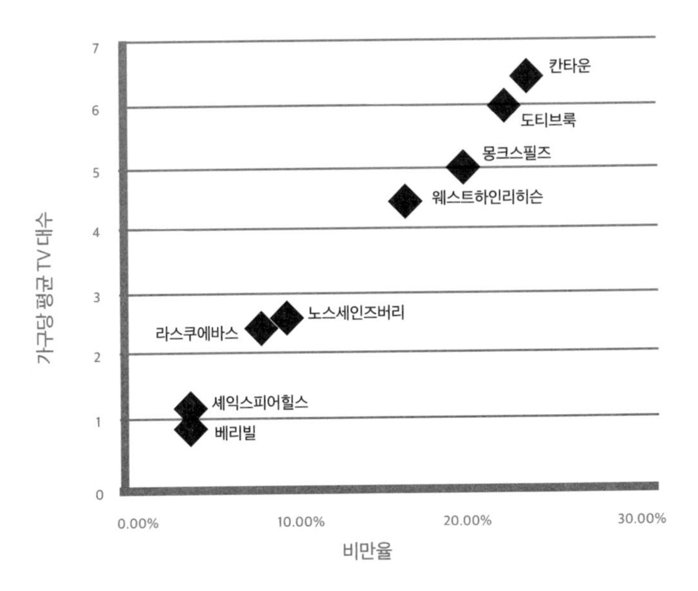

비만율과 가구당 평균 TV 대수를 비교해 보니 뚜렷한 패턴이 나타난다. 비만율이 낮으면 가구당 평균 TV 대수가 적고, 비만율이 높으면 가구당 평균 TV 대수가 많다. 특히 중간 지점부터 가구당 평균 TV 대수가 늘어날수록 비만율이 높아지는 경향이 발견된다. 이것이 바로 통계적 상관관계다.

이쯤 되면 "TV가 비만을 부른다"라는 기사 제목을 떠올렸을지도 모르겠다. 하지만 여느 도구와 마찬가지로 통계적 상관관계 역시 오용될 소지가 있다. 이처럼 두 변수를 비교한 그래프를 분석할 때는 상관관계가 인과관계를 의미하지 않는다는 사실에 유의해야 한다. 두 양이 서로 비례해 증감한다고 해서 한 요인이 다른 요인의 직접적인 원인은 아니라는 말이다. 둘의 관계는 순전히 우연일 수도 있고, 두 요인 모두에 영향을 끼치는 근본적인 원인이 따로 있을 수도 있다. 여기서는 가구 소득이 증가하면서 (식료품을 더 많이 사들여) 비만율이 증가하고 그와 동시에 (구매력이 생겼으니) TV를 더 많이 보유하게 된 것이라는 가설이 타당할 수도 있다.

이제 왼손잡이 문제로 다시 돌아가 보자. 포리와 레몽은 왼손잡이와 싸움 실력이 어떤 연관이 있는지 검증하고 싶어 했다. 둘의 상관관계에 어떤 패턴이 나타나는지 확인하기 위해 이들은 무슨 데이터를 수집했을까? 문화권에 따라 왼손잡이 인구 비율에도 차이가 있을까? 싸움 실력의 중요성은 어떻게 검증할 수 있을까? 다양한 요인을 고려한 후 이들은 8개 전통 부족사회에서 나타난 살인율과 왼손잡이 비율을 조사했다. 현대 사회에서는 잠재적인 배우자를 택할 때 싸움 실력을 바람직한 자질로 인식하지 않는다고 판단했기 때문이다. 그 결과를 그래프로 나타내면 다음과 같다.

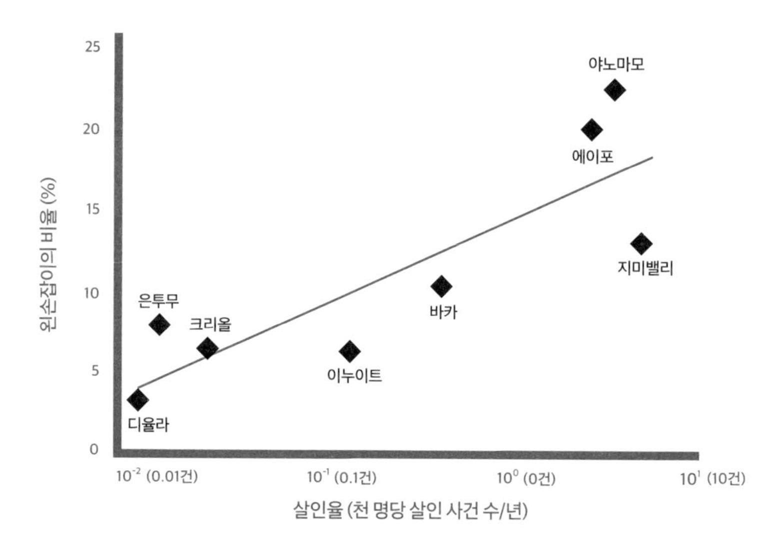

놀랍게도 상관성이 뚜렷하게 드러난다. 그렇다면 싸움 가설이 증명된 것일까? 그렇지는 않다. 앞서 비만율과 TV 보유 대수의 관계에서 살펴봤듯 겉으로 드러나지 않은 또 다른 요인이 더 숨어 있을지도 모른다. 순전히 우연의 결과일 수도 있다. 하지만 적어도 왼손잡이의 잠재적 이점이 수학적 논리로 설명 가능하다는 것을 뒷받침하는 또 다른 증거라는 사실은 알 수 있다.

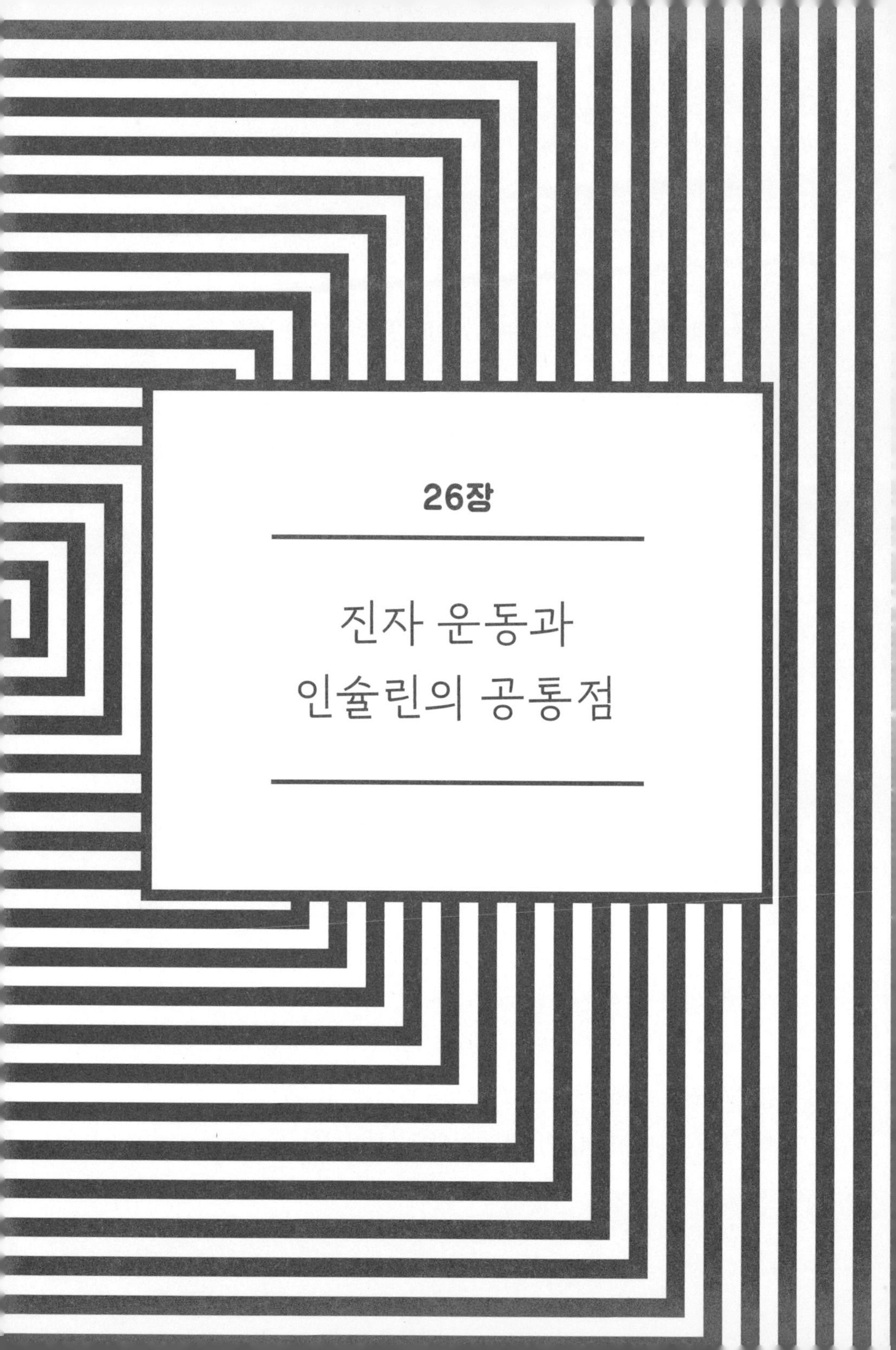

26장

진자 운동과 인슐린의 공통점

앞 장에서 왼손잡이가 유전자 풀에서 사라지지 않은 이유가 무엇인지 살펴보며 평형 상태를 언급했는데, 이는 과학 분야 전반에서 두루 다루는 개념이다. 반대로 작용하는 힘들이 안정적인 균형 상태를 이루는 현상은 자연에서 쉽게 관찰할 수 있기 때문이다. 균형를 이루지 못하면 시간이 경과함에 따라 멸종이 불가피하므로 자연은 반드시 평형 상태를 유지해야 한다.

반대로 작용하는 힘들이 평형 상태를 이룰 때 다음과 같은 패턴을 만들어 내는데, 수학에서도 이 패턴은 흥미로운 연구 대상이다.

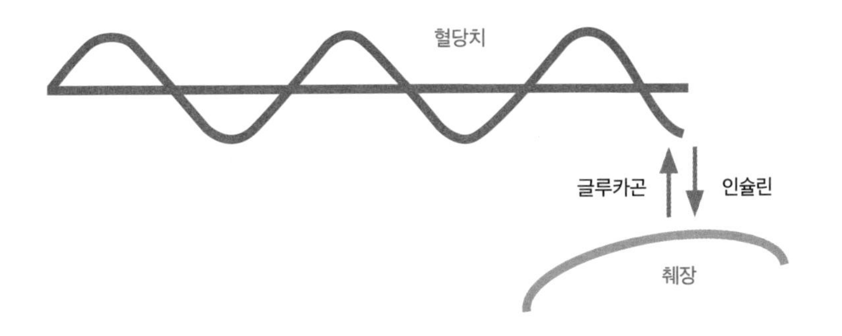

위 그림은 췌장이 혈당을 어떻게 조절하는지를 보여 준다. 직선은 혈액 내 혈당이 정상 수준임을 나타내는 항상성 설정점homeostatic set point이다. 혈당 상승은 인체에 심각한 문제를 일으킨다. 혈당이 급격히 올라가면 발작이 일어날 수 있고 극단적인 경우 사망에 이르기도 한다. 췌장은 혈당 수치가 정상 수준을 초과하면 이를 감지해 인슐린을 분비함으로써 혈당 증가 속도를 늦추고 그 이상 혈당이 올라가지 않도록 막아 준다.

혈당 수치가 지나치게 낮은 저혈당도 위험하기는 마찬가지다. 저혈당일 때 췌장은 글루카곤을 분비해 균형을 되찾게 해 준다. 췌장이 정상적으로 기능하지 않는 당뇨병 환자들이 갑작스러운 저혈당에 대비해 젤리 같은 간식을 상비해 두는 것도 이 때문이다. 압력반사baroreflex, 항상성을 유지하는 인체의 기전 역시 같은 방식으로 혈압을 조절한다.

그러고 보니 우리는 이 혈당 그래프와 비슷한 모양을 본 적이 있다. 그렇다. 3장에서 살펴본 소리의 파동 그래프와 형태가 비슷한데, 음악의 선율을 만들어 내는 바로 그 사인파다.

이 파형波型 패턴은 음성 피드백negative feedback, 교란된 상태나 일탈 상태를 평균 또는 정상 상태로 되돌리는 조절 체계이자 일정한 상태를 계속 유지시켜 주는 항상성 유지 원리이라고 불리는 메커니즘에서 흔히 나타난다. 수많은 기계 장치들이 이 음성 피드백 원리로 작동하며, 그래프에서 볼 수 있듯 수많은 생명체들도 이 메커니즘을 통해 항상성을 유지한다. 요컨대 인간이든 기계든 특정 환경이나 조건을 안정적으로 유지하려면 음성 피드백 시스템이 필수적이다.

치실이나 신발 끈 등 기다란 줄 하나만 있으면 쉽게 음성 피드백의 예를 확인할 수 있다. 먼저 줄 한쪽 끝에 무거운 물체를 매달아 보자. 그러면 중력에 따라 이 물체가 아래로 늘어질 것이다. 이제 이 물체를 흔든 다음 손을 멈춰 보자. 어떤 일이 일어나는가? 여러분은 지금 가장 단순한 음성 피드백 시스템 중 하나인 진자pendulum를 만들어 냈다.

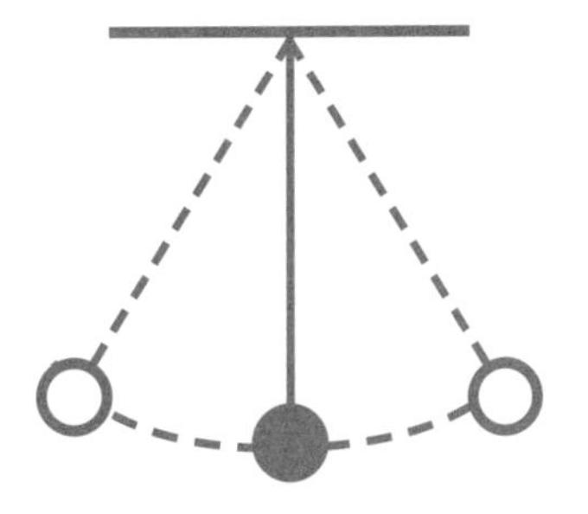

인류는 17세기부터 이 진자 운동의 주기를 관찰해 시간을 가늠해 왔다. 진자 운동의 핵심 원리가 음성 피드백이다. 진자가 중심 축에서 너무 멀어지면 중력이 재빨리 반대 방향으로 보낸다. 외부의 힘 없이도 이런 식으로 진자가 일정하게 움직이며 저절로 운동하는데, 진자가 좌우로 움직이는 경로를 따라가면 어떤 형태가 나타날까?

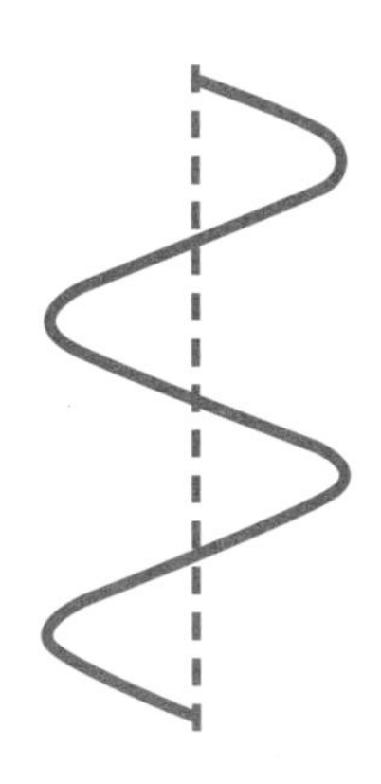

그렇다. 주기적으로 파형이 반복되는 사인파가 나타난다!

음성 피드백은 경제 분야에서도 관찰된다. 1926년 이후의 호주 부동산 가격 추이를 보여 주는 다음 그래프가 그 예다.

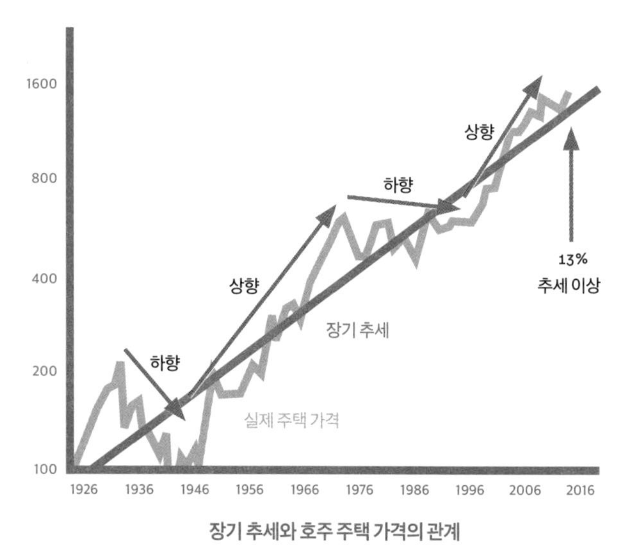

장기 추세와 호주 주택 가격의 관계
(1926년을 기준(100)으로 한 실질주택가격지수)

직선으로 표시한 전반적인 상승 추세는 물가 상승이나 젠트리피케이션 gentrification, 낙후 지역이 재개발 등의 여파로 임대료와 주거 비용이 올라가면서 원주민들이나 임대인들이 내몰리는 현상 등이 반영되면서 나타난 결과다. 상승 직선 아래에는 사인파 패턴이 어지럽게 그려져 있다. 공급과 수요의 경제 순환이 만들어 내는 음성 피드백이 반복적으로 나타나는 것이다. 매물이 팔리면 희소성이 커져 수요가 증가하고 결국 가격이 상승한다. 부동산 전문가들은 이를 강세장bull market이라고 표현한다. 정부가 이 공급 부족을 해결하기 위해 개발 구역을 재조정하면 매물이 다시 급격히 늘어나 수요가 감소하고 결국 가격도 떨어진다. 이른바 약세장bear market이다.

그러고 보니 이는 앞서 살펴본 프랙털과 비슷하다. 겉으로는 저마다 다른 현상처럼 보이지만 수학의 렌즈로 바라보면 기저에는 똑같은 구조가 숨어 있다는 것을 여기서 또 한 번 확인할 수 있다.

그뿐만이 아니다. (어쩌면 여러분을 포함한) 많은 이들이 수학을 배우는 데 왜 어려움을 느끼는지도 알 수 있다. 수학은 구체적인 정보나 배경 지식이 없더라도 수많은 상황에 공통적으로 적용되는 원리를 밝히는 데 중점을 둔다. 예를 들어 x^2라는 기호는 'x를 제곱한 것'을 뜻한다. 여기서 미지의 수 x는 삼각형의 변의 길이, 돈의 액수, 빛의 속도 등 다양한 값을 대신할 수 있다.

우리 뇌는 구체적인 정보와 배경 지식이 없으면 혼란에 빠지기 때문에 수학을 어렵게 느끼고 수학 기호들을 알아야 하는 이유도 이해하지 못한다. x가 구체적으로 무엇을 가리키는지 모르니 x를 알아야 되는 이유도 쉽게 납득하지 못하는 것이다. 대다수가 대수학을 어려워하는 것도 그래서다.

하지만 이 같은 추상적인 성격은 수학의 단점이 아니다. 오히려 수학을 강력하고 유용한 학문으로 만드는 힘이다.

수학은 궁극의 만능열쇠다.
수학을 할 줄 알면 어떤 분야의 문제도 풀 수 있다.

감사의 말

책 표지에는 으레 저자 이름만 오르지만 한 권의 책을 완성하는 데는 실로 여러 사람의 공이 든다. 이 책도 많은 이들의 도움으로 세상의 빛을 보게 됐다.

클레어 크레이그는 내가 책을 쓰게 되리라는 것을 나보다 먼저 알아챈 사람이다. 글쓰기에 대한 애정을 일깨워 준 그녀에게 감사를 표한다.

레베카 해밀턴과 브라이언 콜린스는 무한한 인내심을 발휘해 원고를 세심히 다듬어 주었다. 청중 앞에서 수학 카드 마술을 직접 선보이기도 한 레베카에게 특히 감사드린다.

알리사 디날로는 특유의 예술적 감각으로 이 책에 활기를 불어넣었다. 책의 상당 부분을 차지하는 시각 자료를 정확히 구현하기 위해 시간을 들여 수학을 직접 공부하는 성의를 보인 그녀에게 감사를 표한다.

생물학과 화학 지식이 부족한 내게 도움의 손길을 내밀어 준 동료 학자 저넬 시먼에게도 감사드린다.

마지막으로 가족에게 깊은 감사를 표한다.

종잡을 수 없는 변화 앞에서 갈피를 못 잡던 나를 인내하고 변치 않는 사랑을 보여 준 미셸에게 감사드린다. 내 삶을 행복으로 채워 주고 다시 책과 사랑에 빠지게 해 준 에밀리와 네이선, 제이미에게도 감사를 표한다.

함께 읽으면 좋은 책

데이비드 애치슨 지음, 황선욱 옮김, 《수학 세상 가볍게 읽기》, 청문각, 2019.

마커스 드 사토이 지음, 안기연 옮김, 《넘버 미스터리》, 승산, 2012.

매트 파커 지음, 허성심 옮김, 《차원이 다른 수학》, 프리렉, 2018.

사이먼 싱 지음, 한상연 옮김, 《심슨 가족에 숨겨진 수학의 비밀》, 윤출판, 2014.

스티븐 스트로가츠 지음, 이충호 옮김, 《X의 즐거움》, 웅진지식하우스, 2014.

알렉스 벨로스 지음, 김명남 옮김, 《신기한 수학 나라의 알렉스》, 까치, 2011.

키스 데블린 지음, 허민·오혜영 옮김, 《수학: 양식의 과학》, 경문사, 1996.

해나 프라이 지음, 구계원 옮김, 《우리가 사랑에 대해 착각하는 것들》, 문학동네, 2016.

아담 스펜서, 《아담 스펜서의 수에 관한 모든 것*Adam Spencer's Big Book of Numbers*》, Xou Pty Limited, Sydney, 2014.

사진 제공

15쪽 Shutterstock, image ID 1786233623

22쪽 Shutterstock, image ID 539361220

24쪽 Shutterstock, image ID 623777315

25쪽 Shutterstock, image ID 97001504

40쪽 Shutterstock, image ID 112943521

Shutterstock, image ID 2391488003

42쪽 Shutterstock, image ID 357479234

45쪽 Shutterstock, image ID 781879654

49쪽 By NASA Goddard Space Flight Center, CC BY 2.0 〈https://creativecommons.org/licenses/by/2.0〉, via Wikimedia Commons

52쪽 Shutterstock, image ID 689342338

64쪽 Shutterstock, image ID 360397679

73쪽 Shutterstock, image ID 148101857

74쪽 Shutterstock, image ID 732562624

87쪽 Shutterstock, image ID 59664349

108쪽 Shutterstock, image ID 541975438

120쪽 Shutterstock, image ID 106053515

134쪽 Shutterstock, image ID 476860927

135쪽 Shutterstock, image ID 435322984

Shutterstock, image ID 694775056

137쪽 By Antonio D'Agnelli, Public domain, via Wikimedia Commons

140쪽 Shutterstock, image ID 597640037

141쪽 Shutterstock, image ID 658352374

151쪽 Shutterstock, image ID 110041646

154쪽 Shutterstock, image ID 712218721

155쪽 Shutterstock, image ID 648912124

156쪽 Shutterstock, image ID 36740713

174쪽 Shutterstock, image ID 6012982

175쪽 Shutterstock, image ID 52853609

Shutterstock, image ID 293030474

179쪽 Shutterstock, image ID 549057145

191쪽 By Alexander Van Driessche, CC BY 3.0 〈https://creativecommons.org/licenses/by/3.0〉, via Wikimedia Commons

221쪽 Shutterstock, image ID 1067967194

227쪽 Shutterstock, image ID 480629

228쪽 Shutterstock, image ID 362619575

260쪽 Shutterstock, image ID 79071637

273쪽 Shutterstock, image ID 464641709

294쪽 Shutterstock, image ID 683142694

294쪽 Shutterstock, image ID 65300566

299쪽 Shutterstock, image ID 1012992895

301쪽 Shutterstock, image ID 538254655